中国高等艺术院校
精品教材大系·服装系列

服装缝制工艺基础

李 正 张鸣艳 夏如玥 编著

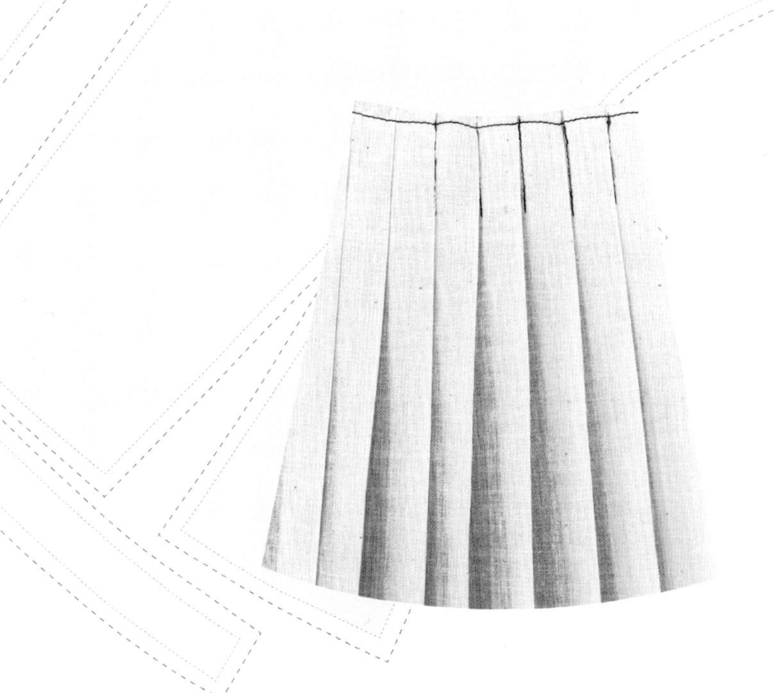

人民美術出版社
北京

图书在版编目（CIP）数据

服装缝制工艺基础 / 李正，张鸣艳，夏如玥编著. -- 北京：人民美术出版社，2023.2
（中国高等艺术院校精品教材大系 . 服装系列）
ISBN 978-7-102-09056-6

Ⅰ. ①服… Ⅱ. ①李… ②张… ③夏… Ⅲ. ①服装缝制－高等学校－教材 Ⅳ. ① TS941.634

中国版本图书馆 CIP 数据核字（2022）第 205880 号

中国高等艺术院校精品教材大系 · 服装系列
ZHONGGUO GAODENG YISHU YUANXIAO JINGPIN JIAOCAI DAXI · FUZHUANG XILIE

服装缝制工艺基础
FUZHUANG FENGZHI GONGYI JICHU

编辑出版 人民美術出版社
（北京市朝阳区东三环南路甲3号 邮编：100022）
http://www.renmei.com.cn
发行部：（010）67517602
网购部：（010）67517743

编　　著 李　正　张鸣艳　夏如玥
责任编辑 胡　姣
装帧设计 茹玉霞
责任校对 朱康莉
责任印制 胡雨竹
制　　版 北京字间科技有限公司
印　　刷 雅迪云印（天津）科技有限公司
经　　销 全国新华书店

开　本：889mm×1194mm　1/16
印　张：11.5
字　数：142千
版　次：2023年2月　第1版
印　次：2023年2月　第1次印刷
印　数：0001—3000册
ISBN 978-7-102-09056-6
定　价：78.00元

内容提要

本书是一本讲授服装缝制工艺的实用图书，将以实物操作的视频、图片形式配合讲解，共分为五章，分别为服装缝制工艺基础知识、服装裁剪与熨烫工艺、服装手缝与机缝基础工艺、服装局部的缝制工艺、成品服装的缝制工艺。本书内容丰富，由浅入深，从局部到整体，图文并茂，步骤详尽，易学易懂，操作性强，特色在于将部分操作步骤拍摄成视频和照片，可供读者直观地了解服装的缝制工艺制作方法，从而能自行设计并制作出服装。

本书既可以作为高等院校服装专业、服装企业与服装培训机构的教学用书，也可作为广大服装爱好者的入门自学用书。

序

服饰文化的人文价值

社会发达程度越高，服饰文化的人文价值就会成正比地增加。

人文科学与自然科学是人类社会学术研究的两大分支。文学与艺术属于人文科学的核心内容之一，研究服饰文化的人文价值隶属于人文科学的专业范畴。

有一句流传甚广的话：“科学让你活着，艺术让你快乐。”这句带有幽默与调侃的话揭示了自然科学与人文科学辩证统一的关系。司马迁说：“人固有一死，或重于泰山，或轻于鸿毛。”裴多菲·山陀尔说：“生命诚可贵，爱情价更高，若为自由故，二者皆可抛。”这些名言警句都强调了人文精神与人文信仰的伟大力量，强调了物质与精神对于人类来说的重要性，只是重要的程度因人的不同而不同。这里讲的“因人的不同”是特指具有不同价值观的人、具有不同信仰的人、维度不同的人、境界不同的人、身处环境不同的人、接受教育不同的人，也指性别不同的人、阶级不同的人、年龄不同的人、健康程度不同的人等。诸多因素不同的差异性导致了人们对物质与精神需求的巨大差异。从这个视角，我们就很容易看到服饰文化的多样性是符合人伦天道的，只有在某种国家意志或封建帝王制度的干预作用下才会出现服饰大一统和不自由的现象。

无论是服饰文化研究还是其他领域研究，我们都应该考虑其研究的学术价值、实用价值以及研究的现实意义。从人文科学的研究价值来说，服饰文化与服饰文明都是人类社会进程中重要的视觉标志，直接影响着人们的视觉感知、视觉信息、视觉意识等，所以服饰现象是人们物质文明与精神文明不同层次的一种表现。服饰文化具有层次之分，因为它与政治、经济、信仰、认知度都有着必然的联系，或者说服饰文化层次之分恰恰就是这些因素互相作用的一种结果。

同样一件事物不同的人会有不一样的评价与逻辑，这与人的认知度有着直接的关联。认为这个是美的还是丑的，是对的还是错的，双方都会有充分的理由与论证，因为这是形而上的问题，用一句话概括就是：对错是由你的角度与立场决定的。一般情况下，具有高维度思维的人会兼容低维度思维的人，而低维度思维的人往往不会兼容高维度思维的人，这是由可量化的思维形态所决定的。在思维形态中高维可以兼容低维的同时，高维也可以制约低维。现在有一句流行语叫“降维打击”，是什么意思呢？它是指高维可以轻松制约低维，而低维在高维面前没有还手之力。在今天来谈人的“多维性”是很容易理解的，这个可能与高科技互联网、商业高度发达有关。总之，不同的人在意识维度方面有高低之分已是现代人一种普遍可以接受的共识。这个道理可以导引出服饰文化审美层次的存在是一种客观存在的意识形态。

在这里阐释高维度意识与低维度意识存在的目的是：用其来推导出“服饰文化的人文价值一定会因人的不同而必定具有高低层次之分”。服饰文化的人文价值是动态变化的，它不可能恒定不变。服饰从物质现象升级到精神需求这无疑是一种进步，是人类从物质文明到精神文明的升华，从这个发展与进步的角度来看，服饰文化的演绎就是“衣”文化从物质形态向精神形态的过渡，也是“衣”文化审美意识由低维向高维的过渡。研究服饰文化是因为现代文明社会中人们非常注重服饰审美精神需求，这个需求更需要我们来研究与挖掘服饰文化的人文价值。服饰艺术不仅可以满足人们的幸福感，而且还是人类对美的认知与体验美学的重要内容，其人文价值不容忽视。

服饰文化的人文价值是相对于“服饰文化的自然物质价值”而言的。服饰文化的人文价值主要是指服饰中精神领域的价值内容，是一种主观行为导致的价值取向；服饰文化中的自然物质价值主要是指服饰对人类生命与身体保护范畴的价值。

关于服饰文化的基本属性可以分为精神属性与物质属性，其中精神属性往往就是服饰文化的人文价值部分，而服饰的物质属性往往就是服饰文化的自然科学价值。服饰文化的精神价值（心理价值）与物质价值都是服饰文化的价值组成，二者是服饰文化价值中不同的两个方面：一个是服饰精神层面的需求，即主观性表达；另一个是自然物质层面的需求，即为了人的客观生存性表达。

服饰文化中人文价值部分主要包括人类精神领域的意识流价值，譬如服饰艺术价值、服饰设计价值、服饰美学价值、服饰的象征意义、服饰的精神文明价值等。从服饰艺术的视角来说，服饰设计就是人类对人体的艺术美化，是对人体外观造型的二次塑造。追溯人类对人体自身进行二次塑造，就不难发现人类对美学意识的觉醒与升级，对美感的提升，当然也包括了人类原始的自然崇拜与某些迷信意识。

从人本学的角度来研究服饰文化的人文价值，我们认同“人体之美才是万物之美的核心”，就如同唯物主义坚定物质决定意识与唯心主义哲学派系始终坚信意识决定物质的逻辑性一样。所以，从人本学的观点来研究服饰审美，我们就需要坚持“人体之美在物质世界中是万物之美的核心之美”，人体之美也是物象之美的原点。

“物象”与“心象”问题就是物质形态现象与人类特有的内心世界存在、人的意识形态问题。“服饰文化物象”是相对于“服饰文化心象”而言的，二者是服饰物质与服饰意识的问题。人体与衣服的融合现象就是服饰文化物象，是一种物质形态的客观存在，而在人的大脑中还有一种透过服饰文化物象的非物质认识存在，这种认识存在就是人们的思想活动之存在，即服饰美学意识。服饰美学意识形态是存在于无形之中的，是我们人类无法通过视觉功能能够解决的问题，它存在于我们的心理之中。

服饰文化现象不仅是一种服饰视觉效果，更是一种动态美学。尽管通过视觉信息的捕捉就可以评判服饰审美现象问题，但是服饰现象背后蕴含着的服饰审美逻辑性问题单靠视觉反应是无法解决的。这个问题属于服饰文化美学逻辑范畴，美学属于意识形态问题，牵涉到了服饰审美，意识形态，包括阶级性、环境论、认识论、善恶论、层次论等。但是，如何提升我们的服饰审美，这就需要提升我们的审美心智，这个心智是需要接受某些教育与教化之后才有可能达到一种新高度的审美意识水平。"这个世界从来就不缺少美，只是缺少发现美的眼睛"，这是哲学家得出的关于美的认识论。那么在这里就很有必要讲一下人的"服饰认知维度问题"了：一维认知维度、二维认知维度、三维认知维度、四维认知维度、五维认知维度是有区别的，区别的核心是认知水平与境界的差异性问题。要去揭开不同级别维度的面貌，那是另一个重大系列问题的研究了，在此书中就不加以展开论述了，只能作为一个概念给大家以启示。

人体与衣物相融合构成了人文美学高维的新形态。从人类进化历史的角度看，原始人类在很长的一段时期内是不需要穿戴服饰的，这与当时的气候有关，与原始人类拥有天然的防御寒冷、防御外界易伤物的长浓体毛（包括皮厚）有关，也与当时的地理环境有关。原始人类的审美层次与现代人类的审美层次无疑是有着极大差异性的，这个道理不用理论。但是我们要明白，人类就服饰审美的本质逻辑都是一样的，不论古人还是现代人，对于服饰美的追求都是相同的，因为"爱美之心人皆有之"。在实现服饰审美过程中，只是人类拥有的物质基础决定了人们对于美的满足层次而已。

服饰文化人文价值的体现就是要释放人的爱美天性，实现服饰自由。在服饰现象中，人类对于美的追求、对于服饰美的知行合一是人文价值的重要内容。

在当今高科技赋能的文明社会，人与人的交往中服饰形象的价值往往在很大程度上直接影响对方对你的第一认知。这里的服饰形象是指包括人体在内的一种服装状态感。服饰文化的人文价值在当今更是值得重视，它不仅是你身份的象征，也是你自身的"风水"，它不仅是你内心世界的外在表现、修养表达、三观的态度解读，也是你审美层次的直接符号。从人文价值来阐释服饰文化是有别于自然价值的，这是由人文与自然的属性决定的。

服饰文化高维新形态是指服饰文化可以具有一种趋势，即追求大美无疆，美育高尚，各美其美，美美与共。高维意识的人与低维意识的人在对待服饰美学认知程度上是有着很大区别的。差异性是社会的常态，高低之分也是客观现象，否则就不需要教育了。服饰文化中的审美具有层次之分，这与个体的人有关，因人不同美的价值也就不同。

服饰审美不仅有层次之分也有阶级之分，同样具有大美学的共性特征及其属性，服饰文化中的美学同样也具有层次之分和阶级之分。"美"有时就是一个比较悬空的概念，在很多时候人们很难说得清楚"美"到底是什么，对于一般人来讲，其实也没有必要从专业的角度来厘清美究竟是什么。好看、漂亮、舒适感、快感、爽酷感等是不是美，还是美的要素？美与审美有什么区别？"美"与"美学"又有什么区别？这些综合因素的正确认知不是一般人的知识能力与认知水平所能够达到的，因为这个课题不仅是一个专业问题，还是一个哲学问题。

服饰文化的人文美学价值层次可以概括为：大美道法自然，中美物厚人及，小美可以装扮（化妆）。“大美道法自然”是美中之至美，这里的道就是“道可道非常道”的道，是最为适合宇宙与自然的天然之美，不必“人工雕琢”即可达到的仙境之美。“中美物厚人及”具有厚德载物的某些部分含义，强调了“物厚”的存在方可获得中美，它是指在拥有一定物质厚度的前提下可以达到的一种物质与精神相融合的综合之美。这其中就包括了服饰的材质美学、服饰制作工艺美学、服饰展示的场域混合美学、服饰意象美学等。“小美可以装扮”一般是指众人通过服饰选择与化妆技艺而达到的一种技术形象美学，主要包括物象的外在形态。

在人文美学方面关于审美层次问题自古就有，比如“天有时、地有气、才有美、工有巧，合此四者然后可以为良”，这是中国古代工艺官书《考工记》中的一句话。这句话高度概括了古人对于设计学的基本要求，也是对设计作品的美学品格给予了方向性的指导。讲到艺术审美的相对标准，我们很自然地还会联想到南北朝谢赫提出的“六法论”问题。“气韵生动、骨法用笔、应物象形、随类赋彩、经营位置、传移模写”，六法论比较科学、概括地评价中国画品格的相对标准与基本艺术要求。谈论《考工记》与“六法论”的目的是导引艺术与设计的美学价值在服饰艺术中的人文价值应该如何加以评价。

从快感到美感是一种进化论，服饰现象也同样经历了这一过程。快感是动物器官在获得某种满足后的一种良好感受，快感明显带有动物体验属性，从其产生的过程看带有一定意义上的客观性。但是，美感不等同于快感，它可以包括快感这个要素，它是一种纯粹的心理活动现象，是一种认知感受，是一种意识形态，其属性是典型的精神世界的产物，我们将这种意识形态称为“心象”。

之所以说“从快感到美感是一种进化论”，这是从人类进化的历史演变角度来阐释的。自类人猿到猿人类的进化经历了非常漫长的历史，也是从动物进化到人的第一个大变化时期。由动物升级为人的关键标志当然就是制造工具与使用工具，工具的出现与使用在概念上使人脱离了动物的本质。

对于服饰文化中服饰审美价值的认识是一种人文的高维认知。

从原始社会到现代高科技化时代，“衣食住行”都是人类赖以生存的基本支柱，在四大支柱中服饰现象对人们的美学影响是最具深刻性的。深刻性主要是指人们对于服饰审美的心理需求在许多时候远远大于身体需求，其服饰现象的美学价值在文明社会的商业贸易中以价格悬殊给予了某种证明。

服饰所涉及的材料及其呈现的模式在当今已经发生了巨大的变化，这些变化没有形成化学变化而只是物理变化，服饰现象的本质没有改变，将来也不会改变。科技的进步与物质世界的极大文明更加快速地催生了服饰时尚审美的短周期性，生活方式日新月异的变化是包含着服饰内容的一个综合概念。从设计学的角度讲，文化艺术是人类对高层次精神的追求，也是人们在满足了基本物质需求后才会更加注重的一种生活格调追求。服饰物质需求与服饰精神需求哪个更重要？这不是非黑即白的问题，这是一个辩证的问题、一个心理问题，也是一个先后时间问题。这里用“人的信仰”来感受一下物质与精神哪个更重要时可能就比较容易理解服饰现象的人文价值，对于服饰审美价值的认识是一种人文的高维认知的理解也会更透彻一些。

“万物不出一心，一心通融万境。”关于人类的认知问题现在研究的学术成果还是比较多的，认知的层次也是存在高中低之分的。在服饰审美领域的认识中，只停留在服饰原始初级功能认知上就属于服饰审美低层次的范畴。

服饰是人体的第二皮肤，是包装人体的艺术修饰，是人类对人体自身进行艺术加工后提升审美的另一种结果。衣服与服装的主要区别就在于一个是不包括人体的纯衣物物件，一个是包括人体在内的衣与人体融合后的一种状态。服饰美是一种状态美，是人体着装后所呈现的一种状态表达，包括人体＋衣服＋装扮（化妆、文身等）。而衣服只是包裹人体的物件，比如一件旗袍、一件西装等，当衣服与人体一旦结合为一体（即人体穿着衣服）后，衣服也就成了服饰的一个组成局部，也就成了服装，由此可以说，服饰是人、衣、妆的融合体。服装美既是一种静态的“雕塑美”，又是一种流动的“雕塑美”。服饰美学当然包括个体人的一种状态之美，包括人的妆容之美，包括人的特有气质与气场，所以衣服的美不一定对每个个体都是适合的，可以彰显张三美的衣服不一定适合李四穿着。服饰美是包括人物状态的衣人综合之美，这也是服饰文化中人文价值的重要内容。

服饰美学就是你自身的“风水”。讲到风水人们往往会联想到玄学，甚至迷信的味道，其实不然。用风水来比喻个体服饰文化意在强调服饰文化的人文价值，包括服饰造型在客观上引导着人们的心理暗示，服饰色彩在客观上给予人们舒适度，服饰图案能引起人们的联想等。所以，服饰现象给予我们的感官体验是客观的，是我们视觉感官的一种日常的必需。我们在研究服饰现象的人文价值时应该站在一个高度，尤其在东方大国崛起的今天，我们更有责任高举“中国时尚”“中国引领”“中国美学”的概念来弘扬中华服饰文明，坚定我们的民族自信。

李正

2022年6月写于苏州大学

前言

随着中国时尚产业的发展，市场对人才的需求不断提高，为了使服装专业的学生能够适应市场的需求，成为既可以展现设计能力，又能实现设计思维的通才，笔者编写了《服装缝制工艺基础》一书。服装缝制工艺是服装类专业学生的必修课程，也是服装设计师所需具备的基础技能，它是服装款式设计与结构设计的最终体现。

本书共五章，主要介绍了服装缝制工艺基础，内容基本涵盖大学本科、高职院校服装类专业在服装制作基础工艺教学中所涉及的范围。本书以图片的形式，配以操作视频，逐步分解服装部件制作的过程，并且详细介绍了服装重点部位工艺流程的方法与技巧，每一章后面都配有思考题与练习题，可以使学生与读者巩固章节学习内容，并做到举一反三，设计与制作出更多的作品。笔者在服饰缝制教学过程中，除了要求学生学会缝制方法外，更多的是指导学生如何正确运用缝制方法。笔者认为，教师更应注重培养学生的创新创造能力，我们在教会一种缝制方法之后，学生应学会在哪些地方可以运用该种缝制方法，并能将自己设计的新作品缝制出来。

本书由苏州大学艺术学院李正教授、苏州市职业大学艺术学院张鸣艳老师、苏州大学艺术学院夏如玥编写。其中第一章、第二章由夏如玥编写，第三章、第四章、第五章由张鸣艳编写，全书由李正教授统稿。本书在编写过程中得到了苏州大学艺术学院与苏州市职业大学领导及部分教师的大力支持，在此表示真挚的感谢。此外，书中选取了苏州市职业大学艺术学院服装设计与工艺专业部分学生的优秀作品，在此向提供作品的同学们表示感谢。最后，特别感谢苏州大学艺术学院余巧玲硕士对书稿出版工作的大力支持，感谢苏州大学设计学王巧博士为本书的编写提供了专业的指导意见。

由于本书讲解的服装款式种类有限，加之编者时间与水平有限，服装缝制工艺也在不断更新，书中难免有遗漏与不足之处，诚请专家、读者批评指正，以便再版时加以修正。

张鸣艳

2022年6月

教学内容及课程安排

章/课时	课程性质/课时	节	课程内容
第一章（4课时）	基础理论（8课时）		·服装缝制工艺基础知识
		一	常用服装缝制工具与服装工艺名词术语
		二	服装专用符号
		三	服装材料
第二章（4课时）			·服装裁剪与熨烫工艺
		一	服装手工裁剪工艺
		二	服装工业裁剪工艺
		三	服装熨烫定型工艺
第三章（12课时）	理论与实践运用（56课时）		·服装手缝与机缝基础工艺
		一	基础手缝工艺
		二	基础机缝工艺
		三	手缝缝型作品赏析
第四章（20课时）			·服装局部的缝制工艺
		一	省道与褶裥的缝制工艺
		二	常用口袋的缝制工艺
		三	开衩的缝制工艺
		四	拉链的缝制工艺
		五	常用领子的缝制工艺
第五章（24课时）			·成品服装的缝制工艺
		一	裙子的缝制工艺
		二	裤子的缝制工艺
		三	衬衫的缝制工艺

目录

第一章

服装缝制工艺基础知识

模块名称： 服装缝制工艺基础知识

课题内容： 服装缝制常用工具与服装工艺名词术语

服装专用符号

服装材料

课时比例： 4课时

教学目标： 1. 了解服装缝制常用工具。

2. 了解并掌握服装工艺名词术语与服装专用符号。

3. 了解不同的服装材料。

教学方法： 采用传统与现代（多媒体教学）相结合的教学方法。

教学要求： 通过理论知识讲解，现场示范操作，要求学生了解和掌握服装缝制常用工具、服装专用符号。

服装缝制工艺是从服装设计、服装结构到服装成品必经的重要环节，是检验服装结构设计是否合理的关键步骤，是所有服装学子都应该掌握的专业基础知识和技能，是搭建服装设计师、版型师及消费者之间的桥梁。在现代服装流行趋势的影响下，服装的品类繁多、造型多变，因此服装缝制工艺表现的技法要求也有所不同。作为一名服装学子，只有掌握了服装的基本缝制技术，才能将其在设计中合理运用，掌握整个服装作品的制作与生产进度，创作出完善、合理、美观、高品质的服装成品。

本章主要介绍服装缝制常用工具与服装工艺名词术语、专用符号以及服装材料。服装学子对服装缝制工具、专业术语与专业符号的熟练掌握程度以及对服装各种材料的了解程度，都会在很大程度上影响服装成品缝制工艺的效率和质量。

第一节　常用服装缝制工具与服装工艺名词术语

在服装缝制过程中，为了制作出外观良好、高质量的服装成品，不仅需要制作者拥有熟练的制作技巧，而且还需要制作者熟练运用各种专业的缝制工具。在不同的缝制步骤中，需要用到不同的缝制工具。服装专业术语是服装行业中不可缺少的专业语言，有利于我们分清服装的每一个裁片、部件等的名称。因此，了解熟悉服装缝制常用工具与服装术语的基本知识十分重要。本节主要介绍服装缝制各类常用工具的名称、用途和使用方法以及服装专业术语的名称与含义，加强服装学子对常用的服装缝制工具、服装术语的认知与运用。

一、常用服装缝制工具

缝制工具主要被运用于面料的裁剪以及服装成品的缝制过程中，因此可分为裁剪工具、缝制与整理工具。前者用于裁剪面料，后者用于将裁片缝合以及对衣服进行整理。常用的缝制工具有剪刀、缝纫针、划粉、镊子等，常用的熨烫工具有烫台、熨斗、烫布等，常用的缝纫设备有工业缝纫机、家用缝纫机等。以下对各类常用的服装缝制工具和设备的名称、用途以及使用方法进行具体介绍。

（一）剪刀

剪刀在服装缝制过程中主要用于裁剪面料、剪线头与拆线头、裁剪纸样和辅料。因此，根据裁剪对象的不同，需要选取大小不同的剪刀。如图1-1所示，此类剪刀后手柄长度较长，具有一定程度的弯曲度，易于握持，并且可以让刀锋在裁剪的表面放平，从而让使用者操作更方便舒适，刀身部分也较长，方便裁剪大面积的面料。当大面积的裁片剪裁好后，将这些裁片进行缝合，然后需要将线头剪去保持服装的整洁与完善。如果裁片缝合错误，则需要拆线头，如图1-2所示的小纱剪，剪刀刀口锋利，刀尖整齐无缺口，刀刃的咬合无缝隙，对比裁剪面料的剪刀显得十分娇小，适合剪线头和拆线头这类细窄处的处理。还有一种是普通的小剪刀，如图1-3所示，主要用于裁剪纸样和辅料等。

（二）针

在服装缝制过程中，针是将裁片缝合于一起的工具。在日常生活中，人们一般会采取两种缝合方法：一类是用手缝针进行手缝，一类是用车缝针进行机缝。除此之外，还有固定面料用的大头针和珠针。

图1-1 裁剪面料剪刀

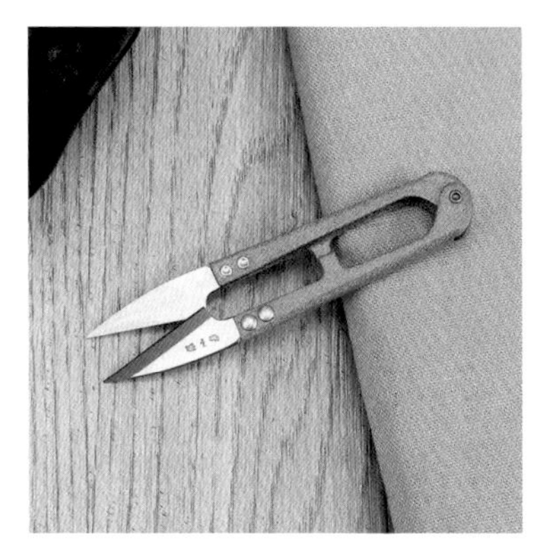

图1-2 小纱剪

图1-3 普通小剪刀

1. 手缝针

手缝针是最简单的缝纫工具，也是手工缝制所用的钢针，针身圆滑，针尖锐利，在针身尾部有小孔，缝纫线可通过小孔固定在针上从而进行缝制。手缝针主要可分为三类：常用手缝针、免穿手缝针、多功能手缝针。

（1）常用手缝针

如图1-4所示，常用手缝针用途广泛，一般有1—15个号数，号数越小，针身就越粗越长，反之则越细越短。

（2）免穿手缝针

虽然用途相同，但免穿手缝针相对于常用手缝针，更易于穿线，增加了快捷性，主要是为了方便老年人与眼睛近视的人使用，如图1-5所示。

（3）多功能手缝针

多功能手缝针根据用途可大致分为四类：地毯针、皮革针、串珠针以及十字绣针。地毯针也可称为帆针、麻袋针，如图1-6所示。针身呈C形，根据长度的不同可分为多种型号，缝制的材质越厚，型号、弧度越大。

皮革针，如图1-7所示，针身光滑，采用金属材质，不易断裂，针尖为扁平的三角形，对比普通的常用手缝针能更好地缝制厚韧的皮革材料。根据针身的长短与粗细，皮革针有多种型号。型号越大，针身越细越短；型号越小，针身越长越粗。

串珠针，如图1-8所示，常见的串珠针分两类：一类是针身细长的普通串珠针，一类是中间开口、两端闭合的开口串珠针，它们都适用于更方便地穿珠子。

十字绣针，如图1-9所示，针尾部穿孔比一般手缝针要大很多，方便穿过多股线进行缝制，并且针尖头圆钝不伤手，针身较硬不易断，适用于十字绣手缝工艺。

2. 车缝针

车缝针，又被称为机针，一般可分为工业用车缝针与家用车缝针。工业用车缝针有各种不同

图1-4 常用手缝针

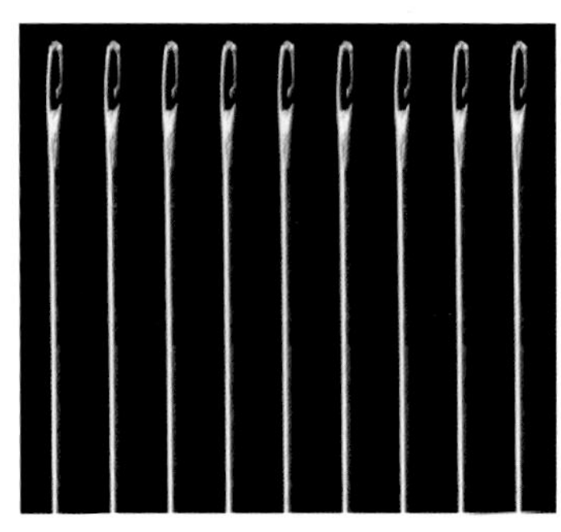

图1-5 免穿手缝针

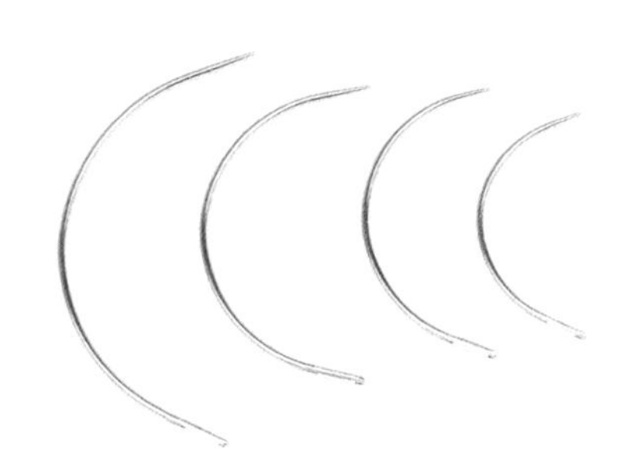

图1-6 地毯针（帆针、麻袋针）

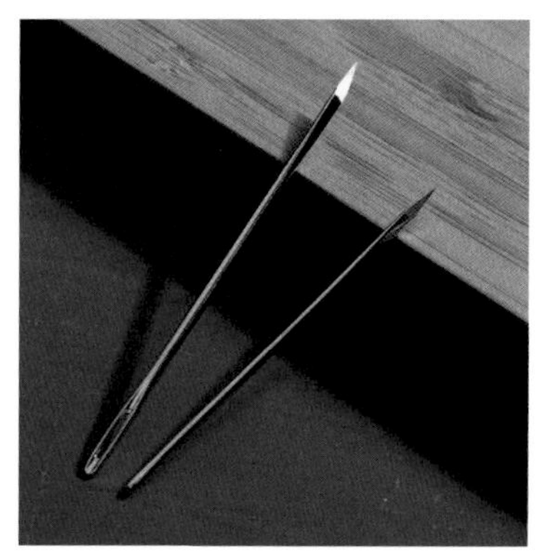

图1-7 皮革针

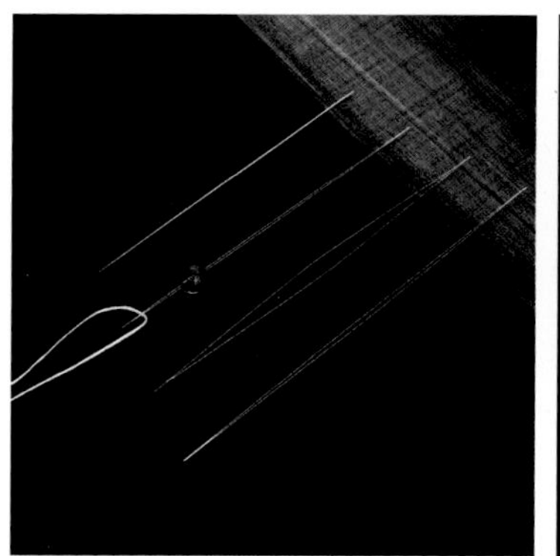

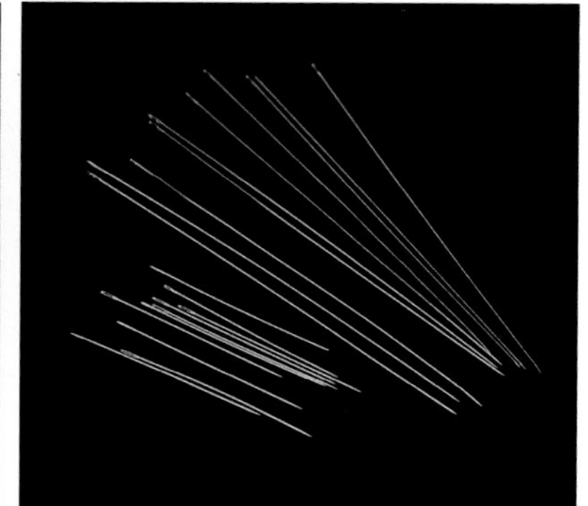

图1-8 普通串珠针与开口串珠针

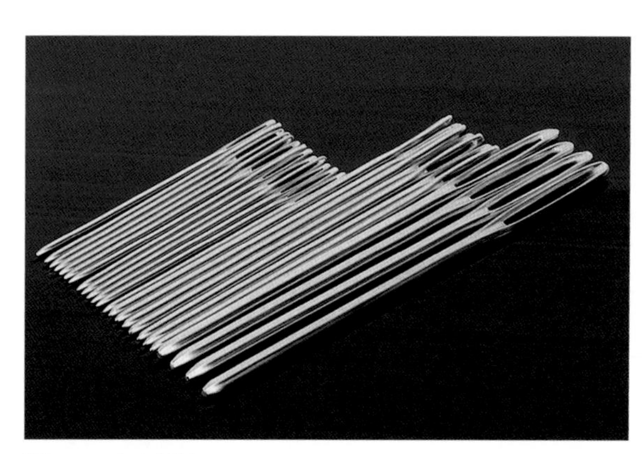

图1-9 十字绣针

的型号，如图1-10所示。针为圆针，型号越小针越细，适合轻薄的面料；型号越大针越粗，适合较厚的面料。家用车缝针又称为角针，如图1-11所示，针尾部分一般为平坦状。它和工业用车缝针一样，不同厚度的面料需要更换不同型号的车缝针。

3.大头针、珠针

大头针在服装缝制过程中主要用于在缝制前将裁片对齐固定、假缝修正，同时起定位作用，也适用于立体裁剪和试穿修改时使用。如图1-12所示，大头针针身较细，这样在固定面料后将其拔出也尽量避免了在面料上留下较大的针孔痕迹。珠针和大头针一样，都是用于临时固定面料，但珠针针身较粗，并且在针的顶端部位有一颗珠子，如图1-13所示。这样不仅可以更易手持，而且更方便使用者能轻易找到珠针的使用位置。珠针在立体裁剪中比较常见。

（三）划粉

划粉是用于在面料上做标记用的粉片，它留在面料上的痕迹可以直接用手拍掉或者用湿布擦除，因此主要用于在面料裁剪前进行绘制线条、标记定位等，如图1-14所示。划粉有多种颜色，常用形状多为三角形。划粉容易断裂，因此在使用时要小心。一般选用与面料颜色相近的划粉，这样可以避免在服装表面留下明显的痕迹。

（四）褪色笔

在服装缝制工具中，除了划粉，褪色笔也可用于画线做标记，如图1-15所示。褪色笔可分为气消笔、热溶笔、水消笔三类，适合在皮革、

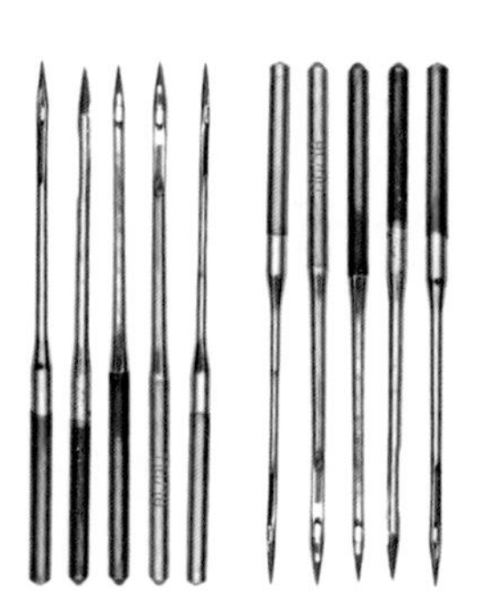

图1-10 工业用车缝针

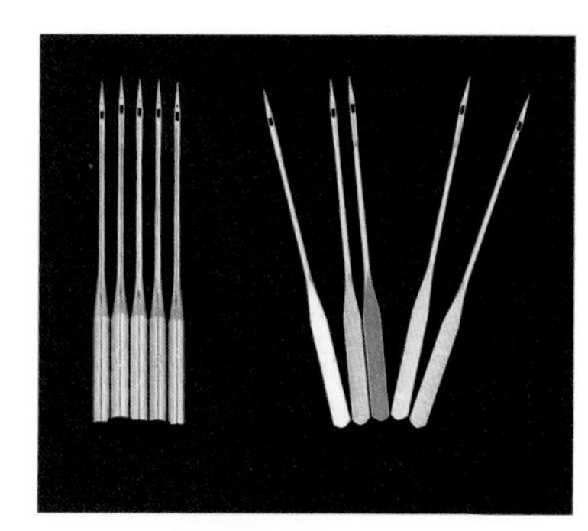

图1-11 家用车缝针

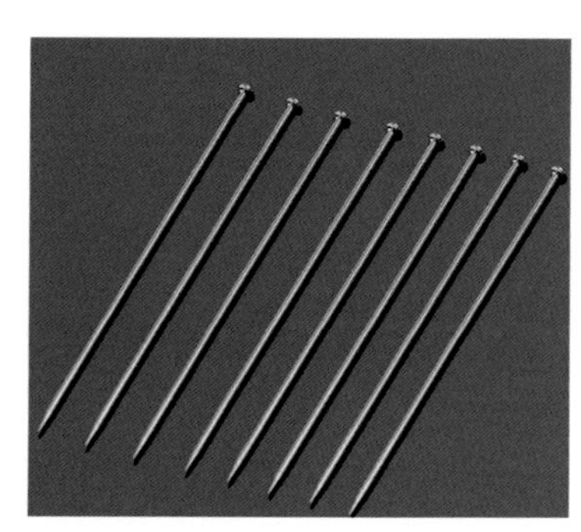

图1-12 大头针

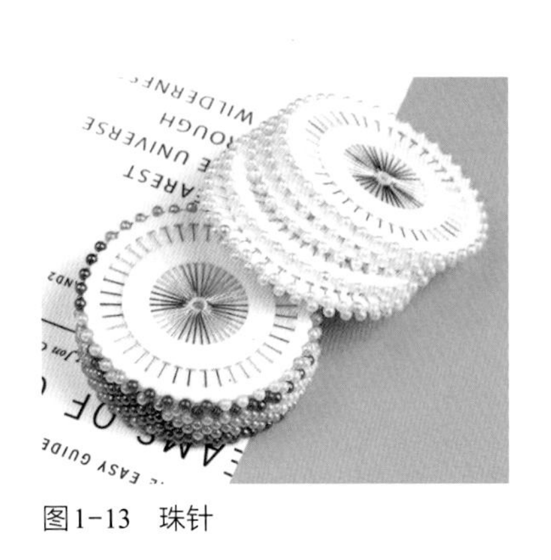

图1-13　珠针

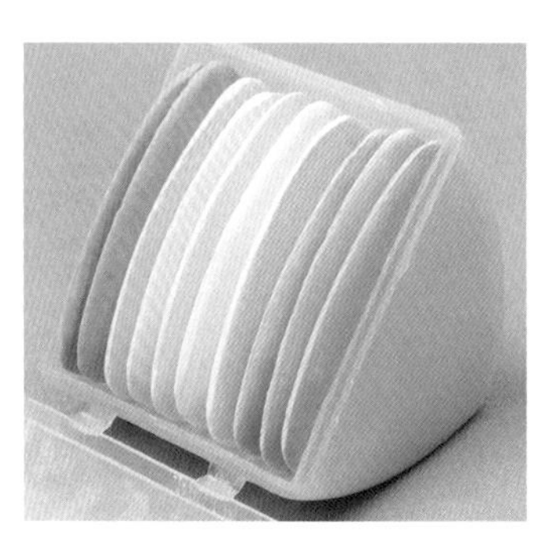

图1-14　划粉

布料、十字绣、纸张上画线标记。褪色笔既可通过高温熨烫消除，也可用清水消除。

（五）针插

针插主要用于立体裁剪和机缝过程中，可以临时将珠针或手缝针等这类细小的缝纫工具进行收纳放置，使用者戴在手上方便在有需要的时候随时拿取或者放置存储，如图1-16、图1-17所示。针插可分为两种：手腕针插、戒指针插，其中手腕针插更为常见。

（六）镊子

镊子的一端扁平贴合，另一端顶端纤细，是一种小钳形工具，如图1-18所示。镊子是服装缝制常用工具中的辅助工具，一般在机缝缝制工艺过程中，需要细节调整时使用，例如车缝过程中调整上、下层裁片间的吃势，或者用来拔除线钉。

（七）拆线器

拆线器头部呈“√”形，中间凹陷处十分锋利，因此能方便、快捷地将缝错的位置拆除，是拆开缝纫线或者绷线时常使用的工具，如图1-19所示。

（八）顶针

顶针是常用缝制工具中的保护工具，主要用于手工缝制时戴在手指上防止被针扎到手，起保护手指的作用，如图1-20、图1-21所示。顶针

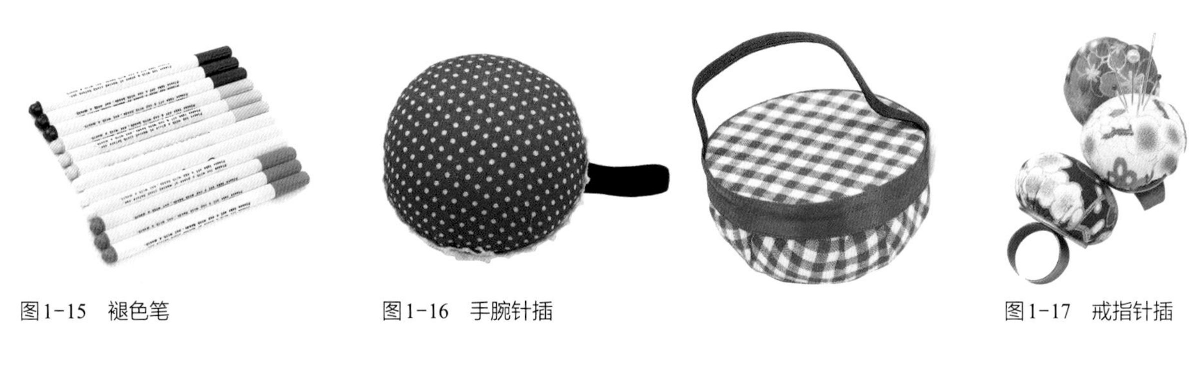

图1-15　褪色笔　　图1-16　手腕针插　　图1-17　戒指针插

图1-18　镊子　　图1-19　拆线器

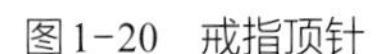
图1-20　戒指顶针

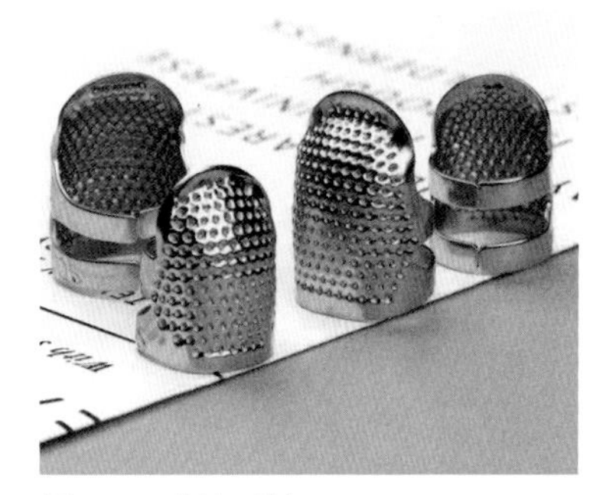

图1-21　指尖顶针

图1-22　螺丝刀

可分为戒指顶针和指尖顶针。

（九）螺丝刀

螺丝刀是常用缝制工具中的调试工具，主要用于对缝纫机进行调试，比如更换压脚、调试梭壳等，如图1-22所示。

（十）穿带器

穿带器主要用于穿松紧带、束口绳、棉绳等，它能轻松夹住要穿的绳带，不易脱落，如图1-23所示。

（十一）穿针器

穿针器是帮助操作者快速穿针的辅助工具，如图1-24所示。

（十二）缝纫线

缝纫线包括棉线、丝线、合成纤维线、涤纶线等，颜色丰富，如图1-25所示。一般选用与面料颜色相同或相近的线，也可根据款式的设计与需求选用与面料颜色不一致的缝纫线。

（十三）缝纫设备

缝纫设备种类繁多，一般分为家用缝纫机、工业缝纫机、包缝机、绷缝机、撬边机、钉扣机、锁眼机、绣花机，还包括裁剪台与人台等。

1. 家用缝纫机

家用缝纫机是基础的缝纫工具，如图1-26所示，通常具备多种功能，比如包边缝、锁扣眼、钉纽扣、装饰线迹、简易锁边等，可以完成家庭日常缝纫。

2. 工业缝纫机

工业缝纫机又称平缝机，是服装企业使用的缝纫设备之一，对比家用缝纫机，它更专业、更高效，如图1-27所示。大多数高校服装缝制工艺教学中都会使用到工业缝制机。

3. 包缝机

包缝机主要用于将服装缝头毛边的部分包裹起来，使得服装工艺呈现更为完善，因此包缝机又称为拷边机，如图1-28所示。

4. 绷缝机

绷缝机缝制的线迹一般是单面覆盖链式线迹，或是双面覆盖链式线迹。这些覆盖线主要起

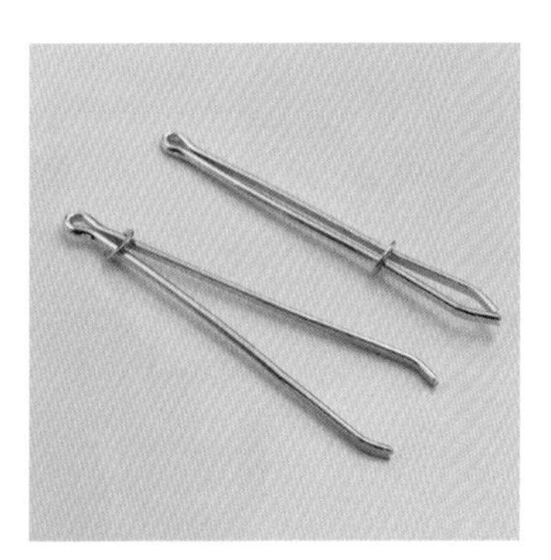

图1-23　穿带器

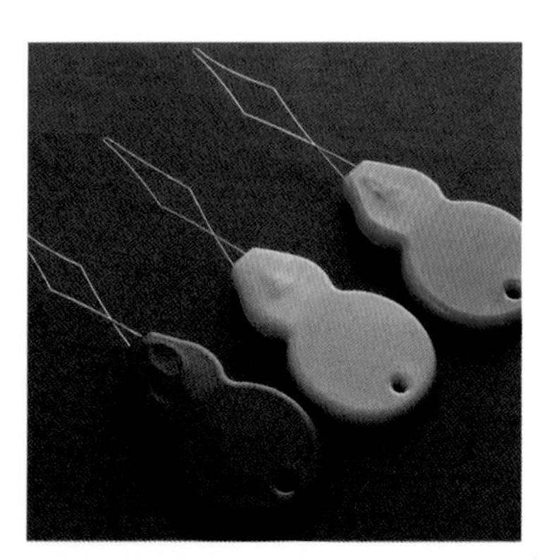

图1-24　穿针器

图1-25　缝纫线

图1-26　家用缝纫机

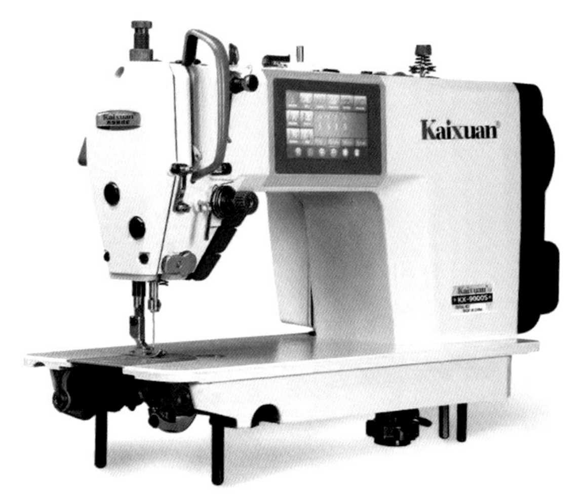

图1-27　工业缝纫机

图1-28　包缝机

到美观装饰作用，并且覆盖链式的线迹具有较大的弹性，因此这种线迹适用于针织服装。绷缝机如图1-29所示。

5.撬边机

撬边机广泛用于手套、袜子、帽檐、袖口、裤脚等筒状小口径织物的暗缝，因此撬边机又称暗缝机，如图1-30所示。

6.钉扣机

钉扣机主要用于给服装需要的部位钉纽扣，如图1-31所示。

7.锁眼机

锁眼机是主要用于加工各类服饰中的纽孔的设备，如图1-32所示，可分为两种，即圆头锁眼机和平头锁眼机。圆头锁眼机一般专用于中厚型面料的纽孔缝制，平头锁眼机一般用于薄型或中薄型面料的纽孔缝制。工艺特点是纽孔形状美观，线迹均匀结实，不仅能防止面料纱线脱落，

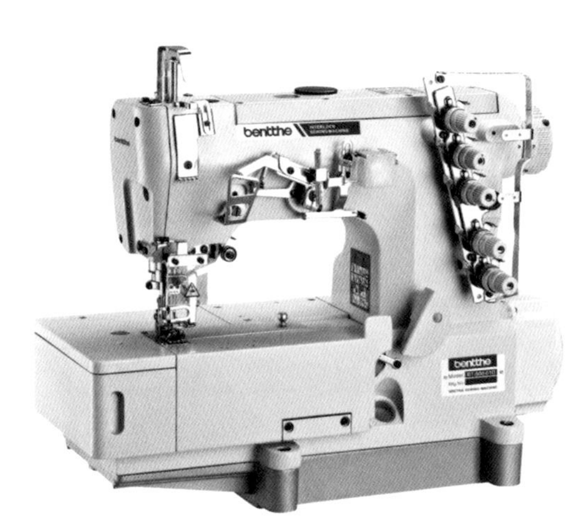

图1-29　绷缝机

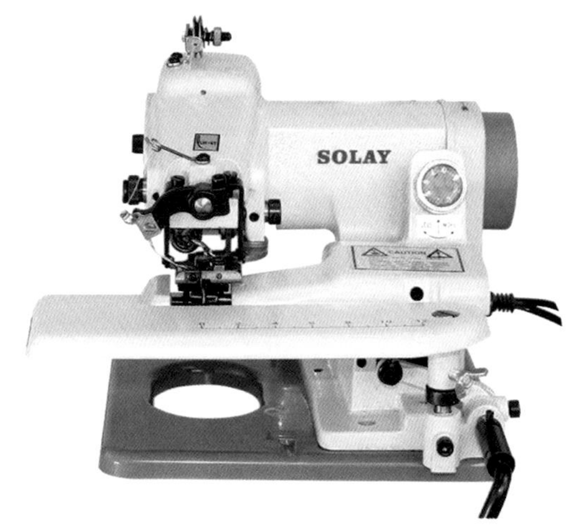

图1-30　撬边机

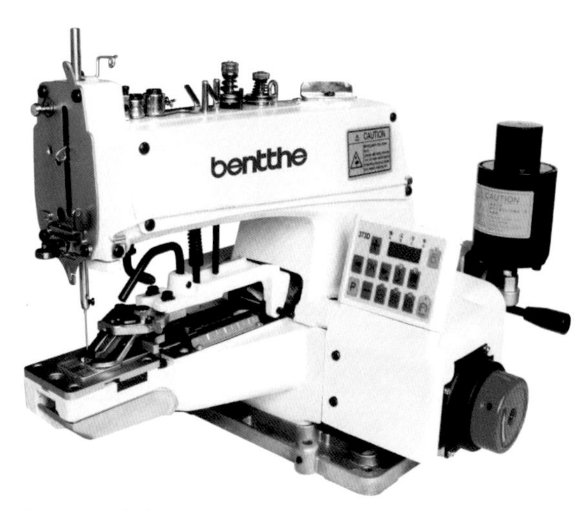

图1-31　钉扣机

图1-32　锁眼机

而且具有装饰美化的作用。

8. 绣花机

绣花机，如图1-33所示，主要用于在服装面料上进行平面滑行绣花，增加服饰的装饰性与美感。

9. 裁剪台

裁剪台，如图1-34所示，主要用于面料的裁剪、绘图、制版等，也可以使用大的方形垫板代替。

10. 人台

人台是用于服装制作过程中，比如服装立体裁剪、服装成品展示以及缝制过程中对服装进行整理时辅助用的人体模型。有女性人台、男性人台、儿童人台等各种类型，一般有白色和黑色两种，通常使用标准人台，如图1-35所示。

（十四）梭芯、梭壳

每种缝纫机都有各自配套的梭芯、梭壳，根据家用、工业用缝纫机，选择不同的梭芯、梭壳。一般为了方便，都会准备多个梭芯，如图1-36所示。

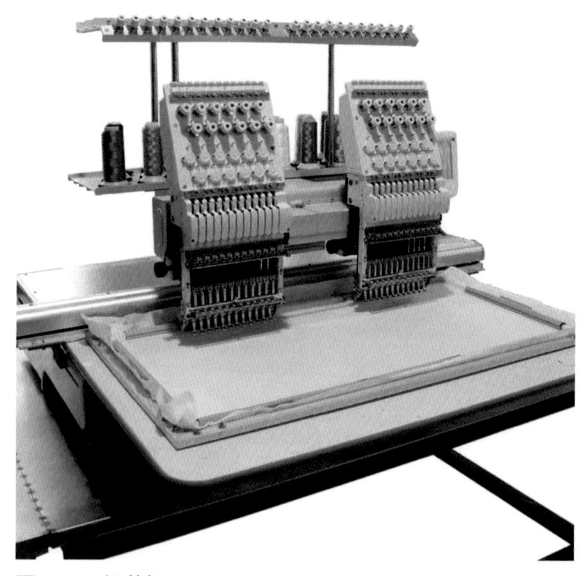
图1-33　绣花机

图1-34　裁剪台

二、常用服装工艺名词术语

本书中所使用的服装工艺名词术语是以2014年8月1日中国标准出版社出版的《服装工业常用标准汇编》（第8版）中的服装术语为标准。

图1-35 人台

图1-36 梭芯、梭壳

（一）检查原、辅料

1.验色差（colour shade inspection）

检查原、辅料色泽级差，按色泽级差归类。

2.查疵点（inspection for defect）

检查原、辅料疵点。

3.查污渍（inspection for spot）

检查原、辅料污渍。

4.分幅宽（fabrics width grouping）

原、辅料门幅按宽窄归类。

5.查衬布色泽（checking interlining）

检查衬布色泽，按色泽归类。

6.查纬斜（inspection for skewness）

检查原料纬纱斜度。

7.复米（roll length audit）

复查每匹原、辅料的长度。

8.理化试验（physical and chemical test）

测定原、辅料的物理、化学性能。

（二）裁剪

1.烫原辅料（wrinkle removal）

熨烫原、辅料折皱印。

2.自然回缩（fabric relaxing）

原、辅料打开放松，自然通风收缩。

3.排料（layout）

排出用料定额。

4.计算机裁剪（computer aided cutting）

用计算机中心控制的裁床，按照磁盘上的排料图文件，进行衣片裁剪。

5.服装CAM（clothing computer-aided manufacturing）

利用计算机辅助生产。

6.服装CAD（computer-aided garment design）

利用计算机进行服装款式的设计、纸样绘制、排料、放码等工作。

7.铺料（spreading）

按照排料的长度、层数，把面料平铺在裁床上。

8.划样（marking）

用样板或漏划板按不同规格在原料上画出衣片的裁剪线条。

9.版样（pattern）

记录服装结构图及相关技术规定（缝份、布纹方向、对位点、规格等）的纸板的统称。

10.纸样（paper pattern）

软质纸的版样。

11. 板样（pasteboard pattern）

硬质纸的版样，亦称样板。

12. 布样（cloth pattern）

布质的版样、立裁中产生的版样。

13. 复查划样（marker audit）

复核划样结果。

14. 裁剪（cutting）

按划样裁成衣片。

15. 钻眼（drilling）

用电钻在裁片上做出缝制标记，又称为“扎眼”。

16. 打刀口（notching）

按划样标记打上剪口，又称为“打剪口”。

17. 分片（identifying and bundling）

裁片分开整理。

18. 打粉印（chalking）

用粉片在裁片上做出缝制标记。

19. 编号（numbering）

裁好的衣片按顺序编上号码。

20. 查裁片刀口（checking notches）

检查裁片刀口质量。

21. 配零料（assigning sundries）

配零部件料。

22. 钉标签（attaching label）

将有顺序号的标签钉在衣片上。

23. 验片（cut piece inspection）

检查裁片质量。

24. 织补（darning）

修补裁片织疵。

25. 换片（changing defective pieces）

调换不符合质量的裁片。

26. 冲上下领衬（punching collar interlining）

用模具冲压上领和下领的衬布。

27. 冲袖头衬（punching cuff interlining）

用模具冲压袖头的衬布。

（三）缝制

1. 修片（trimming pieces）

修剪毛坯裁片。

2. 剪省缝（slashing dart）

毛呢服装省缝剪开。

3. 环缝（overcasting stitches）

毛呢服装剪开的省缝用环形针法绕缝。

4. 缉省缝（sewing darts）

省缝折合机缉缝合。

5. 烫省缝（pressing dart open）

省缝坐倒熨烫或分开熨烫。

6. 归拔前片（blocking front piece）

将平面前衣片推烫成立体衣片。

7. 缉衬省（stitching dart of interlining）

机缉衬布省道。

8. 缉衬（stitching interlining）

机缉前身衬布。

9. 烫衬（pressing interlining）

熨烫缉好的胸衬。

10. 敷胸衬（attaching interlining）

前衣片敷上胸衬。

11. 黏衬（pressing interfacing）

用黏合机将某些部位衣片和黏合衬进行热压黏合。

12. 纳驳头（pad-stitching lapel）

手工或机扎驳头，又称为扎驳头。

13. 拼袋盖里（matching flap facing）

袋盖里拼接。

14. 做袋盖（making flap）

袋盖面和里机缉缝合。

15. 翻袋盖（turning over flap）

袋盖正面翻出。

16. 做插笔口（making an opening for pen on the flap）

在小袋盖上口做插笔开口。

17.滚袋口（binding pocket mouth）
毛边袋口用滚条包光。
18.缉袋嵌线（stitching bound pocket）
袋嵌线料缉在开袋上。
19.开袋口（cutting pocket mouth）
将缉好袋嵌线的袋口剪开。
20.封袋口（stitching ends of pocket mouth）
袋口两头机缉封口。
21.缉转袋布（stitching pocket bag）
袋布双层缝合。
22.拼接挂面（stitching facing）
手工或机缝拼接挂面。
23.敷挂面（attaching facing）
挂面敷在前衣片止口部位，即敷过面。
24.合止口（joining front edge）
门里襟止口机缉缝合。
25.修剔止口（trimming front edge）
止口缝毛边剪窄、剔薄。
26.叠挂面（basting front edge）
将挂面和大身扎在一起。
27.合背缝（joining enter back seam）
背缝机缉缝合。
28.归拔后背（blocking back piece）
将平面后衣片按体型归烫成立体衣片。
29.敷袖窿牵条（taping armhole）
牵条布缝上后衣片的袖窿部位。
30.封背叉（bartacking hack vent）
背叉封结。
31.合摆缝（joining side seam）
摆缝机缉缝合。
32.分烫摆缝（pressing open side seam）
摆缝、缉缝分开熨烫。
33.扣烫底边（folding and pressing hem）
衣边折转熨烫。
34.叠底边（basting hem）
底边扣烫后扎一道临时固定线。
35.叠摆缝（basting side seam）
将里子和面子的摆缝扎在一起。
36.倒钩袖窿（back-stitching armhole）
沿袖窿用倒钩针法缝扎。
37.合肩缝（joining shoulder seam）
肩缝机缉缝合。
38.分烫肩缝（pressing open shoulder seam）
肩缝、缉缝分开熨烫。
39.叠肩缝（slip-stitching shoulder seam）
肩缝缝头与衬扎牢。
40.做垫肩（making shoulder pad）
用布和棉花等做成垫肩。
41.装垫肩（setting shoulder pad）
垫肩装在袖窿肩头部位。
42.倒钩领窝（back-stitching neckline）
沿领窝用倒钩针法缝扎。
43.拼领衬（joining collar interlining）
领衬拼缝机缉缝合或黏合搭拼。
44.拼领里（applying interlining to collar）
领里拼缝机缉缝合。
45.缉领里（top-stitching under collar）
机缉领里。
46.归拔领里（blocking under collar）
领里归拔熨烫。
47.归拔领面（blocking top collar）
领面归拔熨烫。
48.敷领面（attaching under collar to top collar）
领面敷上领里。
49.合领子（joining under collar and top collar）
领面、里机缉缝合。
50.翻领子（turning over collar）
领子正面翻出。
51.做领舌（making collar band ends）
做中山服底领探出的里襟。

52. **分烫绱领缝**（pressing open collar seam）

绱领缉缝分开熨烫。

53. **分烫领串口**（pressing open gorge line seam）

领串口缉缝分开熨烫。

54. **包领里**（turning over top collar seam allowances and catch-stitching）

西装、大衣领面外口包转，用曲折缝机与领面缝合。

55. **上下领缝合**（attaching band to collar）

中山服或衬衫领上下结合。

56. **归拔偏袖**（blocking sleeve）

偏袖部位归拔熨烫。

57. **合袖缝**（joining sleeve seam）

袖缝机缉缝合。

58. **分烫袖窿**（pressing open sleeve seam）

袖缝、缉缝分开熨烫。

59. **叠袖里缝**（matching and stitching sleeve lining seam allowance）

袖子面、里缉缝对齐扎牢。

60. **翻袖子**（turning over sleeve）

袖子正面翻出，即缝袖山头吃势。

61. **收袖山**（easing sleeve cap）

收缩袖山松度或缝吃头。

62. **绱袖**（setting in sleeve）

袖子装在袖窿上。

63. **繑袖窿**（slip-stitching sleeve lining to garment lining）

攃袖窿里子。

64. **压烫袖窿**（pressing armhole）

装袖完毕，将袖窿按圆形分段放平，用熨斗压烫绱袖缝子部分。

65. **滚袖窿**（binding armhole）

用滚条将袖窿毛边包光。

66. **繑领钩**（attaching hook to collar band）

底领领钩开口处用手工缝牢。

67. **叠暗门襟**（slip-stitching facing）

暗门襟眼距间用暗针缝牢。

68. **合刀背缝**（stitching princess line）

刀背缝机缉缝合。

69. **烫刀背缝**（pressing princess line）

刀背缝、缉缝坐倒或分开熨烫。

70. **定眼位**（marking button position）

划准扣眼位置。

71. **滚扣眼**（bounding buttonhole）

用滚眼料把扣眼毛边包光。

72. **开扣眼**（cutting buttonhole）

扣眼剪开。

73. **挂面滚边**（bias binding facing）

挂面里口毛边用滚条包光。

74. **做袋**（making pocket）

做各种袋。

75. **绱袋**（attaching pocket to garment）

口袋装在袋位上。

76. **绱袖袢**（attaching sleeve tab）

袖袢装在袖口规定的部位上。

77. **合腰带**（stitching waistband and lining）

腰带机缉缝合。

78. **翻腰带**（turning over waistband）

腰带正面翻出。

79. **倒烫里子缝**（pressing lining seam rolling to underside）

里子缉缝压倒熨烫。

80. **合大身面里**（stitching garment and lining together）

大身面里机缉缝合。

81. **翻里子**（stitching garment and lining together）

面、里正面翻出。

82. **敷里子**（attaching lining to garment）

里子敷上大身。

83. 热缩领面（pressing top collar for preshrinking）

领面通过一定温度进行防缩处理。

84. 黏领衬（fusing interlining）

领衬与领面三边沿口上浆黏合。

85. 压领角（pressing collar point）

上领翻出后领角热定型。

86. 夹下领（attaching collar to band）

翻领夹进底领机缉缝合。

87. 扣烫过肩（folding and pressing back yoke）

过肩毛边折转扣烫。

88. 绱过肩（setting back yoke）

过肩缉在衣片上。

89. 绱明门襟（attaching facing）

门襟装在前衣片止口上。

90. 缉明线（top stitching）

机缉服装表面线迹。

91. 钩袖头（joining sleeve bottom）

袖头面里的缝合。

92. 翻袖头（turning over cuff）

将兜好的袖头面翻出。

93. 封袖叉（top stitching close to placket）

袖开叉机缉封牢。

94. 绱袖头（attaching cuff to sleeve）

袖头与袖子缝合。

95. 定扣位（marking button position）

标出纽扣位置。

96. 锁扣眼（sewing buttonhole）

扣眼毛边用线锁光，分机锁和手工锁眼。

97. 钉扣（sewing button）

纽扣钉在纽位上。

98. 抬裉缝剪口（notching underarm seam allowance）

中式服装抬裉缉缝剪眼刀。

99. 划绗缝线（ marking quilting line）

划出绗棉间隔标记。

100. 绗棉（quilting）

按绗棉标记机缉或手工绗缝。

101. 盘花纽（making Chinese frog）

用搽好的纽袢条按花型盘成各种纽扣。

102. 钉纽袢（sewing button loop）

纽袢钉上门里襟纽位。

103. 钉领钩袢（attaching hook and eye）

领钩袢钉在领口部位。

104. 镶边（making bias binding as a decorative trim）

用镶边料装在衣片边上。

105. 拔裆（blocking crotch）

将平面裤片拔烫成立体裤片。

106. 敷袋口牵条（attaching pocket stay）

牵条布缝上袋口。

107. 扣烫膝盖绸（folding and pressing knee kicker）

膝盖绸上下口毛边折转熨烫。

108. 合侧缝（joining side seam）

裤侧缝机缉缝合。

109. 合腰带（stitching waistband and lining）

腰带面、里机缉缝合。

110. 翻腰带（turning over waistband）

腰带正面翻出。

111. 合串带袢（making belt loops）

串带袢机缉缝合。

112. 翻串带袢（turning over belt loops）

串带袢正面翻出。

113. 绱拉链（attaching zipper）

拉链装在门里襟上。

114. 翻门袢（turning over fly facing）

门袢缉好后正面翻出。

115. 翻里襟（turning over fly shield ）

里襟缉好后正面翻出。

116. 绱门袢（attaching fly facing）

门袢装在裤门襟上。

117. 绱里襟（attaching fly shield）

里襟装在里襟片上。

118. 缉裥（stitching pleat）

前身裤腰口打褶机缉。

119. 绱腰带（sewing on waistband）

腰带装在裤腰上缝合。

120. 合下裆缝（joining inseam）

下裆缝机缉缝合。

121. 合前后缝（joining crotch）

前后裆缝机缉缝合。

122. 扣烫裤底（folding and pressing crotch reinforcement stay）

裤底外口毛边折转熨烫。

123. 花绷十字缝（cross-stitching crotch）

裤裆十字缝分开绷牢。

124. 合裙缝（joining side seam）

裙缝机缉缝合。

125. 抽碎褶（gathering）

用缝线抽缩成不定型的细褶。

126. 叠顺褶（forming and stitching flat pleats）

缝叠一顺方向的裥子。

127. 合帽缝（joining hood seams）

帽缝机缉缝合。

128. 合帽面、里（attaching lining to hood）

帽子面、里机缉缝合。

129. 翻帽子（turning hood to right side）

帽子正面翻出。

130. 绱帽（attaching hood to garment）

帽子装在领窝上。

131. 拉线袢（making French tack）

用单线或多股线编成线带，在服装上起固定个别零件作用。

132. 针距（stitch size spacing）

在缝制过程中，每两针眼之间的距离通常用单位长度的针数表示。

133. 包缝（overlock stitch）

用包缝机将衣片毛边包光。

134. 来去缝（french seam）

先缉正面窄缝，修剪毛梢后，再次在反面缉一道线。

135. 分缝（open seam）

缝子缉好后，毛缝向两边分开。

136. 坐倒缝（plain seam）

缝子缉好后毛缝单边坐倒。

137. 坐缉缝（lap seam）

毛缝单边坐倒，正面压一道明线。

138. 分缉缝（double top-stitched seam）

毛缝两边分开，两边各压一道明线。

139. 压缉缝（top-stitched lapped seam）

上层缝口折光、摊平，正面压缉一道明线。

140. 漏落缝（self-bound seam with sink stitch）

明线缉在分缝中或沿缉缝处，又称为灌缝。

141. 分坐缉缝（top-stitched open seam）

把缉缝坐倒、缝口分开，在坐缝上压缉一道线。

142. 纳针（pad stitch）

纳驳头用的针法。

143. 环针（overcast stitch）

毛缝口环光的针法。

144. 擦针（running stitch）

牵条布擦在衬布的针法。

145. 暗缲针（blind stitch）

线迹缝在底边缝口内的针法。

146. 明缲针（slant stitch）

线迹露在外面的针法。

147. 三角针（catch stitch）

绷三角形针法。

148. 拱针（prick stitch）

用于手工拱缝的针法。

149. 扳针（diagonal slip stitch）

止口毛缝与衬布扳牢的针法。

150. 叠针（fastening stitch）

面里毛缝对齐扎牢的针法。

151. **缝针**（hand plain stitch）

针距相等的手缝针法。

152. **绗针**（quilting）

棉服装手工绗棉的针法。

153. **锁针**（buttonhole stitch）

手工锁眼的针法。

154. **倒回针**（back stitch）

缝纫开始与终止时加固的针法。

155. **打套结**（bar tack）

手针或机针打套结。

156. **贯针**（fasten slip stitch）

用于缝份折光后对接的针法，能直观解决斜纱部位的缝合，一般用于西服领串口部位。

第二节　服装专用符号

服装专用符号是在进行工程制图时，为了使设计的工程图纸标准、规范、便于识别，避免识图差错而统一使用的标记形象。用统一的符号替代了以往烦琐的文字说明，便于国际间的技术交流，以及地域间同一专业企业的技术协作与生产的技术鉴定。本节主要介绍服装纸样符号、服装熨烫工艺符号、服装缝纫工艺符号。

一、服装纸样符号

常见的服装纸样符号如表1-1所示。

表1-1　服装纸样符号

序号	名称	符号	说明
1	特殊放缝	△ 2	与一般缝份不同的缝份量
2	拉链	△ □	画在装拉链的部位
3	斜料		用有箭头的直线表示布料的斜丝纹方向
4	粗实线		绘制结构图时表示结构线和外轮廓线
5	细实线		绘制结构图时表示基础线或辅助线
6	虚线	------	表示背面的轮廓线或辅助线
7	点划线	-·-·-·-	表示裁片连折不裁开
8	双点划线	—··—···	表示裁片的折边部位线条的宽度与细实线相同
9	等分线		表示裁片某部位按照线段等分
10	等量	○	表示相邻裁片中两段距离相等，符号可自行设计
11	等距		表示不相邻裁片两个部位的长度相等
12	直角		表示两条线垂直相交呈90°
13	距离线		表示裁片中某部位两点之间的距离
14	丝缕线		表示裁片在排料时所取的丝缕方向
15	重叠		表示某部位相关衣片交叉重叠

续表

序号	名称	符号	说明
16	经向		用有箭头的直线表示布料的经纱方向
17	顺向		表示褶裥、省、覆势等折倒方向（线尾的布料在线头的布料之上）
18	缩缝		表示裁片某部位需要缩缝处理
19	刀眼		表示裁剪时在缝份上做对位记号
20	归拢		表示裁片某部位经熨烫后归拢、缩短
21	拔开		表示裁片某布纹经熨烫后拔开、伸长
22	扣眼		表示扣眼位置符号
23	纽扣		表示钉纽扣的位置
24	拼合		表示裁片中需要对准拼合的部分
25	省道		表示裁片某部位需要缝制省道
26	省略		表示长度较长，但绘制结构图时无法画出的部分
27	内工字褶		表示一左一右向内折等量折裥
28	外工字褶		表示一左一右向外折等量折裥
29	单折		表示向左或向右折一个折裥
30	双折		表示向同方向折两个折裥
31	缉明线		表示某部位需要缉明线
32	对格		表示裁片需要对准格纹
33	对条		表示裁片需要对准条纹
34	螺纹		表示裁片某部位需要缝制螺纹
35	净样线		表示裁片尺寸为净样，不加缝份
36	毛样线		表示裁片尺寸为毛样，加缝份
37	正面		表示裁片面料为正面
38	反面		表示裁片面料为反面

二、服装熨烫工艺符号

国际通用熨烫工艺的标记符号如表1-2所示。

表1-2 服装熨烫工艺符号

序号	符号	说明	序号	符号	说明
1	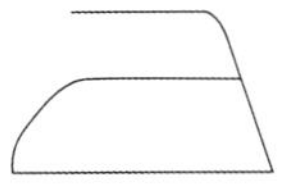	可以使用熨斗熨烫	5	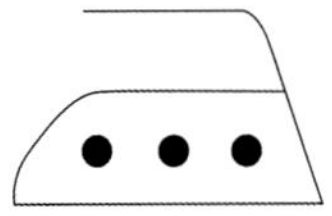	熨烫温度180°C至200°C
2	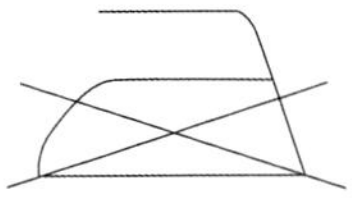	不可以使用熨斗熨烫	6	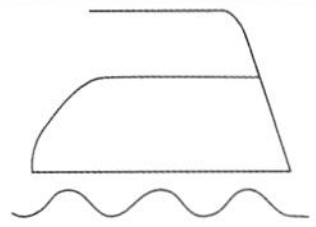	须垫布熨烫
3	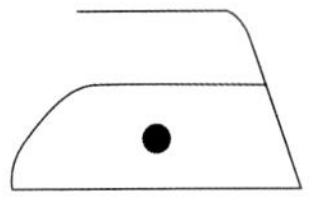	熨烫温度100°C至110°C	7	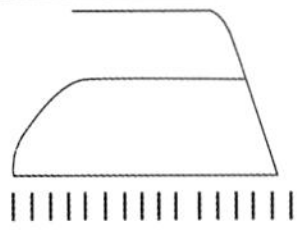	须蒸汽熨烫
4	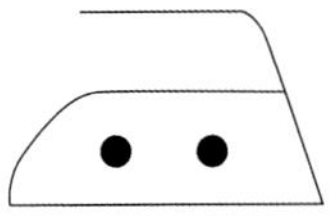	熨烫温度130°C至150°C	8	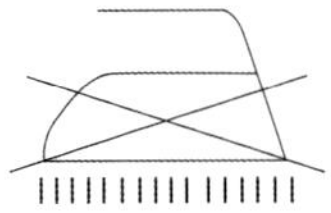	不可以蒸汽熨烫

三、服装缝纫工艺符号

常见的服装缝纫工艺符号如表1-3所示。

表1-3 服装缝纫工艺符号

序号	名称	符号	序号	名称	符号
1	明线	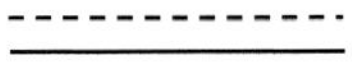	9	塔克线	
2	双止口明线	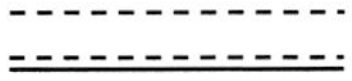	10	擦针	
3	碎褶	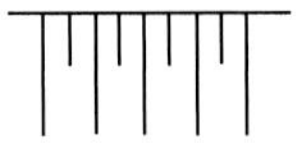	11	线丁	
4	折裥	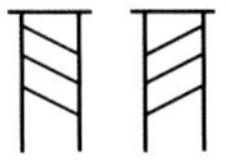	12	缲针	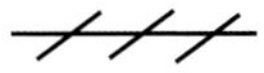
5	明裥	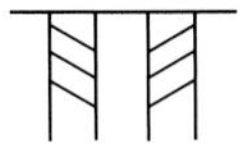	13	纳针	
6	暗裥	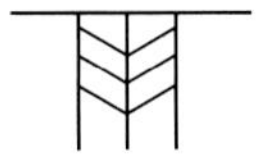	14	倒勾针	
7	省	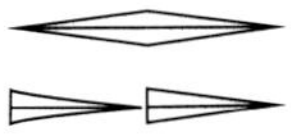	15	拱针	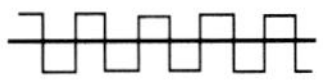
8	开省号	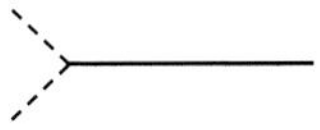	16	三角针	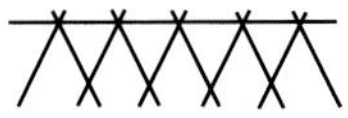
17	杨柳花针	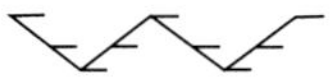	20	锁眼	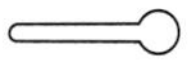

续表

序号	名称	符号	序号	名称	符号
18	线袢		21	钉纽扣	
19	打套结				

第三节　服装材料

服装三要素包括色彩、款式和材料。其中服装材料是服装的基础，也是人们选购服装的重要因素。服装材料是指构成服装的一切材料，它可以分为服装面料和服装辅料。根据设计选择合适的面料是每位服装学子都应掌握的基本技能，因为面料选用不当在很大程度上影响了服装成品的展示效果。随着科学技术的发展，各种新技术、新材料、新设备的出现推动了服装行业的进步和发展。许多新型服装材料的应用提升了服装的审美价值和应用价值，加快了服装领域的改革，为更多优秀的服装设计师带来了新的创作思维和灵感。服装材料就如设计师的艺术媒介，相同的款式设计通过不同服装面料的选用，展现的效果各有差异，因此服装学子需要通过不断的尝试与实践积累了解不同的面料运用效果，从而作出正确的选择。本节主要讲述常用的服装材料、特殊的服装材料以及服装材料的选用。

一、常用服装材料

在我国，常用的服装面料有棉型织物、麻型织物、丝型织物、毛型织物、纯化纤织物等。其中化学纤维从1905年英国黏胶纤维厂正式投产起，至1925年成功生产了第一批黏胶短纤维。而合成纤维从1938年美国杜邦公司生产的尼龙纤维，至1950年腈纶纤维正式生产，又经过三年的时间，涤纶纤维大量投放到市场中。只是几年的时间，化学纤维快速占领市场，并对社会公众的生活与生产带来较大影响。

（一）常用的服装面料

服装面料是服装最基本的物质基础，面料的质量、弹性、厚薄、软硬、肌理等因素都会直接影响到服装的风格。现代社会，服装面料除了纯天然面料外，还有很多合成的面料。

1. 棉麻织物

棉织物是以棉纱线或者棉与棉型化纤混纺纱线织成的织品，如图1-37所示。棉织物具有良好的透气性、吸湿性、亲肤性，因此穿着具有舒适性。但棉织物又具有易皱、易缩的缺点，如果不及时进行熨烫，穿着效果就会很不美观。

麻织物是由麻纤维纺织而成的纯麻织物及麻与其他纤维混纺或交织的织物，如图1-38所示，主要有苎麻和亚麻织物两种，其他如黄麻一般用作包装材料或工业用布，不用作衣料。麻织物的特点是质地坚韧，粗犷硬挺，具有良好的吸湿性和导热性，是夏季理想的服装面料。但麻织物面料质感较为生硬，舒适度不够。

2. 丝织物

丝织物主要是指由桑蚕丝、柞蚕丝、人造丝、合成纤维长丝为主要原料的织品，如图1-39所示。它的特点是柔软丝滑、轻薄高雅、透气舒适、富有光泽，这些特点使得丝织物适用于做夏季服装和高雅华贵的女装。丝织物的缺点是不导电，遇水会收缩卷曲，弹力较差。

3.毛织物

毛织物是指以羊毛、骆驼毛、兔毛等这些动物身上的毛发与其他纤维混纺制成的织品，其中羊毛织物最为常见，如图1-40所示。毛织物一般为礼服、西装、大衣等高档服装的面料。毛织物具有弹性好、抗皱、挺括、耐穿耐磨、保暖、柔软、色泽纯正等优点，因此深受消费者的欢迎。

4.化纤织物

化纤织物是指由天然高分子化合物或人工合成高分子化合物为原料经过工序处理制成的化学纤维织品，如图1-41所示。对比天然纤维纺织而成的面料，化纤织物更具多样性，它可以根据不同的需求加工成一定的长度，按照不同的工艺织成仿棉、仿丝、仿麻、弹力仿毛等织物。不仅如此，化纤织物的颜色呈现比天然纤维纺织而成的面料更鲜艳。但化纤织物透气性、吸湿性与耐热性较差，并容易产生静电。

5.其他服装面料

生活中常见的服装面料除了棉麻织物、丝织物、毛织物以及化纤织物外，还有针织服、裘皮、皮革等面料，如图1-42所示。针织面料是由一根或若干根纱线连续地沿着纬向或经向弯曲成圈，并相互串套而成的；裘皮面料指带毛的皮革，通常用于冬季防寒靴、鞋的鞋里或鞋口装饰；皮革面料是指各种经过鞣制加工的动物皮。

（二）常用的服装辅料

服装辅料是指除了服装面料以外，在服装缝制过程中需要用到的服装材料的通用名称，它是构成服装整体的重要组成部分。服装辅料种类繁多，有里料、衬料、垫料、填料、缝纫线、扣紧材料等，这些辅料不仅具有功能性，而且还能增加服装的美观性。例如，扣紧材料中的纽扣不仅

图1-37 棉织物面料

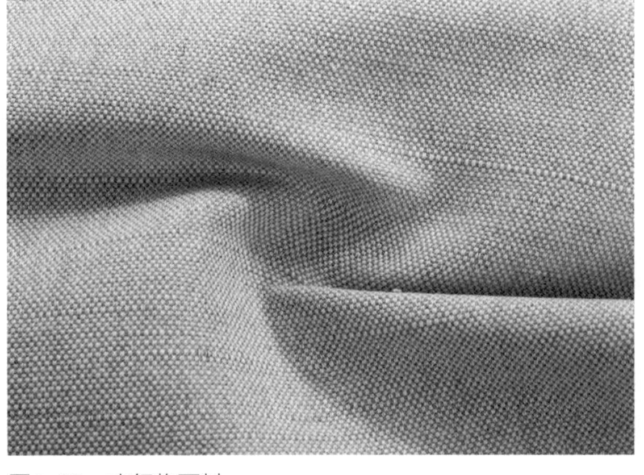

图1-38 麻织物面料

图1-39 丝织物面料

图1-40 毛织物面料

图1-41 化纤织物面料

可以起固定扣紧的作用，而且其表面的纹样、造型、材质还可增加服装整体呈现的装饰性。纽扣与拉链是最常见的服装辅料之一。（图1–43）

二、特殊服装材料

随着社会经济的不断发展，人们对服装的需求不仅仅是保暖耐穿，还要求具有个性化和高品质。正因为人们对服装的需求不断提高，服装材料呈现出百花齐放的发展趋势，新型材料在服装上的运用也越来越广泛。

（一）组合再创造型服装材料

服装设计师往往会对服装材料进行再创作，并且更加追求多维性的视觉形象创造，不断加强对材料质感以及纹理的探索。如图1–44所示，可以在面料上加珠片、刺绣、金属片或者其他的装饰，以增强面料的装饰效果，使面料变得更加浪漫和雅致，使原本平淡无奇的材料展现艺术魅力。对多种材料进行创新组合，能够展现不同的视觉美感。

（二）环保型服装材料

为了美化环境、避免环境污染，要主动采用一些环保型服装材料，促进生态、社会的可持续发展。当前，我国更加注重环保型服装材料的应用，不仅能够降低原料消耗，而且能够减少污染。许多环保型材料都是没有经过后期加工的，当前服装界也研发了一些可镶嵌的环保型材料，比如新开发的大豆纤维、牛奶纤维等面料。由于各种资源的短缺，也要注重资源节约型材料的应用。同时，对一些可回收材料进行再利用，以节约材料、降低消耗，赢得消费者的信赖，推进绿色消费。

（三）高科技型服装材料

随着信息技术的不断发展，高新技术、计算机技术、自动化技术已经被广泛应用于服装材料的开发和利用中。如图1–45所示，利用3D打印技术使面料呈现出高科技感，给服装创新

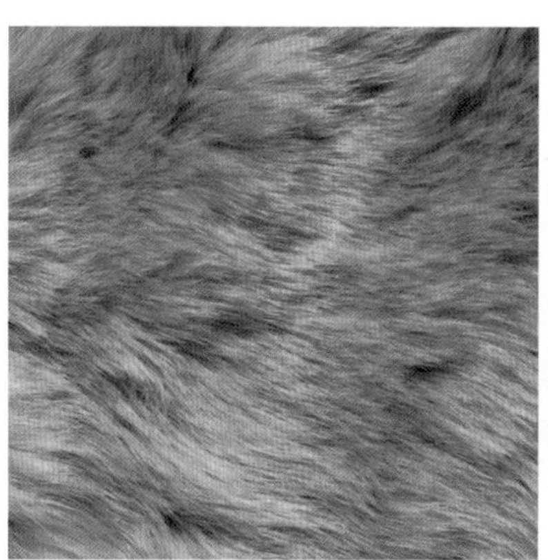

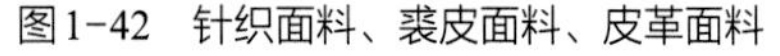

图1–42 针织面料、裘皮面料、皮革面料

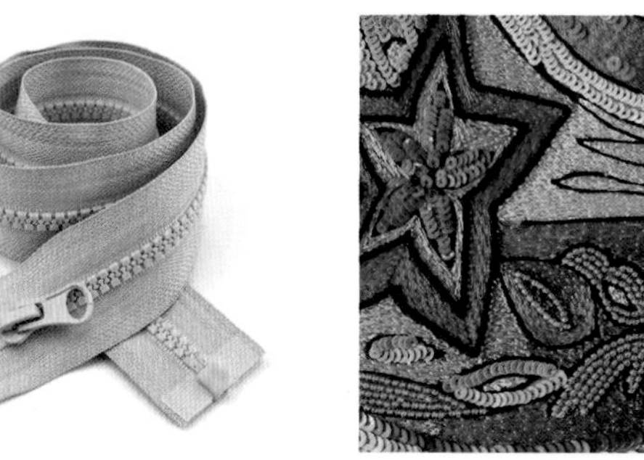

图1–43 常见的服装辅料纽扣与拉链

图1–44 结合再创造型服装材料

设计注入了新的活力。精准度极高的打印技术将飘逸的薄纱材质和复杂的工艺完美结合，重新诠释了服装创新。这种高科技型服装材料，可以通过三维扫描将人们的三维信息记录下来，然后根据三维模型制定服装设计方案，从而节省了人工试衣耗费的时间与成本。服装设计师通过3D打印的方式直接一体成型，还可以节约裁剪面料的时间。

伴随着科技的发展，服装材料创新出现了3D打印服装，这是科技与时尚的碰撞，给服装的制作与生产注入了新的元素，能更好地满足人们个性化的需求，为服装材料的发展起到促进作用。

三、服装材料的选用

随着时代的发展，现代人对服装的选择已经不仅仅是满足生理需求，而且还需要满足一部分人对个性化的追求，因此合理的服装材料选择显得举足轻重。服装材料的选用主要表现在以下三个方面。

（一）满足人们的实用需求

人类自诞生起，就会用树叶、兽皮等遮掩隐私部位以及御风挡寒。就如马斯洛的需求层次理论所言，人的第一需求是生理的需求，再就是安全的需求。因此，服装材料的选用最基本的就是要满足人们驱寒、保暖、舒适的实用需求。

（二）满足人们的审美需求

随着物质生活水平的不断提升，人们对精神生活的要求也日益丰富，追求更加时尚、美丽、轻薄、舒适的服装品质。只有对服装材料进行创新，才能满足社会大众对服装的各种要求。要对一些传统材料进行创新和独特的运用，将不同的艺术理念以及材料进行有机结合，进一步提升服装的艺术价值。通过创新设计，能够使服装作品达到不一样的视觉效果。即使是相同的服装款式，采用不同的材料也会让人耳目一新。

（三）对材料本身的充分利用

材料本身就有一定的特殊性，同时也存在诸多功能，服装设计师充分、合理利用材料能使服装设计更加个性化，从而满足大众的不同需求。

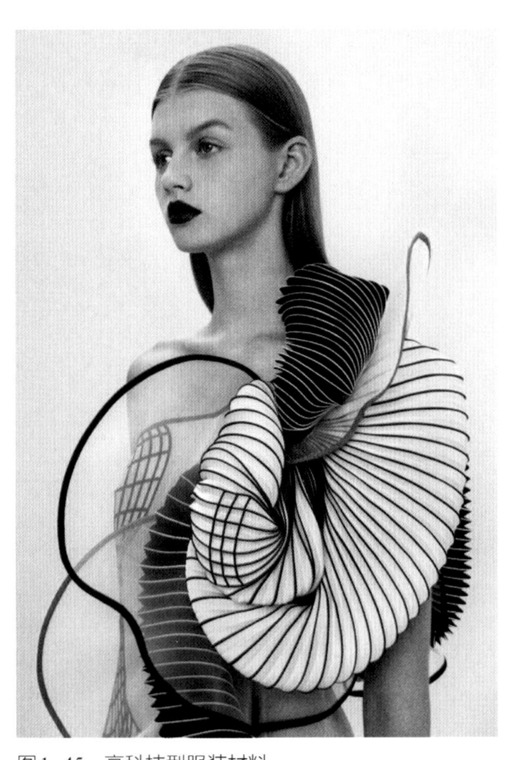

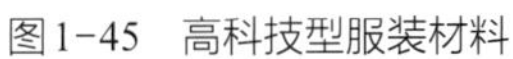

图1-45　高科技型服装材料

本章小结

本章主要学习三部分内容：常用服装缝制工具与服装工艺名词术语、服装专用符号、服装材料。在服装缝制过程中，不同的缝制步骤，需要选择不同的缝制工具；在纸样设计、熨烫工艺、缝纫工艺中，若文字描述缺乏准确性和标准性，也不能满足简单易懂和效率高的要求，那么制图符号的应用就能够解决文字理解差异所造成的误解；服装材料的选择对于服装行业的发展至关重要，各式新型的服装材料也逐渐应用于服装领域，改变着服装行业的发展方向，充分展现了服装价值，为服装行业的发展开辟了新的道路。掌握这三部分的内容，是学习服装缝制工艺的前提和基础。

思考题

1. 在服装纸样设计中，常用的符号有哪些？

2. 常用的服装缝制工具分别起什么作用？

3. 服装材料对服装成品的审美作用体现在哪些方面？

作业

1. 掌握常用服装缝制工具的使用方法。

2. 绘制正确的服装纸样设计图，款式不限。

3. 用不同的材料缝制服装成品。

第二章
服装裁剪与熨烫工艺

模块名称：服装裁剪与熨烫工艺

课题内容：服装手工裁剪工艺

服装工业裁剪工艺

服装熨烫定型工艺

课时比例：4课时

教学目标：1. 了解手工裁剪的要求和基本方法。

2. 了解服装工业裁剪的相关工序。

3. 掌握服装熨烫定型工艺的操作方法以及注意事项。

教学方法：采用传统与现代（多媒体教学）相结合的教学方法。

教学要求：通过理论知识讲解，现场示范操作，要求学生了解服装手工裁剪、服装工业裁剪工艺，并掌握熨烫定型工艺。

服装生产需要通过裁剪、缝纫、熨烫这三个主要步骤，这三项工艺之间相互牵连、上下衔接，是完成一件服装成品不可缺少的部分。其中，服装裁剪是服装生产工艺过程中的第一道环节，通过裁剪就能基本确定服装的造型、结构和大小，裁剪是否规范会直接影响到后续的缝纫与熨烫工艺质量，影响整个服装的呈现效果。传统意义上的裁剪，是将裁片模板轮廓画在面料上，然后通过手工或裁剪机将一整块面料裁成需要的形状，是由“整”到“零”的过程。熨烫工艺是一项具有技术性的工序，是关系服装品质的一项重要工序。熨烫工艺不仅能将在裁剪、缝纫过程中出现的质量问题进行修正，而且能进一步提升服装造型的质量和起到定型的作用。

本章主要介绍服装裁剪与熨烫工艺。这两项工艺是每个服装学子都必须掌握的知识，它决定了一件服装成品的产生与品质。

第一节　服装手工裁剪工艺

服装裁剪可以分为单件裁剪和工业化裁剪。单件裁剪又分为两类：一类是成批生产中试样的裁剪或者成批裁剪后余留下来的零料裁剪，一类是按照穿着对象的体型和规格尺寸进行裁剪。前者属于工业化裁剪的范围，后者是设计定制裁剪，是根据穿着对象进行量体裁衣，不需要用纸型、样板，而是直接用划粉将裁剪线画在面料上，然后用剪刀直接裁剪，是手工技术的范畴。基于现有的裁剪设备，本节主要介绍服装裁剪工艺中的服装手工裁剪工艺。

一、手工裁剪的要求

传统的手工裁剪要求裁剪人必须严格按照面料上画好的轮廓进行裁剪，保证裁片与模板规格保持一致。因此，裁剪刀片的运行轨迹需要与轮廓线保持高度一致。要实现这一要求，不仅需要裁剪人熟练运用各种手工裁剪工具，而且还需要裁剪人在裁剪的过程中注意力高度集中。其中，不仅有对裁剪设备的要求，还有对裁片与操作的要求。

（一）工具要求

生活中常用的手工裁剪设备可分为单件裁剪工具与多件裁剪机。单件裁剪工具一般为剪刀，多件裁剪机种类繁多，有往复直刀式裁剪机、圆刀式裁剪机、带刀式裁剪机、摆臂式直刀往复裁剪机等，如图2-1所示。这些裁剪工具的正确使用可以提高工作效率，降低劳动强度。

（二）裁片要求

裁剪是服装加工工艺的前道关键工序，服装生产对裁片的要求是裁片尺寸稳定，误差小，并且基于经济效益最大化，需要节省布料，避免造成浪费。

首先，在进行裁剪前，需要对裁剪的面料、里料、衬料等进行数量、幅宽、匹长和质量的检验。通过核查与检验，把控裁片的质量，将具有瑕疵的裁片剔除或进行矫正与织补，尽可能使其符合技术标准要求，避免出现裁片质量问题从而造成服装出现残次品。

其次，检验了裁片质量后，需要考虑到布料在进行洗涤、熨烫后会产生一定的收缩情况。因此在进行裁剪前，需要根据裁剪布料的特性喷水后运用熨斗熨烫平整，达到预缩的目的。

最后，按照样板排料图将衣片平铺在布料反面，用划粉沿着样板边缘描画在布料反面。

图2-1　剪刀、往复直刀式裁剪机、圆刀式裁剪机

（三）裁剪要求

在裁剪时，需要沿着布料上划粉的描边线用剪裁工具将裁片剪下，要求裁剪时裁片边缘要光滑，避免出现毛边或锯齿形。

二、手工裁剪的方法

如何进行高质量的裁剪，是每个服装学子都应该掌握的基本技能。手工裁剪的方法需要注意以下几点。

（一）先熨后铺平

首先用熨斗将布料进行熨烫，让布料舒展没有褶皱，然后在布料上放置一定重量的物品将其铺平。在布料铺平时要注意布纹的走向。

（二）先小后大

在进行手工裁剪时，先裁小面积的布料，后裁大面积的裁片。因为小面积布料容易移动，裁剪工具不易走轮廓线。

（三）匀速推动

在裁剪较长的弧线时，要保持裁剪刀锋利，尽量让裁剪刀匀速推动，避免在裁剪过程中出现停顿现象，这样能避免布料出现缺口或锯齿形，从而达到设计弧线的质量要求。

（四）温度适宜

在运用裁剪机的时候，需要注意刀片的温度，采取适当的降温措施。因为高速往复运动的裁剪刀片与布料之间，通过剧烈的摩擦会导致大量热量的产生，这种现象会影响到刀片的寿命与锋利程度。并且，布料层与层之间会产生粘连现象，影响裁片的精度与裁剪的正常进行。

第二节　服装工业裁剪工艺

服装的工业裁剪是建立在批量测量人体，并加以归纳总结得到的系列数据基础上的裁剪方法。该类型的裁剪最大限度地保持了群体体态的共同性与差异性的对立统一。在服装企业生产过程中，每个规格的衣片要靠一套标准样板来作为裁剪的依据，这样不仅能保证服装大批量生产号型系列化和规格准确一致，而且有利于机械化、自动化操作，从而提高效率，减轻劳动强度。服装工业化裁剪适应市场需求，有利于厂家用最少的规格覆盖最多的人体，推进了服装社会化、工业化。本节主要从裁剪方案的制定、排料工艺、铺料工艺、裁剪工艺要求、验片、编号和捆扎等多个方面对服装工业裁剪进行详细的概括与介绍。

一、裁剪方案的制定

裁剪方案的制定主要是为了推进裁剪各工序的进程。合适的裁剪方案不仅可以减少因重复工作造成的人力浪费与材料浪费，而且可以提高工厂裁剪工序的效率，提高材料的利用率，从而节约成本，达到经济效益最大化。因此，制定有效的裁剪方案能够有计划地把订单中的服装规格、颜色、数量进行合理的安排，将布料的损耗率降至最低，提高生产效率。

（一）裁剪方案的内容

根据规格、颜色、数量及生产条件制定以下内容：①每层排料需要搭配多少种规格；②每层排料中各种规格的数量；③各种颜色的搭配层数；④每床需要铺多少层面料；⑤本次生产任务有多少床进行裁剪。

（二）裁剪方案要考虑的因素

裁剪方案的制定需要考虑以下因素：①裁床的长短；②面料的厚薄；③单件用料量的多少；④辅料允许的层数；⑤生产数量的多少；⑥布匹长度、颜色匹数分别是多少。

在通常情况下，将大小规格的组合合理运用在每层排料上，可以提高布料的利用率，从而达到节约用料的目的。每层排料服装数量越多，则能减少层数、床数，从而提高生产效益。但当排料服装数量超过一定限度，布料的利用率也会适当降低。因此，裁剪方案的制定要有恰当的排料件数，不能片面地追求数量。

（三）裁剪方案的制定方法

1.铺料层数的选择

铺料层数的选择需要考虑规格搭配、布料图案、布料质地性能、裁剪工人的技术以及使用的裁剪工具多方面的因素。

规格搭配方面，各档规格的数量和搭配比例是铺料层数的主要依据；布料图案方面，要求在铺料时要考虑对花对格，如果图案稀密不匀时，会采取套画件数少、多铺层数的方法；布料质地性能方面，质地松软的布料易于进行裁剪，因此可适当多铺层数，质地较硬的或太过光滑的布料不易进行裁剪，需要适当减少铺料层数；裁剪工人的技术方面，不同技术等级的裁剪工裁剪同样的铺料层数会体现不同的质量水平；裁剪工具方面，根据裁刀的长度可以推算出材料铺料的长度。

2.排料长度的选择

与裁床的长度有关，裁床越长，排料件数增加；与铺料设备有关，选用电脑控制的铺料机可增加排料长度，人工铺料排料不宜过长；与布料的长度有关，布料长度较短，排料不宜过长；与布料质地性能有关，越是硬挺且不易变形的布料，可增加排料长度，布料质地越软越滑且质地疏松，则排料不宜过长；规格搭配与排放的数量也影响排料长度的选择。

3.每层各规格的组合和数量的选择

当服装的颜色与规格为整数比例并且都相同时，每层排料的件数是规格的比例数之和，并且每层排料的规格组合可以按规格的比例组合。裁床的大小也影响每层各规格的组合和数量的选择，裁床长的情况下可以再按比例数增加规格组合，裁床短的情况下可以选取其中某几个规格的比例分别组合。

当服装的颜色与规格比例不相同或者不是整数比例时，每层排料的件数取最小的比例值为应排数的件数。一般情况下，会将最大规格和最小规格进行搭配组合，以便完成其中一个或两个规格的服装数量，余留下的再重新进行组合搭配。例如，服装的规格有S、M、L、XL、XXL，根据大小组合搭配可以是S与XL搭配，M与L搭配，XXL单独排料，但有时要根据各种因素灵活搭配，具体问题具体分析。

（四）制定裁剪方案的步骤

制定裁剪方案的步骤需要考虑生产制造单上

的服装数量、颜色、规格，结合裁剪车间的条件以及面料的性能等因素。因此，制定裁剪方案步骤如下：

（1）算出各规格、各颜色的服装比例。

（2）确定每版排料图的件数及规格组合。

（3）算出每一床的不同颜色布铺料层数和铺料总层数。

（4）算出应分配的裁剪床数。

（5）列出裁剪搭配方案表。

二、排料工艺

在服装工业裁剪中，排料工艺是每一规格样衣的排料图，是结构制图、推板制图的具体运用。单件的“量体裁衣”是直接在衣料上画样裁剪，服装工业裁剪中的排料工艺是经过周密的计算将大小不同的号型进行比例搭配，是针对大批量服装的生产，不仅保证裁片的规格质量，并且能节约原材料。“完整、合理、节约”是排料工艺的基本原则，因此排料工艺在服装工业裁剪中是一项重要的技术性工作。

（一）排料画样前的准备工作

在进行排料画样前需要做到以下的准备工作：领取生产制造单；按生产制造单，向生产技术部门领取各档规格的样板和一级排料图；核对产品款式型号、布料花型色号、规格搭配、颜色搭配、裁剪数量、样板式样、样板块数等要求与生产制造单是否相符。同时，需要理清织物的正反面；该批生产用料的各档门幅宽度及其数量；布料织疵、色差的分布和程度；允许拼接部位、范围和拼接块数；样板中各部件横、直、斜的丝绺方向；各裁片和零部件丝绺允许偏斜程度。还要明确画样要求，例如是单片画样还是和合画样，或是否对格对花等。

（二）排料画样的方法

排料画样的方法可分为样板排料画样、缩样排料画样、电脑排料画样。

1.样板排料画样

样板排料画样又可分为用料画样与排料纸画样。前者是直接在布料上排版画样，优点是利于服装对条格与对图案，缺点是不利于画好的排料图进行变动，并且有些面料容易走样。后者是在定好布幅宽度的空白纸上排版画样，对比用料画样，排料纸画样改动方便，适用于大批量生产。

2.缩样排料画样

缩样排料画样，即将实际生产纸样按照一定的比例进行缩样排版，例如1：4、1：5、1：10。缩样排料画样操作更方便，可通过不同形式排列图样的组合，计算出排版的宽度和长度，获取最佳排版方案，并且有利于资料存放。

3.电脑排料画样

电脑排料画样是通过输入一套规格的全部纸样图形，然后由电脑做样板缩放工作。只要设定排料的各类参数，就可达到电脑自动绘制排料图，更快速、更便捷地自动选出排料利用率最高的方案。并且电脑排料画样能云储存，方便随时取出使用。

电脑排料画样能自动进行工艺计算，精度高，更有利于存储。这些优势是其他排料画样没有的，因此电脑排料画样是当下的发展趋势。

（三）排料画样检验

在排料画样做好后要再进行检验，以免出现错误，从而影响服装的质量。主要检验以下方面：组成产品的裁片和零部件的样板块数是否画齐配准，排料是否紧密；画样线条是否清晰，画面是否整洁，画错的线条是否擦清，更改的线条是否做好标记；裁片和零部件的横、直、斜丝绺与款式样板规定是否相符；对倒顺花和倒顺毛及对条、对格布料的画样是否按规定画准；料的丝绺偏斜和部件拼接范围是否与技术标准规定相符；刀眼、钻眼等定位标记是否准确，是否有多点、漏点和错点等情况；有无注明可避让及拼接部位的标记；排料纸的规定位置是否写上制单号、款号、规格等有关数据。此外还要标出布料的方向和铺料方式。

三、铺料工艺

铺料工艺是指根据裁剪搭配方案，按排料画样图板和每一批产品数量，把布料一层层按一定的方式重叠整齐地铺在裁床上。铺料工艺质量的优劣直接影响着服装产品质量和用料耗材，因此，铺料工艺是服装工业化裁剪中的一项重要工艺技术工作。

（一）铺料的准备工作

铺料的准备工作有以下几种：验核排料画样样板、领取排料明细单、向仓库领料、审核排料图幅宽。

1.验核排料画样样板

核对各种号型样板和排料画样缩小图，检查是否有误。

2.领取排料明细单

向技术部门领取本批产品应排料画样的数量、规格、色号搭配表和明细单，并进行核对，这样方便确定铺料方案。

3.向仓库领料

按照生产任务通知单向仓库领取全部的原辅料。

4.审核排料图幅宽

审核各档排料画样图的门幅宽窄和衣料门幅宽窄有无差异，并按门幅宽窄分档，以便窄幅窄用，宽幅宽用。

（二）铺料方式

由于服装种类繁多，款式批量大小和面料各异，为确保服装美观，应根据不同面料的条格、花型、绒毛、顺向等特征，采取不同的铺料方式。铺料的方式可分为和合铺料、同一面向铺料、双幅对折铺料。这三类铺料方式作用各不相同，需要按照实际生产中的具体情况选择最适合的方式进行铺料。

1.和合铺料

和合铺料是指布面对布面、布底对布底的重叠铺料方式。可分为双程和合铺料与单程和合铺料。

双程和合铺料：一层面料铺到一定长度后折回再铺，这种铺法可以在全床铺好后再逐层冲断或用电刀裁齐。适用于无倒顺、无规则花型的面料，如图2-2所示。

单程和合铺料：一层面料铺到一定长度后将面料冲断翻身拉上再铺，使上下每层顺向一致。适用于倒顺花型、倒顺毛、倒顺条格等面料，不适宜经向左右不对称的条格等面料，如图2-3所示。

2.同一面向铺料

同一面向铺料是指布面对布底的重叠铺料方式，多以正面向下铺料，也有正面向上铺料。主要适用于服装款式上左右两片造型有别或需单片打钻眼的面料。可分为双程同一面向铺料和单程同一面向铺料。

双程同一面向铺料：一层面料铺到一定长度后冲断，在冲断处翻身折回再铺。适用于无倒顺、无规则、无经向、左右不对称的条格面料，如图2-4所示。

单程同一面向铺料：一层面料铺到一定长度

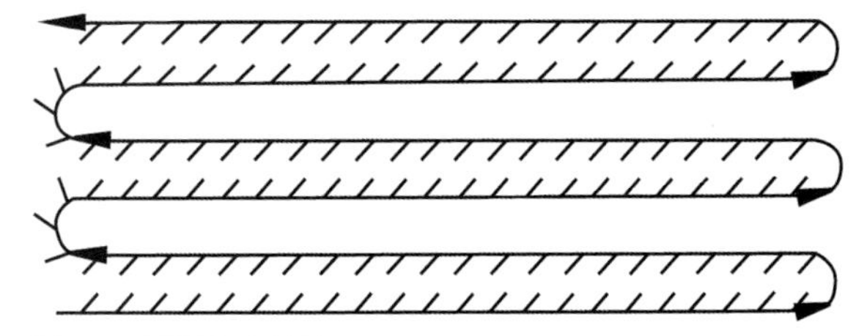

图2-2 双程和合铺料

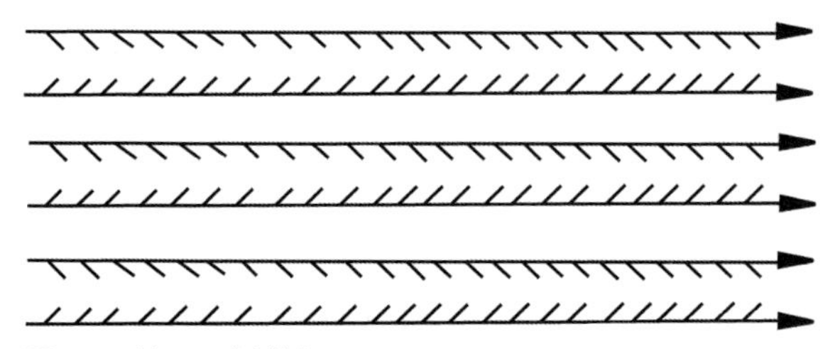

图2-3 单程和合铺料

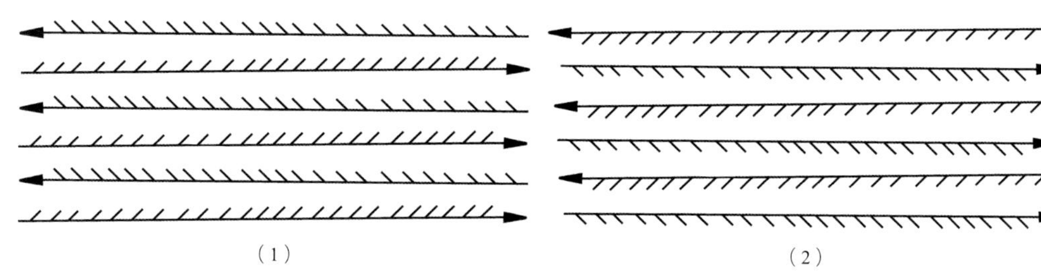

图2-4 双程同一面向铺料

后冲断，将布头拉上再铺。适用于经向左右不对称的条格面料和倒顺花型、倒顺毛、倒顺条格等面料，如图2-5所示。

3. 双幅对折铺料

双幅对折铺料是指面料双幅对折、正面朝里的铺料方式。适用于格子和宽条面料，两边向中间略有纬斜，或两边与中间略有色差的面料，以此减轻对产品的影响。但由于门幅相对变窄，不利于套排画样，如图2-6所示。

双幅对折铺料方式示意图如图2-7所示。

（三）铺料步骤

首先，确定铺料长度，按排料图长每边另放2cm左右的铺料误差，在裁床上标出铺料长度。然后，根据排料图纸样在裁床上标出驳布位置，再从布匹上拉出所需长度的布料，将布料布头与裁床上的排版末端记号对齐，用压铁固定末端位置的布料。接下来，拉直布料，满足铺料长度后，按铺料工艺单上排料图要求确定采用一定的铺料方式铺料。不断地重复上述工序直至铺到所规定的层数为止。最后，铺完以后，在布面上铺上排料图，用大头针固定后准备进行裁剪。

（四）铺料要注意的问题

在铺料过程中要注意以下五个问题。

1. 铺料布匹的合理使用

一般情况下，根据不同规格的排料图，优先铺排料图长料，后铺短料，这样可以更好地充分利用长料。

2. 断接位置的合理选择

对断接位置进行合理选择，目的是使铺料过程中产生的每匹布末端余料减少。在排料图上观察各衣片的分布情况，找出衣片之间在纬向上交错长度较短处作为布匹之间进行衔接的部位，各衣片之间在这些部位的交错长度就是布匹的衔接长度。铺料时在裁床边缘做好可以考虑衔接的部

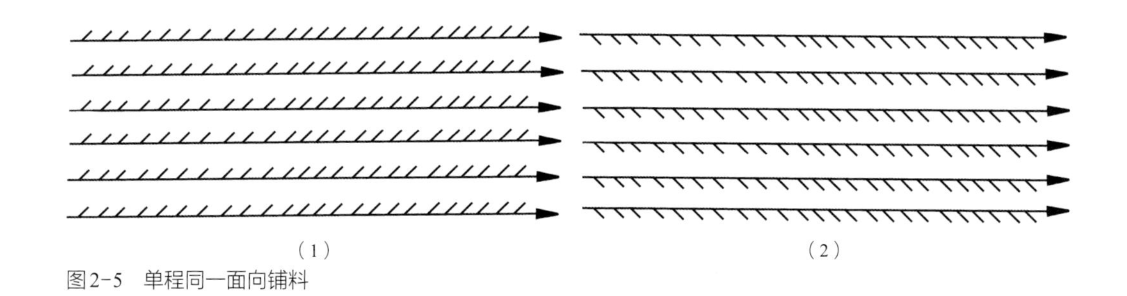

图2-5 单程同一面向铺料

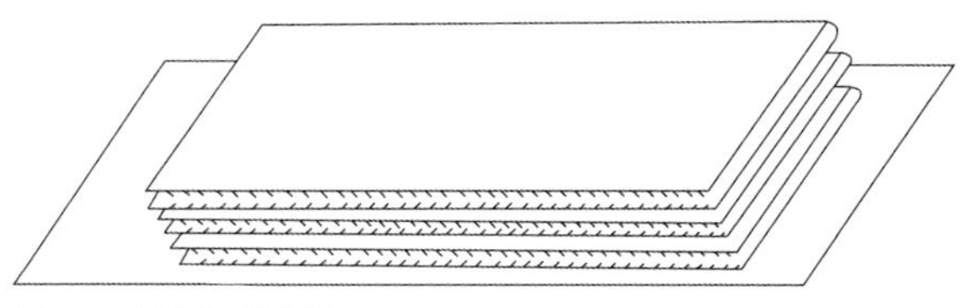
图2-6 双幅对折铺料

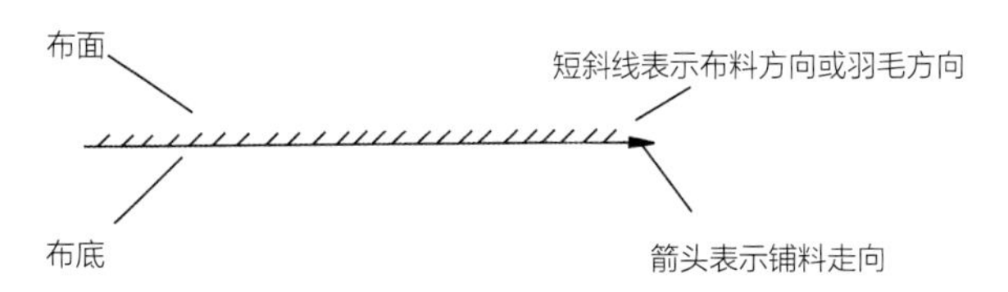

图2-7 双幅对折铺料方式示意图

位标记，作为铺料衔接的识别标志。铺料时每匹布的末端均在已标出的位置上衔接，超出部分的余料则剪掉。另一匹布的开始端与前一匹末端重叠一个衔接长度开始铺料。裁床上做好衔接标记，便于开刀后理出余料，不仅防止重复编号和裁片重叠，而且还可以减少浪费材料。

3. 规避织疵和色差

在进行铺料时，观察画样图上安排的主要裁片位置，并且尽量规避织疵和色差。一般采用调头翻身、冲断等方法，如果无法避免需要考虑裁剪后调片，并在织疵色差位置做上记号。

4. 底纸和隔纸的合理运用

底纸和隔纸主要是铺料时在对不同面料进行裁剪时需要。底纸能保护淡色或易拉毛的底层面料，隔纸可以防止化纤料之间的静电作用，并且方便裁剪计数。

5. 铺料中需对条对格

在铺料过程中，条格面料需要保证各层间的纵横准确对位。

四、裁剪工艺要求

裁剪工艺是服装制作的关键环节，是实现服装设计方案的主要步骤。在服装工业化生产中，裁剪是按排料图上的线条裁出服装裁片，是一项非常细致的技术工作。裁剪需要有较高的生产技术和实践操作经验，同时也要熟悉与裁剪有关的机械设备结构和工作原理。裁剪工艺的要求主要有以下几点。

（一）裁剪前进行检查

在进行裁剪前，需要先检查排料图上的裁片、定位标记是否准确，注意裁片的倒顺偏斜、拼接是否符合标准。拖料时点清数量，注意避开疵点。如有疑问要及时沟通，裁剪完后再发现问题则损失难以挽回。

（二）裁剪的质量要求

裁片刀路清晰，裁片的四周每条边都要开得顺直、圆顺，避免出现缺口或锯齿形，保持切口整齐光洁；裁剪出的裁片准确，裁片各边的直、横线条，曲线，弧线都与样板相符合；裁片整齐，整叠裁片的截面垂直不歪斜；刀眼、钻眼准确，既能看清标记，又能保证缝纫以后保持一定牢度。

（三）裁剪后整理

裁剪结束后，首先检查拼接部分，抽出接头余料或残片，防止零部件料重复产生差错。然后如有左右两面不对称的裁片，应该将其分翻好，并裁剪整齐。

五、验片、编号和捆扎

（一）验片

验片是指对裁片质量进行检验，目的是及时发现裁剪质量问题和裁片表面的瑕疵。然后针对不合格的裁片进行修正，避免由于裁片的质量造成整件成品的质量问题。

验片的内容有主附件、零件裁片的规格，直线、曲线、弧线是否与裁剪样板一致；裁片的疵点、色差与经、纬、斜丝缕是否符合技术标准要求；各处定位标记是否准确清楚。验片的方法是根据技术标准和裁剪画样样板，对裁片的上、中、下层以及左右片逐层核验或者重点抽检。然后做好验片记录，并进行技术认定。

（二）编号和捆扎

裁片经过验片后，必须进行编号。编号要求精准、清楚，不能有编错、漏编、重复编等情况。捆扎也称扎包，是指按裁剪搭配单规定的型号、色号、规格逐一清点刀数，将组成产品的若干部件、零部件规范地捆扎在一起，以便缝制车间按顺序生产。

第三节　服装熨烫定型工艺

服装熨烫定型工艺是关系到产品质量的一项重要工序，贯穿于整个服装制造过程中。熨烫操作都有规定的工艺要求和技术措施，且符合科学的原理。它不仅可以使服装挺括、美观，而且能充分反映出服装设计造型的意图。了解并掌握熨烫的基本方法，有助于提升服装成品的整体效果。

一、手工熨烫设备及使用方法

熨烫设备是对衣料、半成品或成衣进行熨烫整理作业的服装专用设备。手工熨烫设备已从最原始的火烙铁、熨烫作板发展到目前的蒸汽熨斗、吸风烫台和熨烫机。每个服装学子都应该了解手工熨烫设备与掌握其使用方法。

手工熨烫设备主要由熨烫机和吸风烫台构成。

（一）熨斗系列

熨斗是熨烫衣料用具，古称“熨斗”，也被称为“火斗”“金斗”，包括工业熨斗和家用熨斗两大类。其中全蒸汽熨斗、电热蒸汽熨斗、滴入式电热蒸汽熨斗（也被称为吊瓶式电热蒸汽熨斗）为生产企业普遍使用。

图2-8　全蒸汽熨斗

1. 全蒸汽熨斗

全蒸汽熨斗本身无热源，由锅炉或电加热蒸汽发生器输入蒸汽。蒸汽进入熨斗腔体后会产生一些冷凝水，由喷气阀控制从底板上的喷气孔喷出形成气雾。全蒸汽熨斗适宜熨烫毛呢服装，但并不适用于熨烫棉麻等定型温度较高的织物。由于全蒸汽熨斗有时有滴水现象，有可能在熨烫物上留下水迹，因而也不宜熨烫真丝类服装。（图2-8）

2. 电热蒸汽熨斗

电热蒸汽熨斗，是在全蒸汽熨斗的基础上进行了改进后形成的设备。输入的蒸汽经电热丝辅助加温作用，所以这种熨斗加热速度快，喷出蒸汽均匀，不会出现漏水、漏气、污染衣物和极光现象，经熨烫后的成品挺括、不倒毛，适用于各类面料的熨烫。

3. 滴入式电热蒸汽熨斗

滴入式电热蒸汽熨斗，靠电热丝加热，其优点是无须蒸汽发生设备。这种熨斗一般用于中间熨烫或零部件的定型，也可用于薄料成衣的整烫。（图2-9）

4. 家用挂烫式熨斗

家用熨斗有传统的挂烫式熨斗和平烫式熨斗。（图2-10）挂烫式熨斗打破传统熨斗造型，具有平烫、挂烫两用的功能，熨烫灵活，不受场地限制，方便人们出行时使用。

（二）熨烫整理台

熨烫整理台又称为烫台，可分为家用折叠烫台、吸风烫台和简易包布烫台。在通常情况下，烫台与熨斗搭配使用。家用折叠烫台是由烫衣板、叠脚架、熨斗架三部分组成，特点是免安

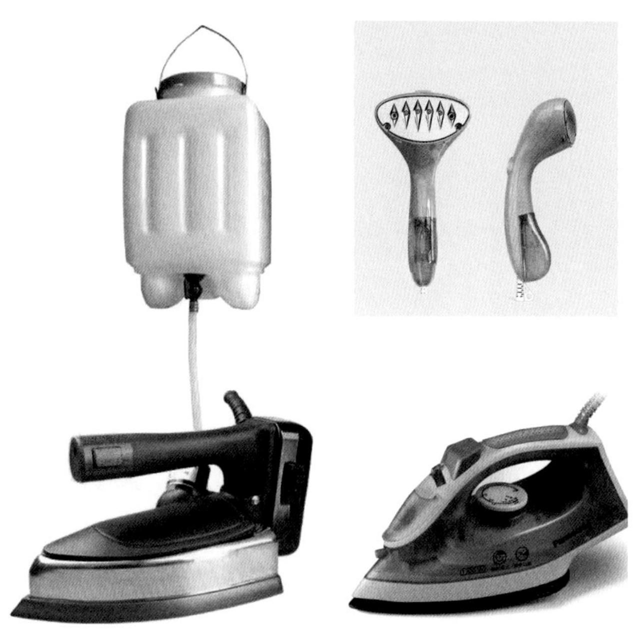

图2-9 滴入式电热蒸汽熨斗　　图2-10 挂烫式熨斗与平烫式熨斗

图2-11 家用折叠烫台

图2-12 吸风烫台

装可折叠，小空间也能收纳自如，方便家庭熨烫使用。（图2-11）吸风烫台是通过离心电机高速旋转产生强大的气流向下流动，能够通过吸力防止熨烫的面料随熨斗移动，并能将刚熨烫过的面料快速冷却定型，具有吸附性强且抽湿快的特点，更适合服装教学与服装厂使用。（图2-12）简易包布烫台一般用于临时需要的情况，选一个平台桌面，然后将具有吸湿性的烫垫安置在桌面，最后用白坯布将烫垫表面覆盖。

（三）烫凳

烫凳是熨烫服装时需要用到的工具，主要在熨烫肩部、袖窿、裤腿等呈弧形不易熨平的部位时使用。一般有长烫凳、多功能烫凳和圆烫凳三类。（图2-13、图2-14）

（四）烫布

烫布的使用是为了避免毛织物、化纤织物等在熨烫的过程中，因为温度过高而出现亮光或烫焦的情况。（图2-15）

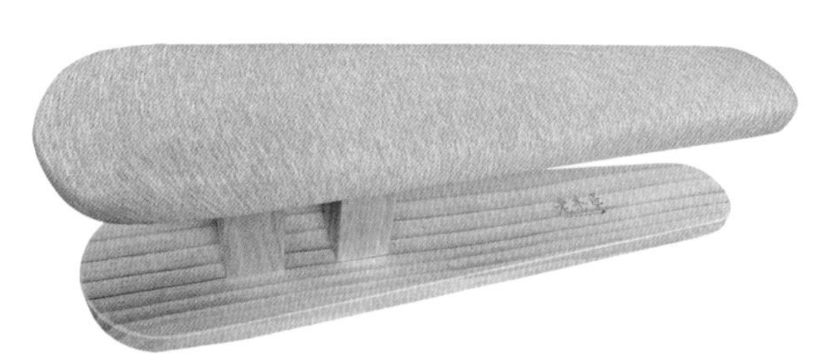

图2-13 长烫凳

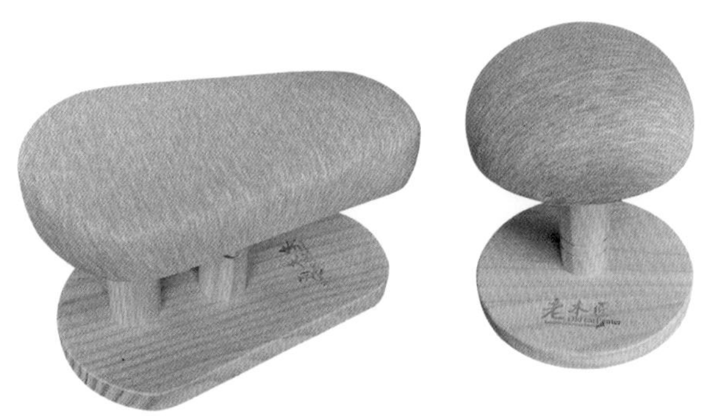

图2-14 多功能烫凳和圆烫凳

图2-15 烫布

二、熨烫的作用

在服装缝制过程中，熨烫具有以下五个方面的作用。

（一）原料预缩

在进行排料和铺料之前，由于原料性能不同，特别是天然纤维织物会产生一定的预缩，如棉的下水预缩、毛料的起水预缩等，需要通过熨烫来对原料进行预缩处理，并去除皱痕，为后续的裁剪、缝制、熨烫等工序提供条件。

（二）塑型

塑型是指把衣料通过熨烫工艺加工成所需要的形态，即利用纺织纤维的可塑性，通过归烫、拔烫、推烫等熨烫方法使服装更加合体。

（三）定型

定型是指根据面辅料的特性，给予外加因素，使衣料形态具有一定的稳定性。在服装缝制过程中，通过分烫、压烫、扣缝烫等熨烫手法使服装的褶裥和线条更加挺直，外观更加平整、美观。

（四）整型

在服装缝制完成后，需要对整件服装进行整烫处理，检查在服装缝制过程中没有烫好的部位，使最后的服装呈现最佳状态，这个过程就称为整型。

（五）修正

在服装缝制过程中，可以通过熨烫技巧修正缉线不直、弧线不顺、部件长短不一以及在熨烫过程中因操作不当造成的极光、倒绒毛等问题。

三、熨烫定型的基本条件

根据熨烫基本原理，熨烫定型需要以下五个基本条件。

（一）湿度

服装织物具有亲水性能，湿度是织物产生变形的前提，适当的水分可以使织物纤维膨胀变形、编织结构松动、组织密度延展和归缩。因此，在对织物进行加热熨烫之前，先要给织物加湿，再对织物进行加热熨烫。

（二）温度

服饰织物种类繁多，不同的织物纤维有其适合的耐热温度。在温度的作用下能使织物的分子链相对运动，使织物变柔软，并具可塑性。

（三）压力

压力是熨烫定型的必要条件之一，压力超过织物纤维的屈服应力点时，能使织物产生变形。

（四）时间

时间是使织物所受热量得到充分传递，达到熨烫平整定型目的的基本条件之一。并且时间也可以保证织物在变形要求达到后，附加的水分能完全烫干蒸发。熨烫时间的配置和织物的性能有关，不同织物的导热性不同，因此达到熨平或定型所需要的时间不一样。

（五）冷却

冷却是最终达到定型的条件。以上温度、湿度、压力、时间等几个条件可使织物达到变形，但定型不能在加热过程中产生，而是在冷却后实现的。对于熨烫后的冷却方式则是根据服装材料性能以及熨烫方式的不同而不同，一般使用的冷却方式有自然冷却、冷压冷却和抽湿冷却等。

四、手工熨烫的常用工艺形式

常用的手工熨烫方法有以下几种。

（一）平烫

平烫是最基本的熨烫技法，一般用于面料和服饰平面的整理。平烫的操作方法是将裁片面料铺平，反面朝上进行水平熨烫，动作要轻抬轻放，按照箭头方向熨烫，熨烫过程中不要过度拉扯面料，避免面料的丝缕线发生变化，如图2-16所示。

（二）推烫

推烫一般配合归烫和拔烫的定点推移，适用于袖窿、胸峰和侧腰等部位的推移。推烫的具体操作是先将面料平铺于烫台上，一只手按住面料，另一只手将熨斗从A处推移到B处，如图2-17所示。

（三）归烫

归烫的作用是将衣片某个部位的面料通过熨烫使织物缩短，一般适用于胸峰、背部、侧腰和袖窿等部位。归烫的具体操作是先用喷水壶喷湿衣片，然后用熨斗从A处沿着弧线向B处归拢面料，循环往复几次使面料熨烫定型，如图2-18所示。

（四）拔烫

拔烫的作用是将衣片某个部位的面料通过熨烫使织物伸长，一般适用于肩部、侧腰和袖窿等部位。拔烫的具体操作是先用喷水壶喷湿衣片，然后用熨斗从A处沿着弧线向B处拔开面料，循环往复几次使面料熨烫定型，如图2-19所示。

（五）分烫

分烫又分为平分烫、归分烫、拔分烫。

1.平分烫

平分烫一般运用于裙子、裤子的侧缝，是分烫中最为简单、基础的一种熨烫方法。平分烫的具体操作是先用手指将缝份分开，再用熨斗沿着

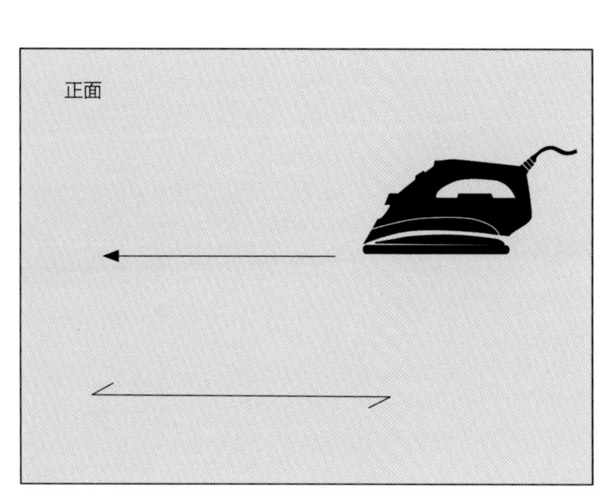

图2-16　平烫

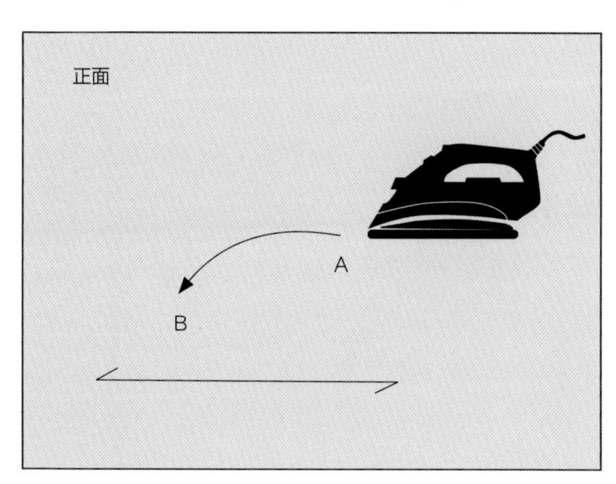

图2-17　推烫

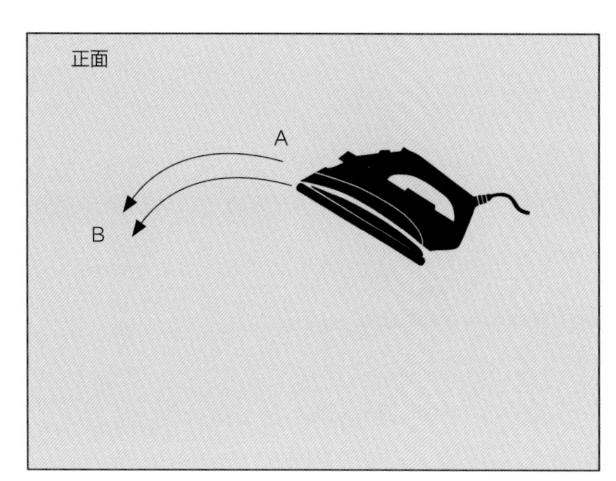

图2-18　归烫

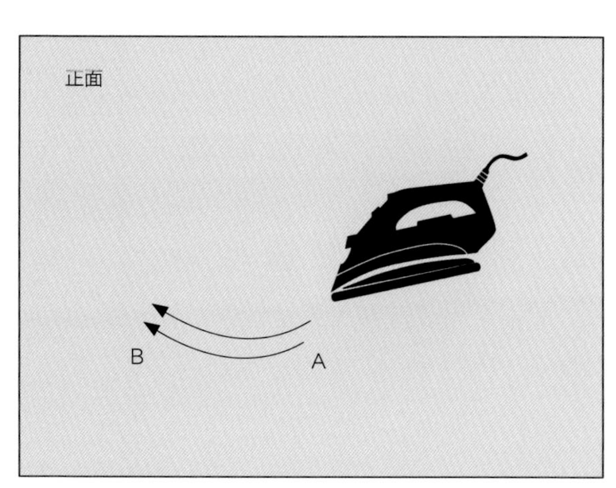

图2-19　拔烫

缝合线将缝份分开熨烫，如图2–20所示。

图2–20　平分烫

2.归分烫

归分烫是在平分烫的基础上进行的熨烫，主要用于熨烫斜丝缝份和需要归烫的缝份，如袖子的外袖缝、肩缝，后背的中缝和喇叭裙的拼缝等部位。归分烫的具体操作是左手按住缝份略向熨斗前推送，右手拿住熨斗沿着缝份从一侧向另外一侧开始熨烫。熨烫时熨斗尖部稍向上抬起，用力熨烫至定型，如图2–21所示。为了方便熨烫，可以借助烫马凳或烫袖凳等工具。

图2–21　归分烫

3.拔分烫

拔分烫多用于熨烫需要拔开熨烫的缝份，如袖底缝、侧腰缝和裤子下裆缝等部位。拔分烫的具体操作是左手捏住缝份，右手拿住熨斗自右向左沿着缝份用力熨烫，直至定型，注意缝份熨烫后不起皱，如图2–22所示。

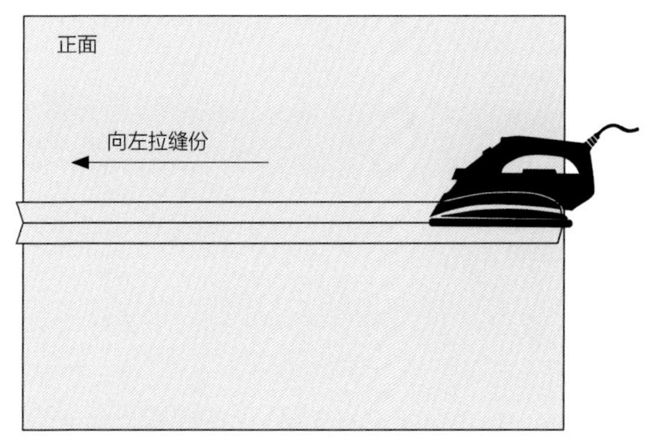

图2–22　拔分烫

（六）扣缝烫

扣缝烫是将面料的毛边折转成光边直至熨烫定型，这种熨烫能使面料边缘平服美观。根据不同部位的需求，扣缝烫主要分为直扣缝烫、弧形扣缝烫和缩扣缝烫三种形式。

1.直扣缝烫

直扣缝烫主要应用于裤腰带缝、裙腰带缝、袖克夫缝和上衣里子下摆缝等处。直扣缝烫的具体操作是首先将折边向上折转至要求的宽度，然后左手按住折边，右手拿住熨斗沿着折边自右向左开始熨烫，直至熨烫平整，如图2–23所示。

图2–23　直扣缝烫

2.弧形扣缝烫

弧形扣缝烫主要应用于弧形较大的上衣或裙子底边等处。弧形扣缝烫的具体操作是首先将面料平铺在烫台上，然后左手将弧形缝份向上折转，右手拿住熨斗，用熨斗尖沿着折边开始熨烫，使折边弧形边缘圆顺、平整、服帖，如图2–24所示。

3.缩扣缝烫

缩扣缝烫主要应用于局部的小部位，如口袋

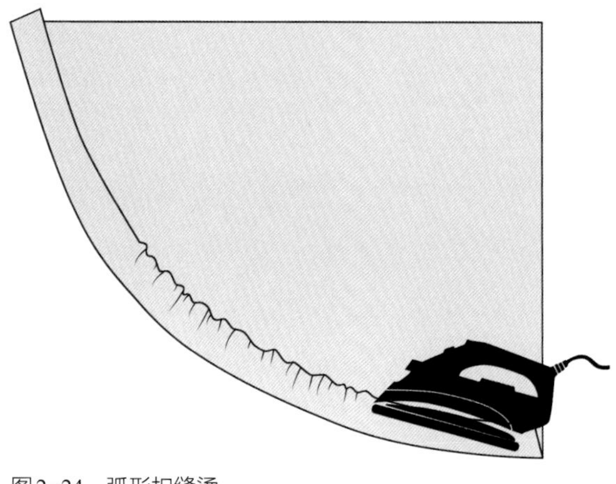

图2-24　弧形扣缝烫

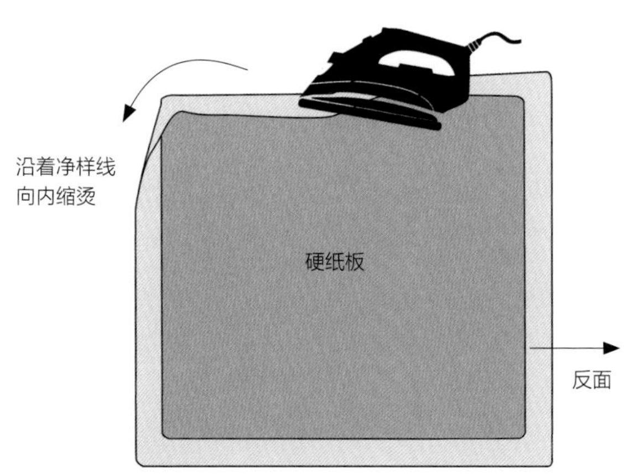

图2-25　缩扣缝烫

扣烫圆角、衣袖袖窿吃势的扣烫等处。缩扣缝烫的具体操作是首先准备一个与口袋净样相同的硬纸板，然后将口袋布的圆角距边0.3cm处平缝一段距离，针距调至最大，最后将硬纸板放在衣片内，左手按住硬纸板和面料缝份，并将缝份向内侧折转，右手拿熨斗将缝份向内逐渐归拢熨烫，如图2–25所示。

（七）起烫

起烫的主要作用是消除水花、极光、烙印和绒毛倒伏等现象。起烫的具体操作是首先将出现水花、极光、烙印和绒毛倒伏等现象的衣片平铺在烫台上，准备一块较湿的烫布铺在衣片上面，然后将熨斗温度调高，左手整理衣片，右手拿住熨斗轻烫，将水蒸气侵入衣片面料中，循环往复几次，就可以消除水花、极光、烙印和绒毛倒伏等现象，如图2–26所示。

（八）压烫

压烫一般应用于服装部件的止口、领角和褶裥等部位，起到熨烫定型的作用。压烫褶裥的具体操作是首先将需要压烫褶皱的面料平铺于烫台上，然后根据要求用气消笔在面料上确定褶裥的宽度，最后再按照确定好的褶裥宽度翻折。为了避免出现烫焦或极光等现象，准备好一块烫布平铺于面料上，左手按住褶裥，右手拿住熨斗开始熨烫，直至褶裥定型，如图2–27所示。

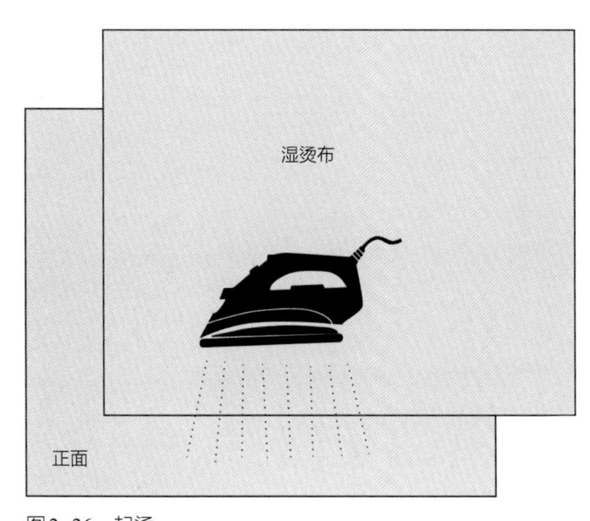

图2-26　起烫

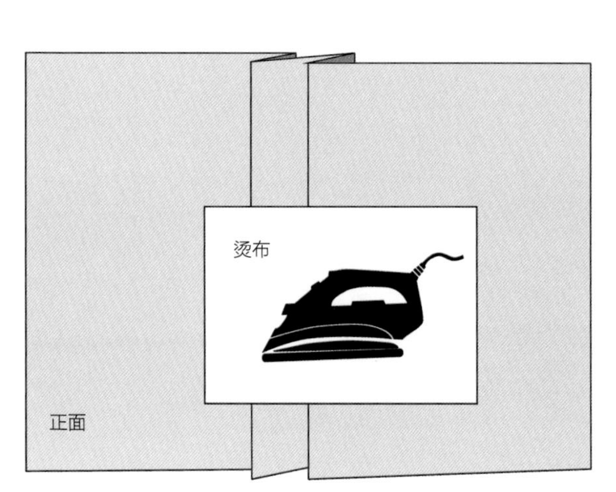

图2-27　压烫

五、熨烫的注意事项

熨烫本质上是利用纤维在高热状态下能膨胀伸展和冷却后能保形的物理特性来实现对服装的热定型。因此，在了解了熨烫工艺的基本原理后，需要注意以下事项。

（一）选择适当的熨烫温度

首先，要注意服装材料的性能，选择适当的熨烫温度。一般熨烫时，多在衣料反面熨烫，若在正面熨烫，需要盖上烫布，以免烫黄或烫出极光。一般来说，温度越高，织物越容易变形。不同的织物物理、化学性能不同，它们的耐热度也是不同的。例如，棉织物在熨烫过程中不易伸缩或产生极光，但形状保持性较差，需要先喷水再进行高温熨烫，在熨烫深色的面料时应在反面熨烫，它适宜温度在180℃至200℃。丝织物则不宜过高的温度，过高的温度会使得面料泛黄，也不能用水喷，以免产生水渍，它适宜温度在100℃至120℃。麻织物与棉织物相仿，但不宜重压熨烫，以免致脆，它适宜温度在100℃至120℃。

温度过高会损坏织物，温度过低则熨烫达不到塑型的目的。因此，根据不同面料的性质选择适当的熨烫温度显得十分重要。

（二）保持面料经向

在熨烫过程中，需要沿着面料的经向进行缓慢移动，这样可以保持面料顺直，避免损坏面料，更能让热量在纤维内渗透均匀，从而让纤维得到充分的膨胀和伸展。

（三）注意压力大小和时间长短

压力是造成织物弹性形变和塑型形变的首要外力条件，因此，根据面料的厚薄和固有性能要注意压力大小和时间长短。一般薄型质松的面料所需的压力较小，熨烫时间较短；厚型质密的面料所需的压力较大，熨烫时间较长。根据服装的部位，在熨烫过程中，也需要注意压力的大小和时间长短，例如，毛料西裤挺缝线、止口等部位宜用力重压，有利于定型、止口变薄。

本章小结

本章主要学习三部分内容：服装手工裁剪工艺、服装工业裁剪工艺、服装熨烫定型工艺。服装裁剪是指将裁片模板轮廓画在面料上，使用各种类型的裁剪机将面料裁成需要的形状，是由“整”到“零”的过程，分为手工裁剪与工业裁剪。服装的工业裁剪是建立在批量测量人体并加以归纳总结得到的系列数据基础上的裁剪方法，该类型的裁剪最大限度地保持了群体体态的共同性与差异性的对立统一。熨烫工序能矫正裁剪和缝纫的某些质量问题，它是将裁剪、缝纫工序完成的造型和质量进一步定型和提高的有力措施，可使服装线条流畅、外形丰满、平服合体、不易变形，有良好的穿着效果。

思考题

1.简述有哪几种裁剪机，各有什么特点。

2.裁剪方案中，铺层和排料长度的依据是什么？

3.手工熨烫的常用工艺形式有哪些？

4.熨烫的作用有哪些？

作业

1.按照手工裁剪的要求与方法裁剪衬衫面料。

2.练习手工熨烫的常用工艺形式。

第三章

服装手缝与机缝基础工艺

模块名称： 服装手缝与机缝基础工艺

课题内容： 基础手缝工艺
基础机缝工艺
手缝缝型作品赏析

课时安排： 12课时

教学目标： 1. 了解常用的手缝针法和机缝缝型。
2. 掌握手缝、机缝的操作方法。

教学方法： 采用传统与现代（多媒体教学）相结合的教学方法。

教学要求： 通过理论知识讲解，现场示范操作，要求学生了解和掌握手缝工艺和机缝工艺。

早在远古时代，原始人就将骨作针、筋当线来缝合兽皮用以御寒。在公元前300年出现了铜针，14世纪又出现了钢针，可见手缝工艺是制作服装的一项传统工艺。随着缝纫机械的发展、运用以及制作工艺的不断改革，手缝工艺不断被取代，到了现代，服装开始工业化生产，其缝制工具由手缝针、竹尺、剪刀、烙铁等变为现代化的电脑缝纫机、三维测量仪、自动裁床、整烫机等。

然而不同种类的服装，其缝制工艺也各不相同。市场上售卖的大部分成衣是用机缝工艺完成，而一些高级定制服装、毛料服装等，仍然有很多工艺要依赖手缝工艺来完成。此外，一些服装的装饰，如刺绣、珠绣等立体图案，也离不开手缝工艺。因此在讲解服装缝制工艺的时候，既需要了解服装手缝工艺，也需要了解服装机缝工艺。

在服装缝制过程中，手缝针缝制与机器机缝是互相配合使用的。服装的不同部位采用不同的手缝与机缝工艺，掌握服装手缝技法与机缝基础缝型，是服装专业学生、服装爱好者、服装设计师必须具备的专业技能。

第一节　基础手缝工艺

作为一名服装技术人员，不仅要熟练地使用缝纫设备，还要熟练地掌握手缝工艺。手缝工艺是服装缝制工艺的基础，是现代化生产不可替代的传统工艺。在服装缝制过程中，既会用到基础手缝工艺也会用到装饰手缝工艺，熟悉并掌握这些常用手缝工艺，有助于顺利地进行服装缝制。

服装基础手缝工艺包括基础手缝针法与装饰手缝针法。基础手缝针法有缝针、倒钩针、三角针等，这些针法主要用于面料之间的固定，辅助完成服装的制作。装饰手缝针法有平绣、链条绣、杨树花绣等，这些针法主要用于制作服装的装饰图案，有的也能起到面料固定的作用。

一、手缝前的准备

基础手缝用到的主要工具是各类手缝针与各类缝纫线，除此之外还需要面料、剪刀、针插等。

（一）针的选用

在服装的缝制过程中，手缝针是必不可少的重要工具，是最简单的缝制工具，不同的面料要使用对应型号的手缝针，详见表3-1。

表3-1　常用手缝针型号及用途表

型号	1	2	3	4	5	6	7	8	9	10	11	长7	长9
直径/mm	0.96	0.86	0.78	0.78	0.71	0.71	0.61	0.61	0.56	0.56	0.48	0.61	0.56
线	粗线		中粗线				细线				绣线		
用途	缝制较厚、较硬的面料，可用来纳鞋底		缝制厚呢料，为厚衣物锁扣眼、钉纽扣		缝制中等厚度的面料以及为成品锁扣眼、钉纽扣		缝制薄的面料以及为成品锁扣眼、钉纽扣		缝制轻薄的绸缎类面料		用于轻薄面料的刺绣或钉珠片等		

常用的手缝针有粗、细两种。粗条针针孔大，便于缝纫厚衣料时选用；细条针针孔小，便于缝纫薄衣料时选用。手缝针的型号越小，针就越粗越长；型号越大，针就越细越短。

手缝针也可根据加工用途的需要，选用不同的号型，详见表3-2。

表3-2 手缝针与缝纫用途配合表

型号	长度（mm）	直径（mm）	用途
4	33.5	0.78	钉纽扣
5	32	0.71	锁、钉
6	30.5	0.71	锁、纳、擦
7	29	0.61	纳、擦
8	27	0.61	纳、擦
9	25	0.56	纳、擦
长9	33	0.56	通针

（二）线的选用

缝制过程中常用的线主要有棉线、仿毛尼龙线、多功能线、花色线等，如图3-1所示。

1.棉线

棉线适用于薄型与中厚型天然纤维面料包缝。

2.仿毛尼龙线

这种仿毛尼龙线可产生特别的包缝线效果。包缝后会产生独特的毛绒效果，可覆盖缝线间的空间和包缝部位的面料。该缝线强度高，适用于运动服与泳衣的缝制。

3.多功能线

这种线较普通包缝线更粗。每支多功能线长度较普通缝线短，适用于中厚型面料的缝制。

4.花色线

花色线是指纱线或窄的绣花织带，适用于线圈部位，起装饰作用。

（三）面料的选用

在进行手缝练习时，一般选用纯棉的白坯布面料为宜。（图3-2）白坯布又称白织坯布，是没有经过染色的纱线织布。白坯布根据材质一般分为涤纶白坯布、涤棉白坯布、纯棉白坯布，价

图3-1 线

图3-2 白坯布

格在三元至十几元不等，涤纶材质最便宜，纯棉材质最贵。白坯布一般适用于做服装立体裁剪、样衣制作，也可做扎染、画布等。纯棉白坯布质地相对硬挺，易熨烫平整，手缝效果佳，而且价格相对便宜，是手缝练习的首选面料。

除针、线、面料之外，手缝前还需要准备剪刀、直尺、褪色笔、针插、顶针、绷架等其他工具，具体介绍详见第一章第一节“常用服装缝制工具”。

二、基础手缝针法

基础手缝针法大致可以分为两类：一类是暂时性缝合针法，一类是永久性缝合针法。暂时性缝合针法是为了方便衣片缝合，暂时将其固定，在完成缝纫后需要拆除，如疏缝固定；也可以用来在面料上做标记，如打线丁标记法。永久性缝合针法是留在服装上的一部分，如在衣服下摆、裤脚口等用三角针固定，以达到服装反面固定贴边而正面隐藏线迹的效果。根据GB-T15557-2008服装术语中的各类针法总结，可以归纳出十种常见的手缝针法、操作方法及其使用范围。

（一）平针缝

平针缝是最基本的手缝针法。该针法常用于手工缝制、装饰点缀，可运用在缝份、碎褶等处，或固定缝垫肩的时候，是一种永久性缝合针法。

平针缝一般针距为0.4至0.5cm，布料正面和反面的针距长度相同且均匀，线路顺直或圆顺，松紧适宜，缝纫时要保证面料表面平服不起皱。平针缝的操作方法：取两层面料，将手缝针自右向左缝，手缝时按一上一下等距离运针，一般连续运针3至4次后拔出，运针后正反面线迹相同，如图3-3所示。

（二）疏缝

疏缝也叫假缝，暂时用手缝针以宽针距来固定两层及以上面料，为了方便缝制工作，缝制完成后可拆除假缝线迹。

疏缝的操作方法：缝纫时需在水平台面上操作，并使用细长的手缝针。取两层面料，将手缝针按等距离运针，针距根据疏缝的部位而定，一般为6cm左右。缝纫起始处、结尾处均可不打结用回针固定，方便后期拆除，如图3-4所示。

（三）回针缝

回针缝也叫倒钩针，回针缝出的正面线迹与缝纫机平缝的线迹外观相似，效果也相近。回针缝主要用于加固服装某些部位，如领口、袖窿、侧缝、裤裆等部位，牢固且灵活，也可作为勾勒图案轮廓的刺绣针法。

回针缝的操作方法：将手缝针自右向左运针，先在正面回缝一针，然后再在反面以两倍的针距前进一针，针距为0.4cm左右，如图3-5所示。

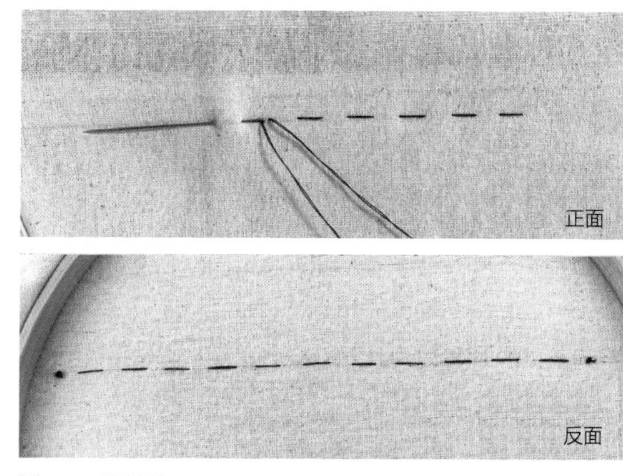

图3-3　平针缝

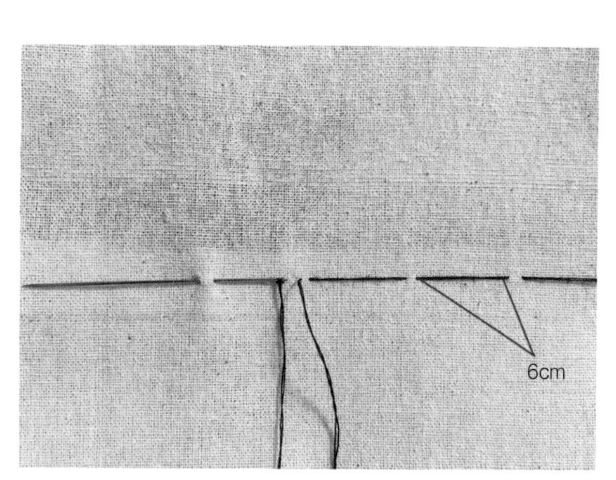

图3-4　疏缝

（四）拱针缝

拱针缝是用手工拱缝的针法，亦称暗针。拱针缝也是回针缝的一种变形，需从服装正面缝纫，在正面只留下线点，在反面留下长的线迹。可作为一种装饰缝代替明线缝，或作为折边固定贴边、里布，防止显露在服装正面，还可用于毛呢服装的无缉线止口部位，用来固定衣身、挂面和衬料。

拱针缝的操作方法：拱针要求正面不露出明显的针迹，主要采用回针缝的针法，将手缝针自右向左运针，将线拉到面料正面，针在正面回缝一针（1至2针线迹的距离），如同回针缝的效果，如图3-6所示。

（五）三角针

三角针缝也称花绷针缝、千鸟缝、交叉缝。三角针缝主要用于有里衬或锁边后的西服和大衣的下摆贴边、袖口贴边的缝份固定。

三角针缝的操作方法：将手缝针自左向右运针，在衣片反面挑1至2根纱线，正面不露出针迹，抽拉线均匀且不宜过紧，如图3-7所示。

（六）缲针缝

缲针缝有普通缲针缝与暗缲针缝两种。缲针缝时在服装反面操作，应选用与面料同色的线，以便更好地隐藏线迹，线迹需要松弛以免正面出现皱痕。缲针缝一般用于服装袖口、裤口、下摆等处的贴边。

1. 普通缲针缝

普通缲针缝的操作方法：将手缝针自右向左运针，用针尖同时挑住面料反面和折边，将缝线拉过去并保持一定的松度，针距为0.2cm左右，针迹为斜向，如图3-8所示。

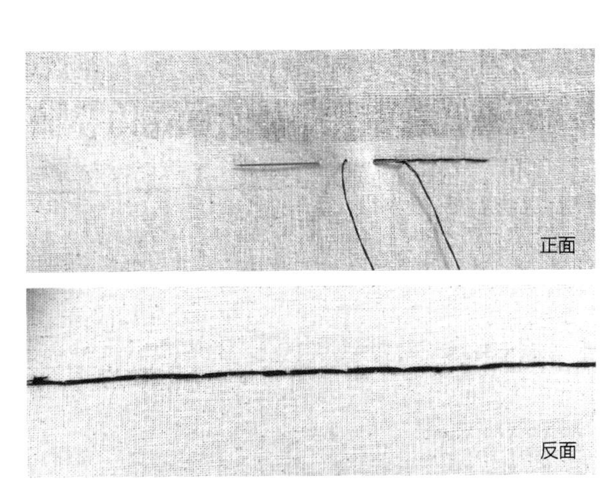

图3-5 回针缝

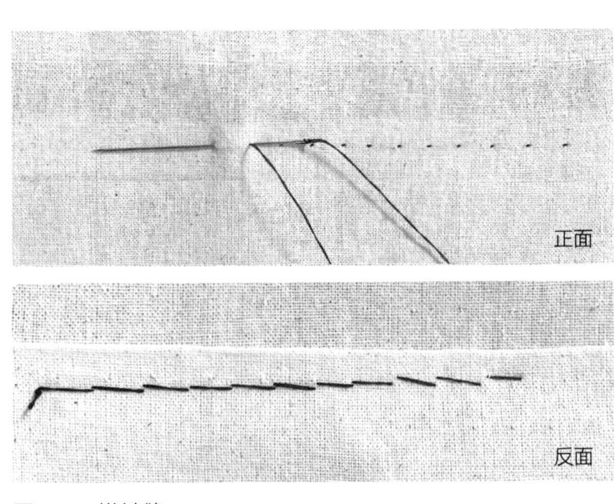

图3-6 拱针缝

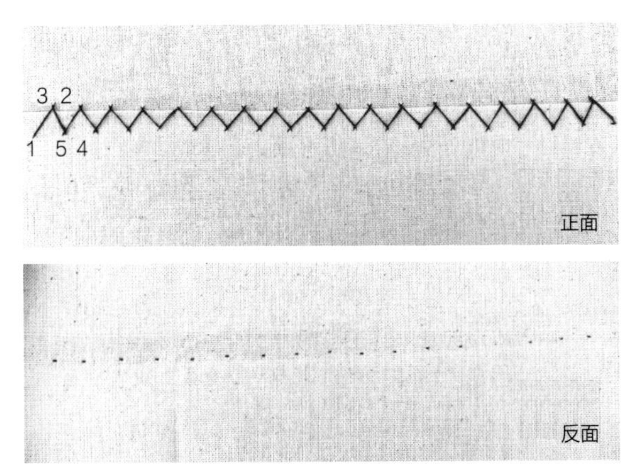

图3-7 三角针缝

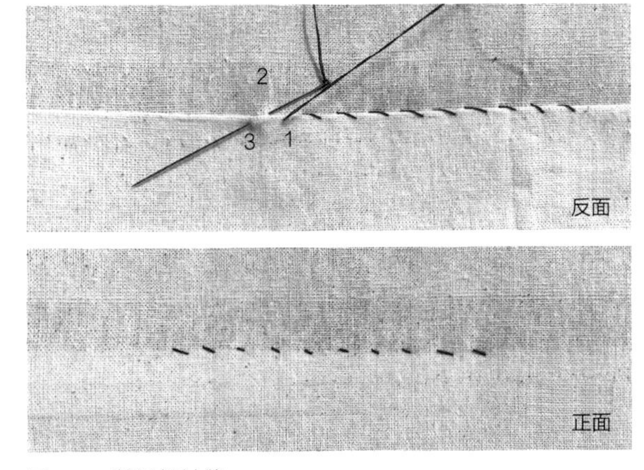

图3-8 普通缲针缝

2.暗缲针缝

暗缲针缝的操作方法：将手缝针自右向左运针，用针尖同时挑住面料反面和折边，由内向外直缲，缝线隐藏于贴边的夹层中间，针距为0.3cm左右，如图3-9所示。

（七）锁边缝

锁边缝是一种布边装饰缝法，可使毛边整齐，主要用于固定风纪扣、挽线袢等。

锁边缝的操作方法：将面料正面朝上，手缝针自右向左运针，距离布边5mm处，将手针从面料正面穿入到反面，将线置于手针下方，形成线圈，将手针拉出即形成毯式线迹；将手针向左缝纫下一针脚，线距为5mm，将针从线圈中拉出；均匀保持针脚间的距离及距布边的宽度，结尾处回针缝固定，如图3-10所示。

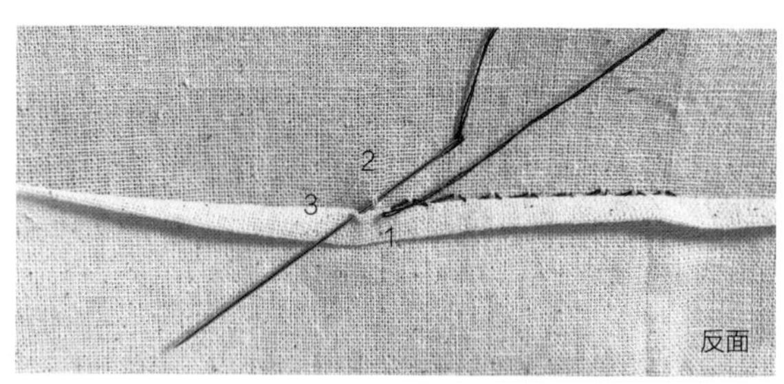

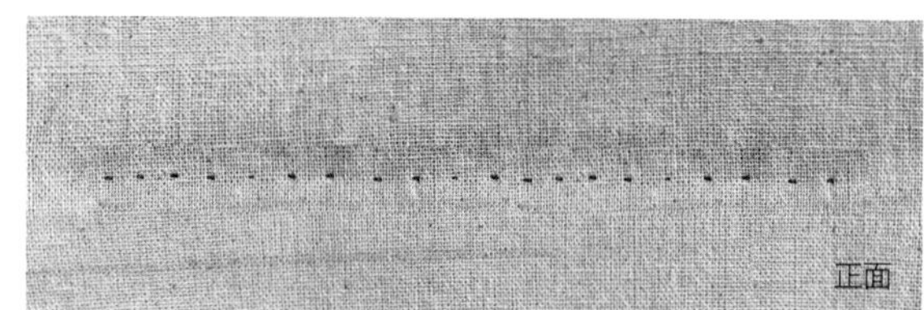

图3-9　暗缲针缝

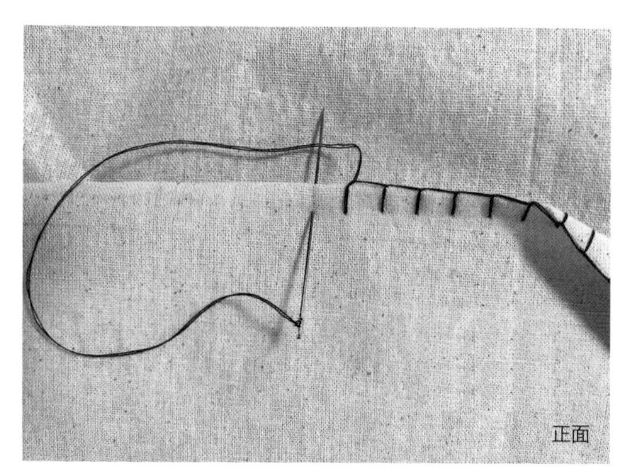

图3-10　锁边缝

（八）锁眼缝

锁眼缝是手工缝扣眼的针法。扣眼一般开在门襟、袖克夫上。门襟扣眼位置可根据“男左女右”的说法来定，现已没有明确的区分。扣眼大小可根据纽扣的大小来定，一般大于纽扣直径0.2至0.3cm。手工锁缝时一般使用棉线或丝线，线的颜色宜与面料颜色一致或略深一些，线的长度为扣眼的30倍左右。一般薄面料使用单股缝线，厚面料使用两股缝线合并锁缝。

下面以方头扣眼为例进行讲解。方头扣眼一般用于较薄面料的服装上，如衬衫、童装、睡衣等。具体操作方法如图3-11所示。

1.定位

确定扣眼位置，一般宽0.4cm，长是纽扣直径加上纽扣厚度，按设计要求画出扣眼位置，扣眼需大小一致，扣眼之间也需等距离。

2.剪口

在扣眼中央剪口。

3.缝衬线

在扣眼周围缝一圈衬线，缝线距离扣眼0.2cm，从面料反面穿刺上来，然后根据图3-11中（1）至（5）的顺序进行穿刺，缝线要平直且不宜过紧。

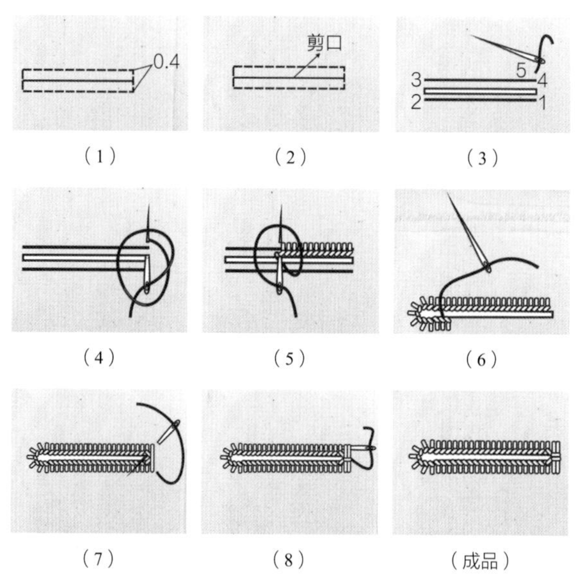

图3-11　方头扣眼

4. 锁眼

先在一侧锁缝，一侧锁完之后，在转角处锁成放射状，然后继续在另一侧锁缝，一直锁到尾端，如图3-11中（4）至（6）所示。

5. 尾端封口

首先连穿两针平行封线，为了牢固，在封线中间锁两针，然后从中间空隙中穿过，戳向反面打结，线结藏于暗处，拉入夹层中，如图3-11中（7）和（8）所示。

（九）套结针缝

套结的作用是加固服装开口的封口处，同时起到装饰作用。套结针缝主要用于服装摆缝开衩、口袋两端、门里襟封口、拉链终端等易受拉力的部位。

套结针缝的操作方法：首先缝衬线，第一针从封开处的反面戳出，线结在反面，在开衩顶端横缝四行衬线，线尽量靠近，然后套入，在衬线上用锁眼方法锁缝，每针缝牢衬线下的面料，锁紧密且针距排列整齐，如图3-12所示。

（十）拉线袢

拉线袢一般用于裙子、西服、大衣等的里料与面料的固定，或做腰带袢。常用的拉线袢方法有两种。

1. 手编法拉线袢

手编法的具体操作方法，如图3-13所示。

（1）起针

在面料上起针，连缝份一起穿过。

（2）套、钩、拉

首先左手拿住缝线，右手将手针向左套住缝线，然后右手从套圈里钩住缝线，最后用左手拉住缝线。

（3）放、收

重复放、收步骤，形成一段线袢，线袢长度根据需要而定。

（4）收尾、缝合

线袢拉至一定长度后，将手针从套结处抽

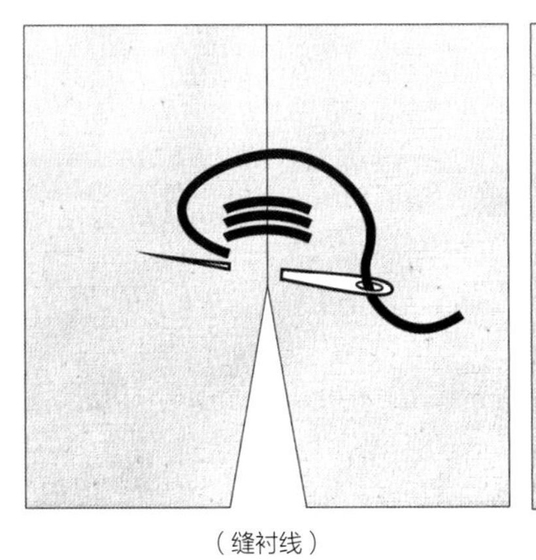
（缝衬线）

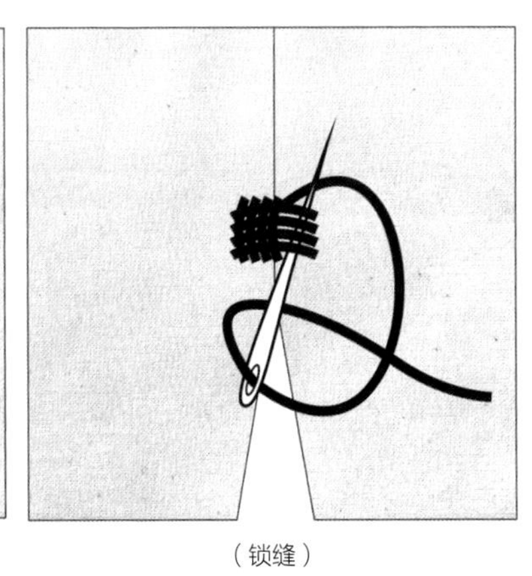
（锁缝）

图3-12　套结针缝

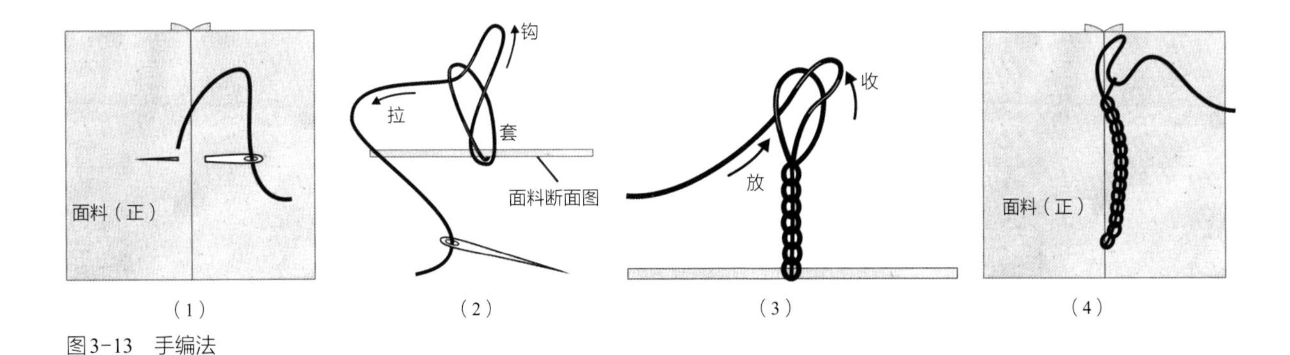

（1）　（2）　（3）　（4）

图3-13　手编法

出，然后穿过里料进行缝合。

2．锁缝法拉线袢

锁缝法的具体操作方法，以做腰带袢为例，如图3-14所示。

（1）缝衬线

在面料上腰部合适位置用缝线来回缝出2至4条衬线。

（2）锁缝

按照锁扣眼的方法进行锁缝。

三、装饰手缝针法

装饰手缝针法是服装制作工艺的一个重要组成部分，大部分由基础手缝针法演变而来。以下是几种常用的装饰手缝针法。

（一）平绣

平绣是刺绣的基本针法之一，也是各种针法的基础。

平绣的操作方法：起落针都要在纹样的边缘，线条排列均匀、齐整、紧而不重叠、稀而不露底，如图3-15左图所示。平绣按丝缕不同可分为直绣、横绣、斜绣三种。

（二）链条绣

链条绣顾名思义就是像链条一样线迹一环紧扣一环，如链状。

链条绣的操作方法：分正套和反套。正套法为先绣出一个线环后，将绣针压住绣线运针，作为链条状。反套法为先将针线引向正面，再与前一针并齐的位置插入绣针并压住绣线，然后在线脚并齐的地方绣第二针，逐针向上完成，如图3-16所示。

（三）杨树花绣

杨树花绣可用于高级服装的里子下摆处的装饰，也可用来绣花卉图案的杆、茎等线条轮廓。

杨树花绣的操作方法：一左一右地向下挑绣，挑出时针尖要压住绣线，针迹要求长短一致，图案顺直。杨树花绣可分为单杨树花绣、双杨树花绣等，视装饰需要而定，如图3-17所示为双杨树花绣。

（四）切绣

切绣一般用于绣花枝或轮廓线。

基础手缝针法
（图3-3至图3-14对应视频）

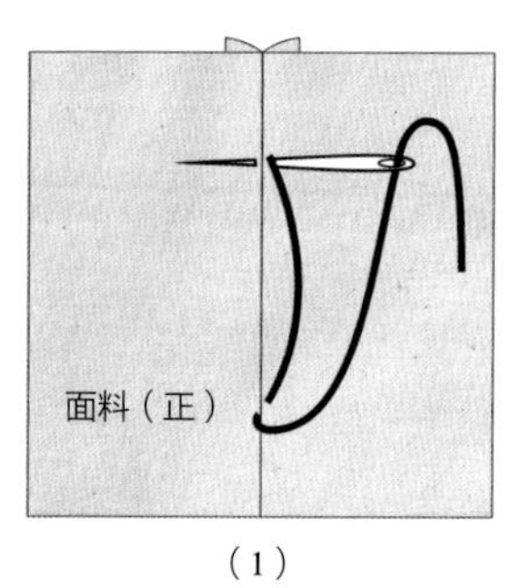

（1）

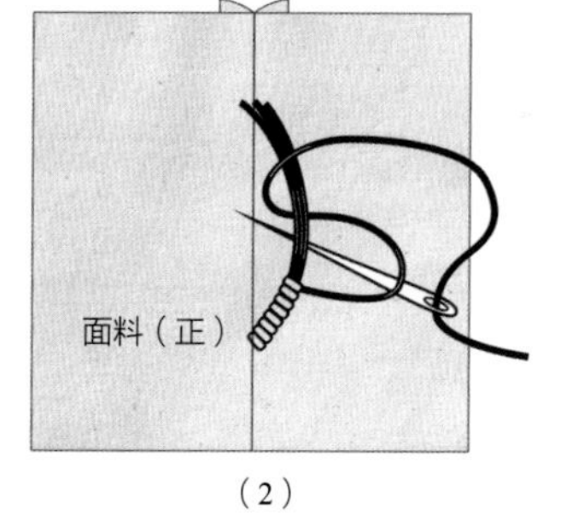

（2）

图3-14　锁缝法

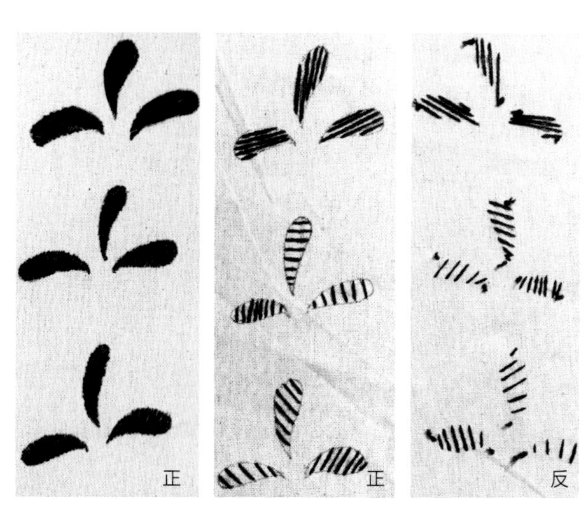

图3-15　平绣

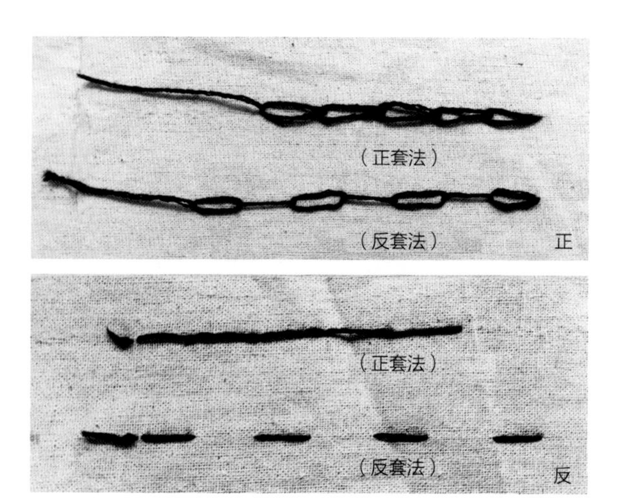

图3-16　链条绣

切绣的操作方法：将针横挑向前进0.4cm左右，再向后退0.2cm，形成紧密无间隙的0.2cm针距的线迹，要求排列均匀齐整，如图3-18所示。

（五）嫩芽绣

嫩芽绣可绣各种图案，用途广泛。

嫩芽绣的操作方法：将第一针穿出，第二针刺入面料后线不要拉紧，第三针在前两针的中上方或中下方刺出，针要压住前两针间的绣线，稍拉紧后成嫩芽状，如图3-19所示。

（六）别梗绣

别梗绣一般用于绣花枝或轮廓线。

别梗绣的操作方法：用回针法向前进0.7cm左右，再向后退0.2cm，一针紧贴着一针，要求排列均匀齐整，如图3-20所示。

（七）绕绣

绕绣常用于绣花蕾及小花。

绕绣的操作方法：第一针从起针处穿出，第二针从落针处刺入后又从第一针处刺出，不要抽针，拿第一针未拉完的线在针上绕线圈，根据花形的大小决定圈数，绕好后线圈稍捏紧，抽出针后再从第二针处落针。要求线环扣得结实紧密，绕成的线环可以是长条形或环形，如图3-21所示。

（八）叶瓣绣

叶瓣绣多用于服装边缘处的装饰。

叶瓣绣的操作方法：先绣出一个线环后，手针再刺出布面，要压住绣线运针，使连接的各线环成为锯齿形，如图3-22所示。

（九）打子绣

打子绣多用于绣花蕊或装饰图案局部。

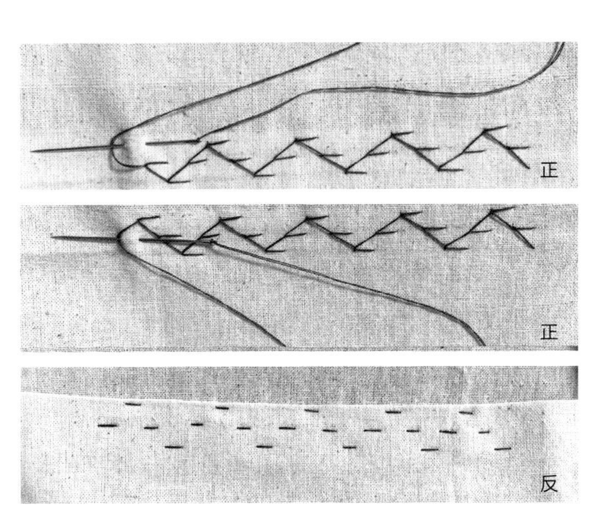

图3-17　双杨树花绣

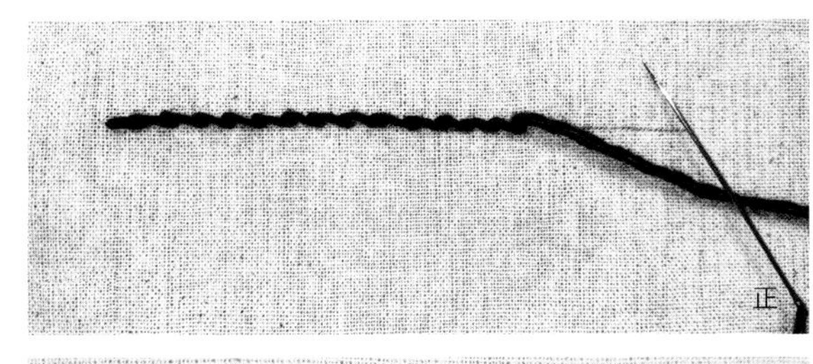

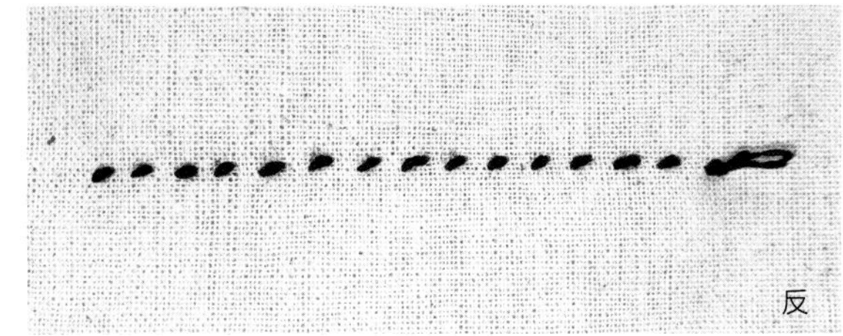

图3-18　切绣

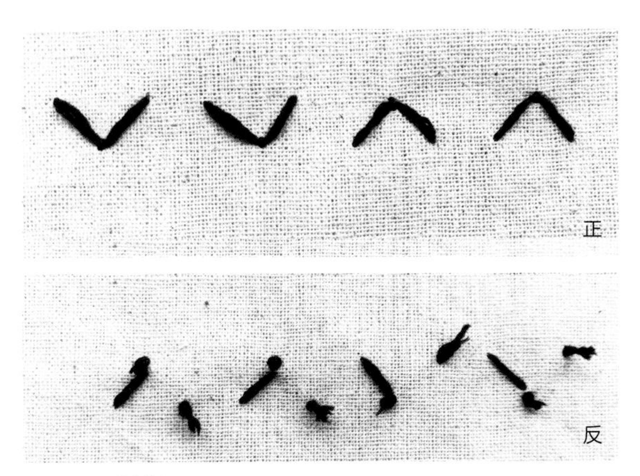

图3-19　嫩芽绣

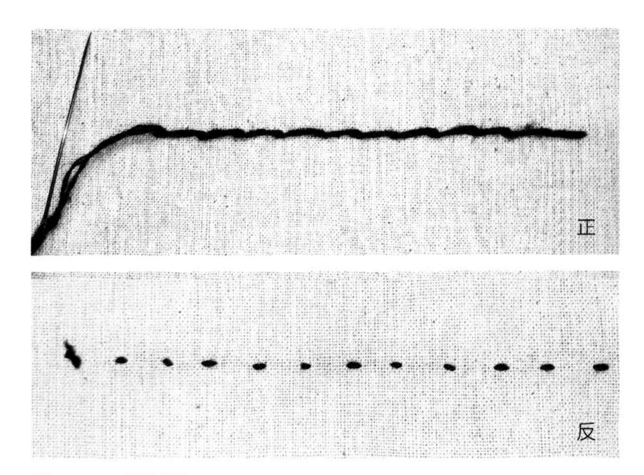

图3-20　别梗绣

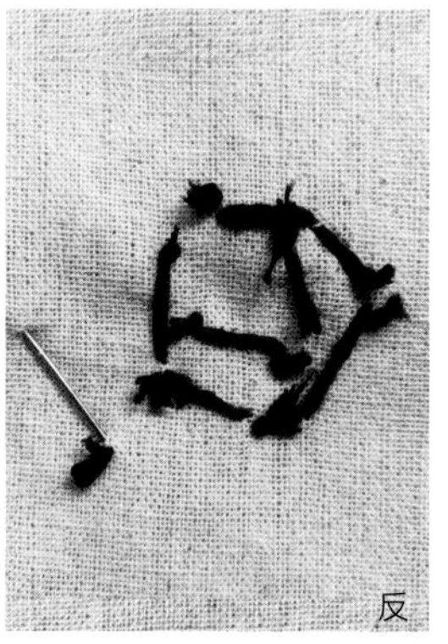

图3-21　绕绣

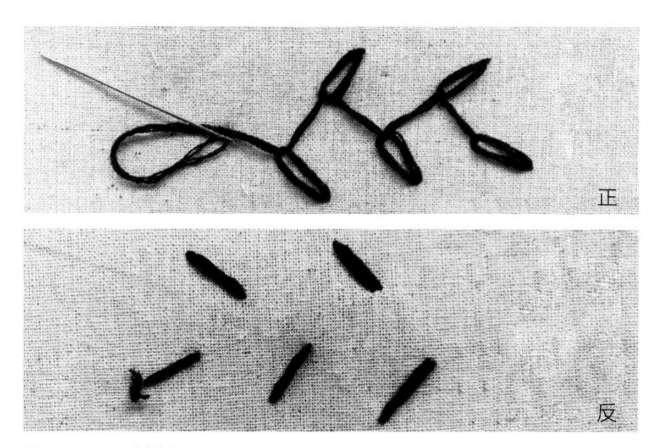

图3-22　叶瓣绣

打子绣的操作方法：绣针穿出面料后，将绣线在针身上绕两圈，然后抽出绣针，再从线迹旁刺入。出针和进针相距越近，打子就越紧，要求排列均匀，如图3-23所示。

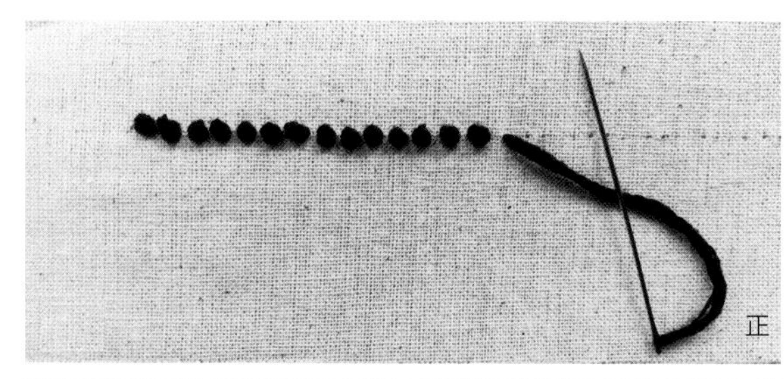

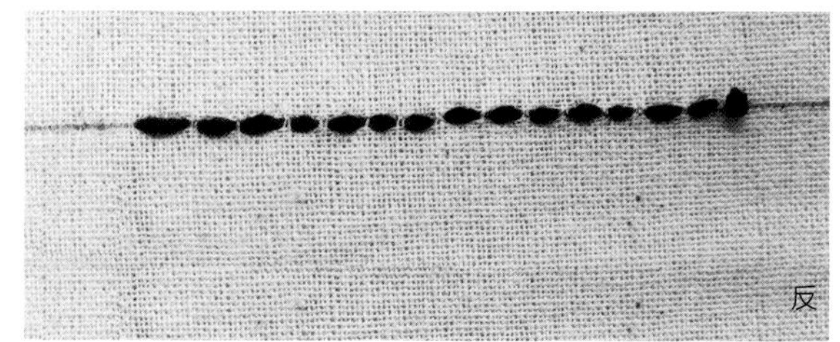

图3-23　打子绣

（十）旋绣

旋绣多用于绣花卉图案的枝梗。

旋绣的操作方法：隔一定距离打一套结，再向前运针，周而复始，形成涡形线迹，如图3-24所示。

（十一）山形绣

山形绣多用于育克边缘装饰。

山形绣的操作方法：走针方法与线迹同三角针相似，只是在斜行针迹的两端加一回针，如图3-25所示。

（十二）竹节绣

竹节绣是一种形似竹节的针法，多用于刺绣各类图案的轮廓线或枝、梗等线条。

竹节绣的操作方法：刺绣时将绣线沿图案线条进行，以每隔一定距离作一线结并绣穿面料，如图3-26所示。

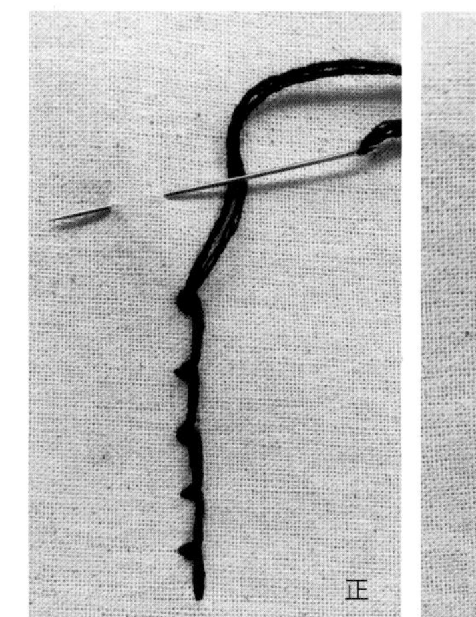

图3-24　旋绣

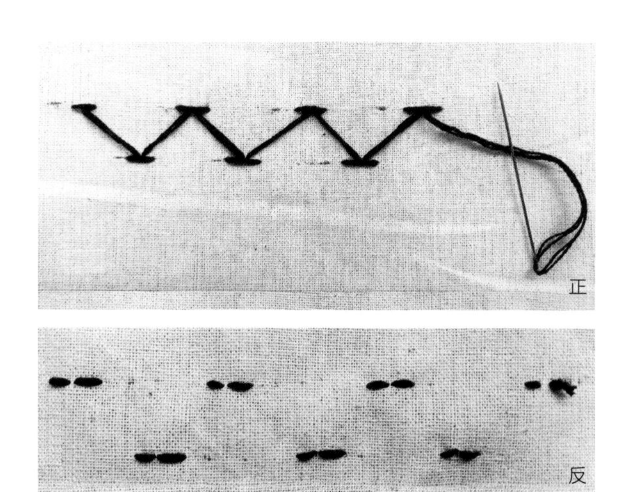

图3-25　山形绣

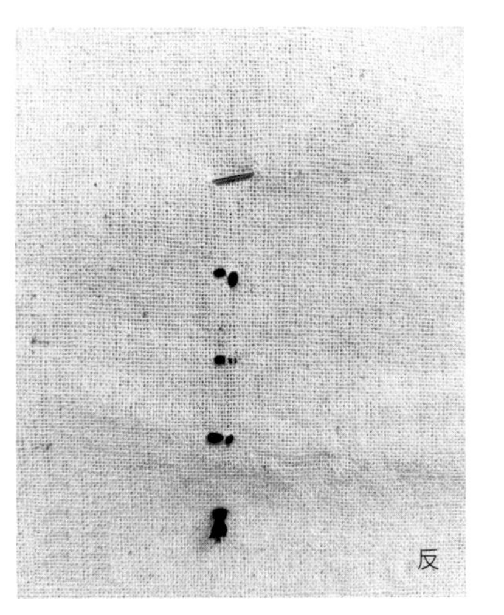

图3-26　竹节绣

装饰手缝针法
（图3-15至图3-26对应视频）

第二节　基础机缝工艺

在缝纫机发明之前，服装是由手工缝制完成的。直到18世纪中叶工业革命后，纺织工业的大生产促进了缝纫机的发明和发展，1970年，英国木工托马斯·山特（Thomas Saint）发明了世界上第一台先打洞、后穿线，缝制皮鞋用的单线链式线迹手摇缝纫机，此后，服装的缝制大部分由机缝来完成。因此掌握机缝基础工艺对学习服装缝制有重要的帮助。

本节内容主要讲解缝纫机的使用方法以及基础机缝工艺的详细操作步骤。服装基础机缝工艺主要包括常用机缝缝型与特殊机缝缝型。常用机缝缝型有平缝、搭缝、分缉缝、坐缉缝、扣压缝、来去缝等，这些缝型在缝制服装过程中经常要用到。特殊机缝缝型主要有滚、嵌、镶、荡，一般起到装饰作用。

一、机缝的操作要领

在学习机缝缝型之前，要先了解缝纫设备的种类及其基本构造，还要学会调试平缝机，包括机针的选择与安装、穿线的步骤、梭芯和梭壳的安装等。调试好缝纫设备之后，要进行基本的空车操作、单层面料机缝、双层面料机缝等练习，这样的练习不仅可以熟悉缝纫设备，还可以调整好缝纫线迹。

（一）空车操作

初学者需要先进行平缝机空车操作，来锻炼机缝的准确度、熟练度和速度。空车操作步骤：首先在白纸上画出不同的线迹，如直线、曲线、几何图形等，然后按照白纸上的线迹进行机缝练习，平缝机上不穿面线和底线。在空车操作时，要求针孔与白纸上的线迹对齐，机缝的速度要均匀，不能时快时慢，机缝要有连贯性，尽量少停车。

（二）单层面料机缝

在面料上用划粉或水消笔画出机缝线迹的位置，方便初学者在机缝时能准确对位，机缝的线迹可以是直线，也可以是曲线。具体操作步骤如图3-27所示：在进行单层面料机缝前，首先将平缝机的底线勾起，和面线一起绕到压脚右前方；然后将压脚抬起，放入单层面料，确定好机缝位置，开始机缝；机缝结束后，将缝纫线拉到压脚左前方，将缝纫线剪断。

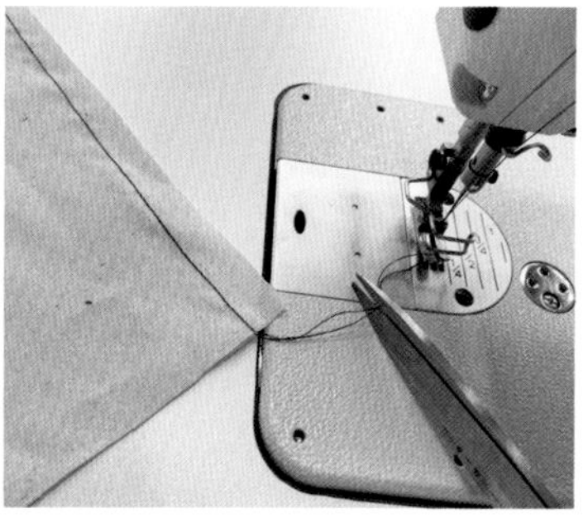

图3-27　单层面料机缝

（三）双层面料机缝

在机缝双层面料时，根据机缝时下层面料自然皱缩、上层面料受力推送拉伸的原理，且初学者不易掌握用手控制面料运行方向及对面料平服的整理，因此要先将双层面料别上珠针或疏缝后再进行机缝。双层面料的机缝操作与单层面料基本相同，不同之处在于双层面料为了使两层布料缝合牢固，需要在起止点进行倒回针，一般倒回3针左右，如图3-28所示。

二、常用机缝缝型

缝型是指采用不同机器缝制时，一根或一根

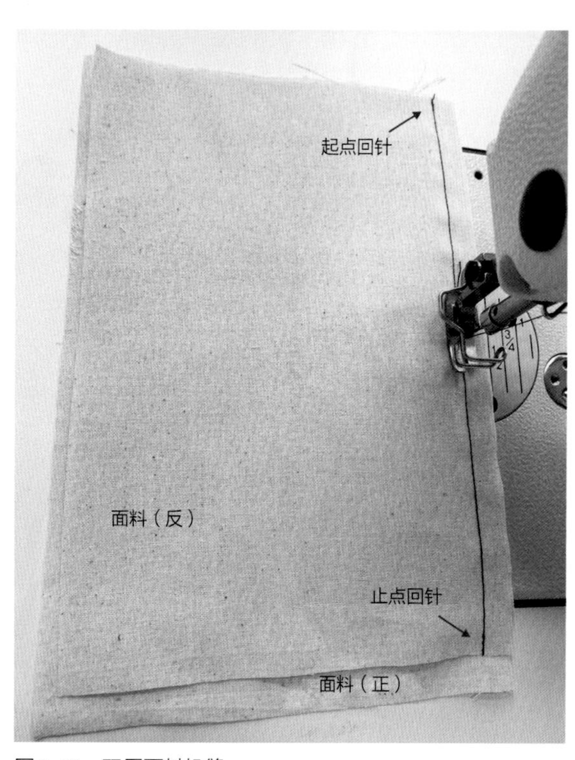

图3-28　双层面料机缝

以上的缝线采用自链、互链、交织等方式在面料表面或穿过面料所形成的一个单元。而缝型是指一系列线迹与一定数量的面料相结合的形式。缝型的结构形态对缝制品的品质（外观和强度）具有决定性的意义。由于服装款式和结构不同，在缝制过程中，会使用不同的缝型进行面料的连接，缝份的宽度也不相同。

（一）平缝

平缝也称合缝，常用于各种裁片的合缝，比如上衣的肩缝和侧缝、袖子的内外侧缝、裤子的侧缝和下裆缝等部位。

平缝的操作方法：将两层裁片正面相对重叠，于面料反面缉线的缝型，平缝的缝型宽一般为0.8至1.2cm，在机缝缝纫工艺中属于最简单、最基本的缝型，如图3-29所示。平缝在操作时，通常要在起始位置缝倒回针，加固缝合部位，防止线头脱散。

（二）搭缝

搭缝又称骑缝，搭缝可以减少缝份的厚度，多用于衬布内部拼接。

搭缝的操作方法：将两层裁片正面朝上，缝头左右叠合，在中间缉一道缝线将其固定，如图3-30所示。

（三）分缉缝

分缉缝为各种裁片合缝后的外装饰线。

分缉缝的操作方法：首先平缝，然后将平缝后的缝份从中间分烫，在左右缝份上各缉0.5cm的明线，这样的缝型叫作分缉缝，如图3-31所示。

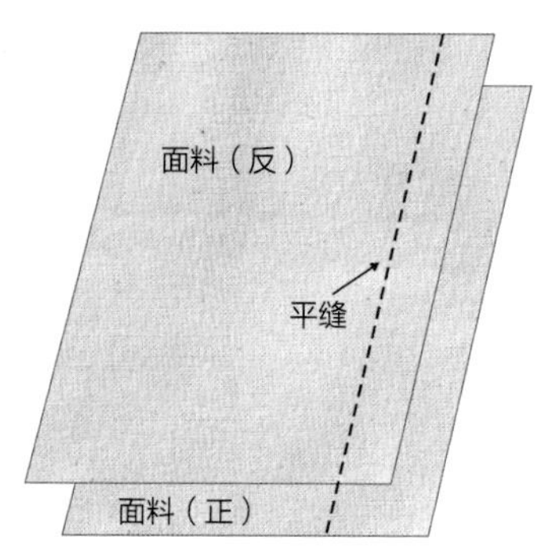

图3-29　平缝

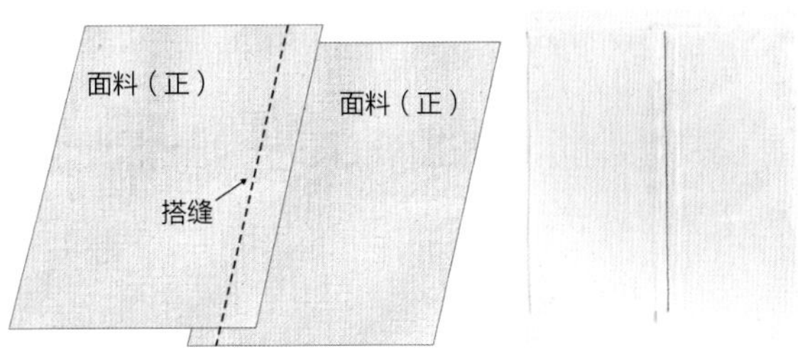

图3-30 搭缝

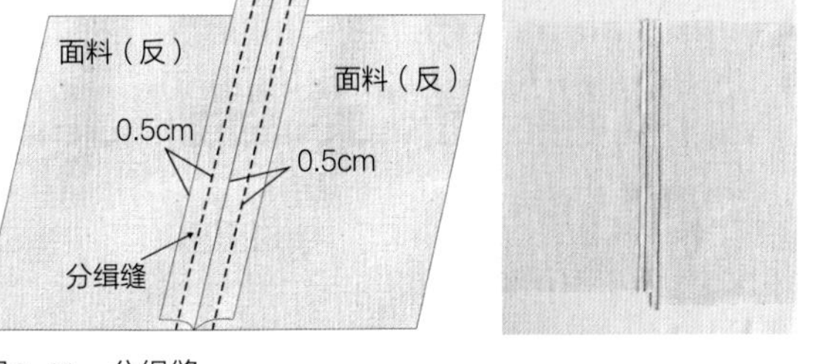

图3-31 分缉缝

（四）坐缉缝

坐缉缝常用于裤子侧缝、夹克分割线等部位，起到加固缝份和装饰作用。

坐缉缝的操作方法：首先平缝，然后将平缝后的缝份倒向一侧并用熨斗烫平，最后在坐倒的缝份正面缉一道明线，如图3-32所示。

（五）扣压缝

扣压缝也称克缝，多用于衬衫的过肩、贴袋和男裤的侧缝等部位。

扣压缝的操作方法：首先将一裁片按照规定的缝份在正面折光并烫平，然后将它与另一裁片正面相搭合并压缉一道0.1cm的明线，如图3-33所示。

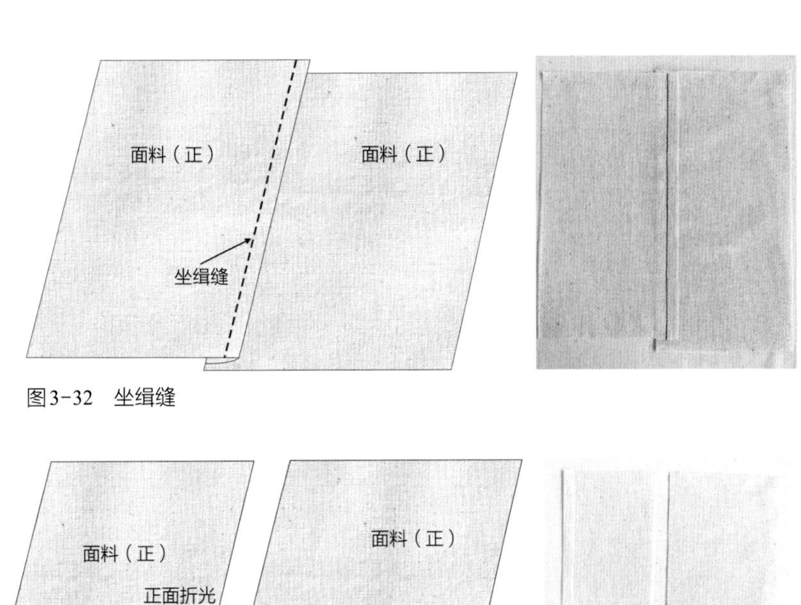

图3-32 坐缉缝

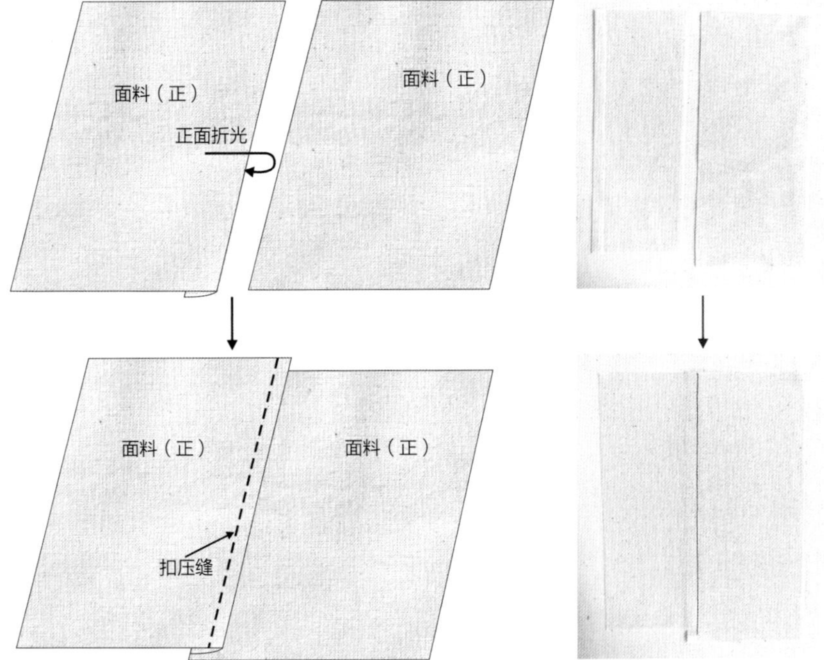

图3-33 扣压缝

（六）来去缝

来去缝是指正面不见缉线的缝型，适用于缝制细薄面料的服装，多用于男女休闲衬衫和童装的摆缝、合袖缝等部位。

来去缝的操作方法：首先将裁片反面相对，缉0.3至0.4cm的缝线，然后将缝头修剪整齐，最后将裁片翻转呈正面相对，沿边缉0.7cm的缝份，包住第一次的缝头使其不外露，如图3-34所示。

（七）单折边缝

单折边缝常用于各类服装的底摆、上衣的袖口、裤子的裤口等部位。

单折边缝的操作方法：首先将裁片沿边折光缝份的宽度，然后沿折光边压缉一道0.1至0.2cm的明线，如图3-35所示。

（八）双折边缝

双折边缝常用于非透明面料的袖口、下摆、裤口等部位。在服装缝制过程中，由于服装品种和部位不同，其折边的缝份量也不相同。底摆：毛料上衣4cm，一般上衣2.5至3.5cm，衬衫2至2.5cm，大衣5cm。袖口一般同底摆量相同。裤口与裙下摆一般3至4cm。口袋：明贴袋口无袋盖3.5cm，有袋盖1.5cm；小袋口无盖2.5cm，有盖1.5cm，插袋2cm。开衩：西装上衣背衩4cm，大衣4至6cm，袖衩2至2.5cm，裙子、旗袍2至3.5cm。门襟一般为3.5至5.5cm。

双折边缝的操作方法：首先将裁片沿边折光0.7cm左右，然后再沿内侧缝折光1.5cm，最后沿内侧缝折光压缉一道0.1cm的明线，如图3-36所示。

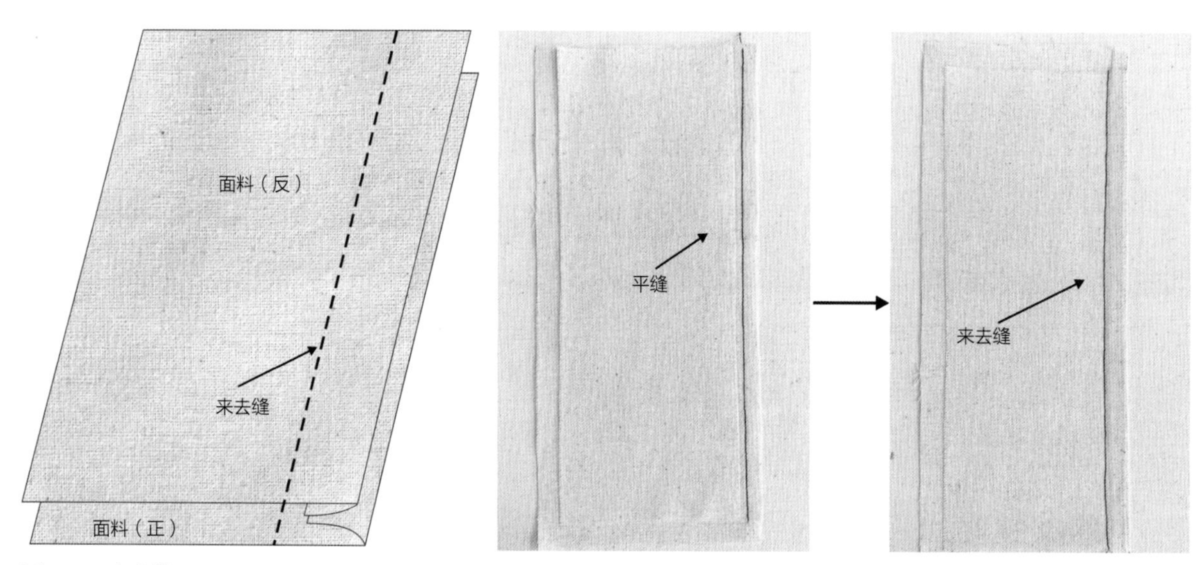

图3-34　来去缝

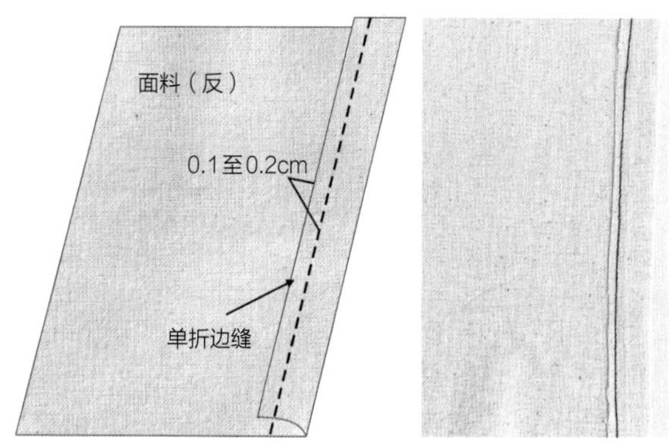

图3-35　单折边缝

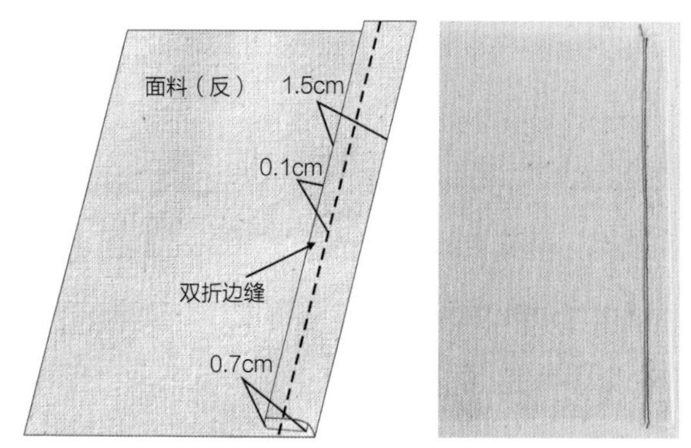

图3-36　双折边缝

（九）内包缝

内包缝又称反包缝，其特点是正面可见一条缉缝线，反面则是两条底线。常用于中山装、工装裤、牛仔裤等服装的肩缝、袖缝和侧缝等部位。

内包缝的操作方法：首先将裁片正面相对重叠，然后将下层缝头放出0.6cm包转上层缝头，沿毛边缉一道线，最后将裁片翻到正面坐倒包缝，在裁片正面缉压0.5cm清止口，如图3-37所示。

（十）外包缝

外包缝又称正包缝，其特点与内包缝相反，正面可见两条缉缝线，一条为面线，一条为底线，而反面则是一条底线。常用于夹克衫、风衣、大衣、西裤等服装的缝制中。

外包缝的操作方法：首先将裁片反面相对重叠，然后将下层缝头放出0.8cm包转上层缝头，沿毛边缉一道线，最后将包缝坐倒，在裁片正面缉压0.1cm清止口，如图3-38所示。

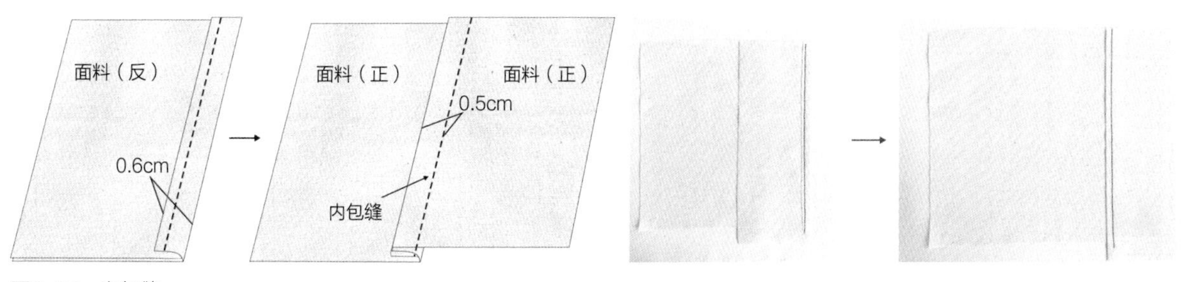

图3-37 内包缝

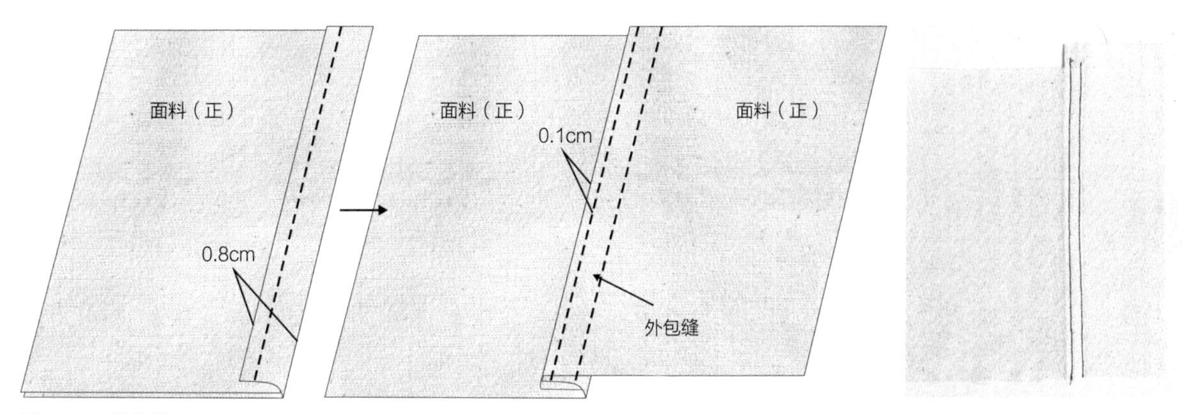

图3-38 外包缝

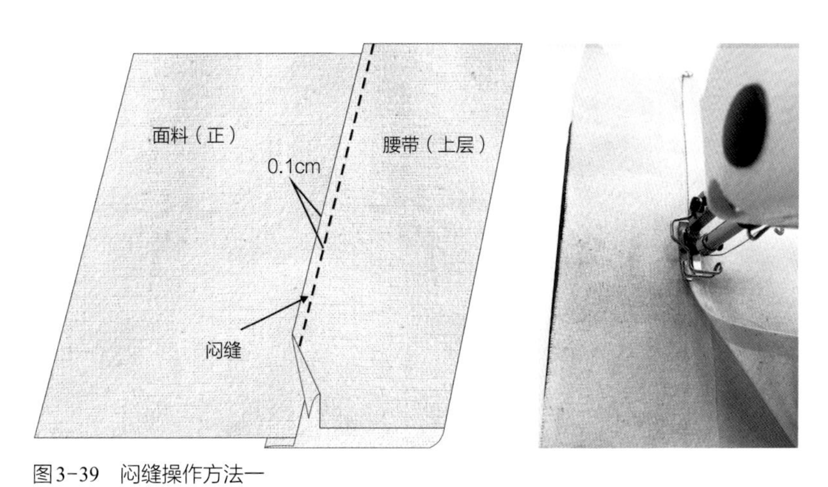

图3-39 闷缝操作方法一

（十一）闷缝

闷缝常用于绱领、绱袖克夫、绱裤腰等。

闷缝的操作方法有两种：一种是，首先将一裁片布边扣烫光，并折烫成双层，下层比上层宽0.1cm，然后将包缝料塞进双层面料中，一次成型，如图3-39所示。另一种是，首先平缝缉一道线，然后将下层裁片的正面翻上来并折光另一裁片，最后在盖住第一道缝线处沿折边口正面缉明线，如图3-40所示。

常用机缝缝型
（图3-29至图3-40对应视频）

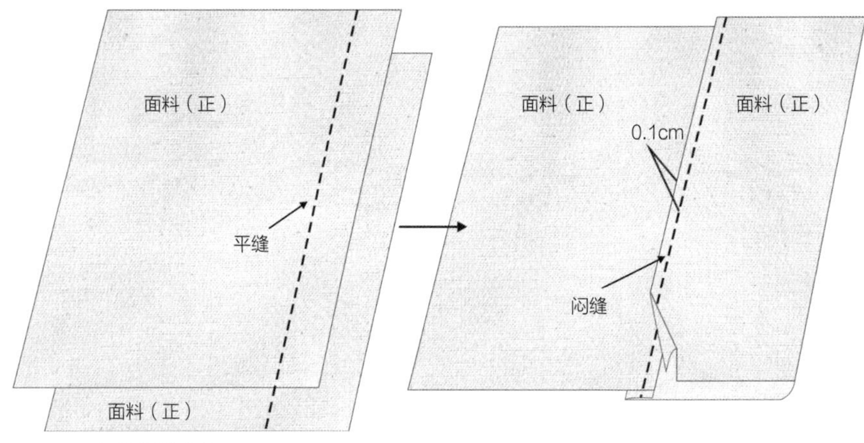

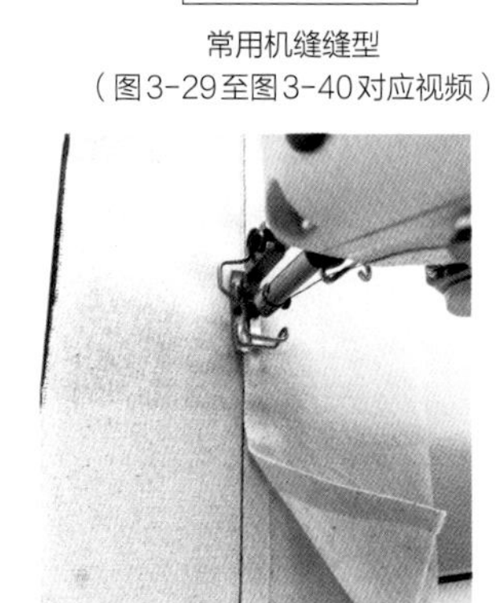

图3-40　闷缝操作方法二

三、特殊机缝缝型

滚、嵌、镶、荡是服装的传统缝制工艺，最常用于睡衣裤、旗袍、童装等服装的缝制中。用料采用斜丝，以45°斜丝最佳。拼接要注意滚条裁剪的方向，如图3-41所示。当被装饰的布边为直线形时，也可采用直丝或横丝，取料的宽度、长短可根据工艺需要而定。滚、嵌、镶、荡工艺的用料可用本色本料、本色异料或异色异料。

（一）滚

滚是处理衣片毛边的一种方法，也是一种装饰工艺。常用于上衣的底边、袖口等部位。滚的方法有以下两种。

方法一：首先将滚条正面与衣片的反面相对，按照滚边的宽度先缉合，然后再翻转滚条，折净滚条的另一边毛缝0.5cm，最后盖住第一条缉线并沿滚条的边缘缉0.1cm止口，如图3-42所示。

方法二：首先将滚条正面与衣片的正面相对，按照滚边的宽缉合，然后再翻转滚条，折净滚条的另一边毛缝0.5cm，最后翻转滚条，包紧衣片的边缘，在正面滚边上缉0.1cm明线，如图3-43所示。

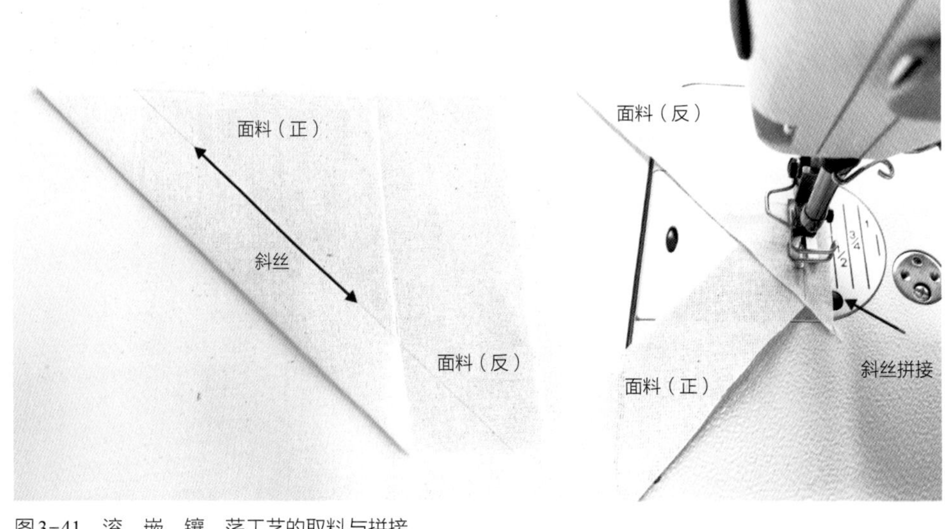

图3-41　滚、嵌、镶、荡工艺的取料与拼接

（二）嵌

嵌既是一种传统缝制工艺，又是一种装饰工艺，可以按缝装的部位分外嵌和里嵌。外嵌装在领、门襟、袖口等止口处，起装饰作用。里嵌是安装在里口或衣片的分缝中。

1．外嵌

首先将嵌条朝里对折烫平，与外层衣片外口正面相叠，按嵌线要求的宽度先缉在外层衣片的正面，然后将上下两层衣片正面相叠，紧沿第一道缉线里口缉线，正面不能露出缝线，最后将里、外层衣片翻到正面，把缝头、衣片倒向一边，就形成了外嵌，如图3-44所示。

2．里嵌

首先将一层衣片一侧向内扣压烫1cm，然后采

图3-42　滚方法一

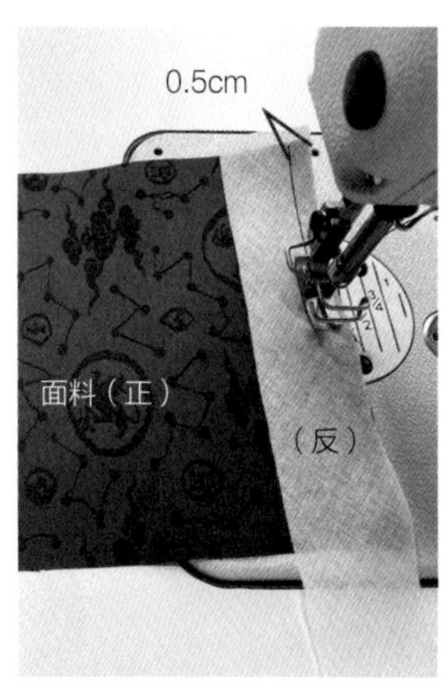

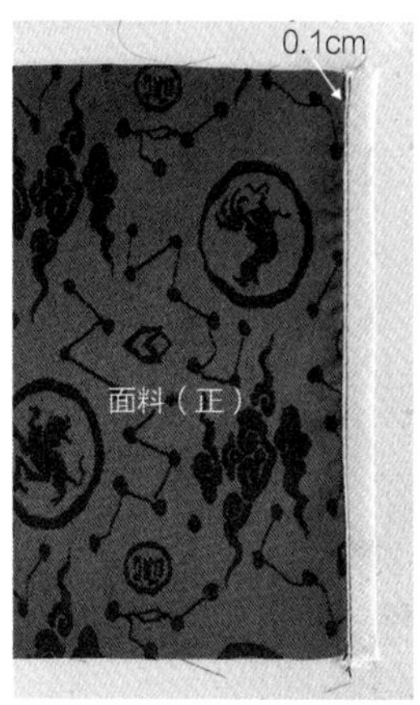

图3-43　滚方法二

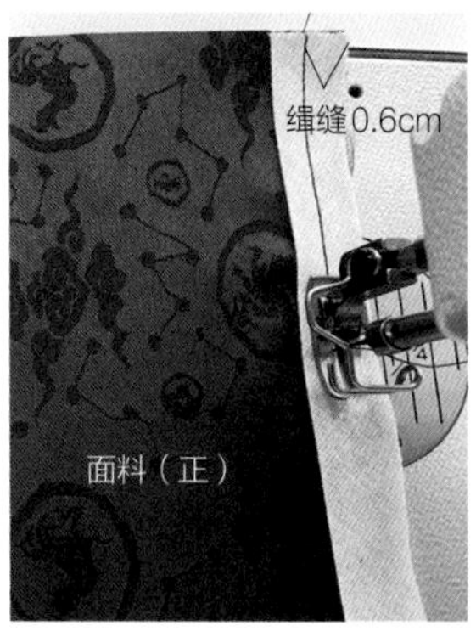

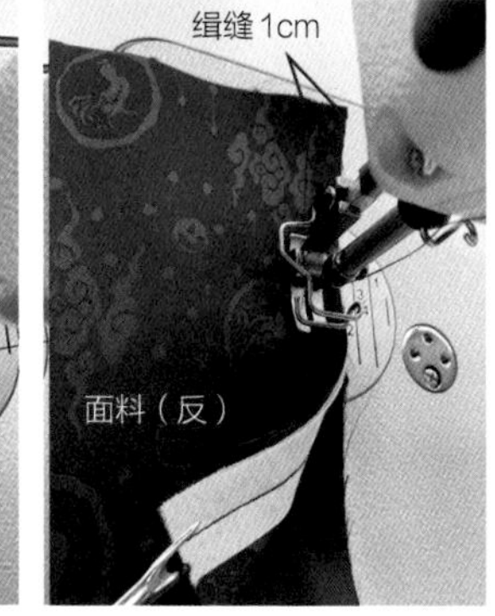

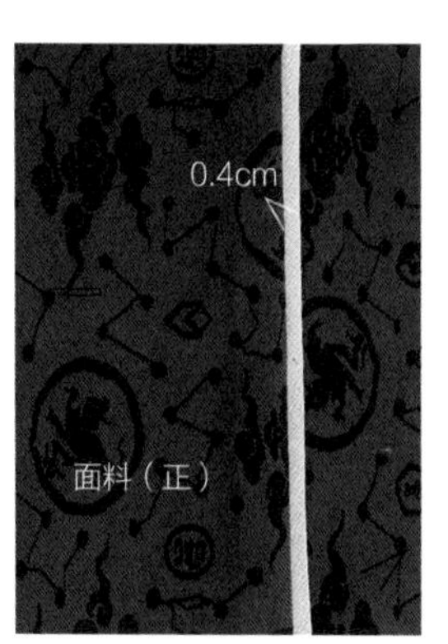

图3-44　外嵌

用倒缝的形式，将嵌线倒向一边就可形成里嵌，如图3–45所示。嵌条内还可衬有线绳，使其更具有立体感，装饰效果更佳。

（三）镶

镶主要用于不同颜色的镶拼装饰，适用于衣身、领、袖、袋中间或边缘部位的装饰，如图3–46所示。

（四）荡

荡是用装饰布条悬荡于衣片中间的一种缝制工艺，适用于衣身、领、袖、袋中间部位的装饰。

方法一：首先将荡条两边缝头折转，烫成所需宽度，然后直接将荡条压缉到所需要的部位，两边均为0.1cm止口，如图3–47所示。

方法二：首先把荡条一边缝头折转烫倒，余下的宽度为荡条宽加一缝头，然后将荡条毛缝一边先缉上衣片，最后压缉另一边止口，明线宽为0.1cm，如图3–48所示。

缝型的运用很广泛，有些部位的缝制可以综合运用各种方法，有些缉线的宽度也是根据各种服装的面料和造型需求而决定的。因此，可以根据不同款式造型、牢度和装饰美观的需要，将各种缝型灵活运用。

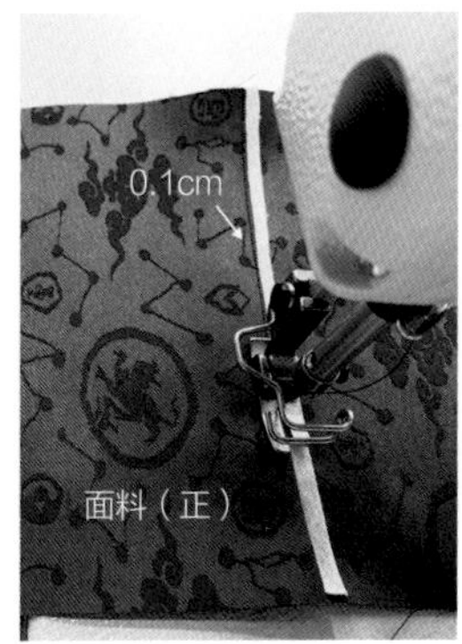

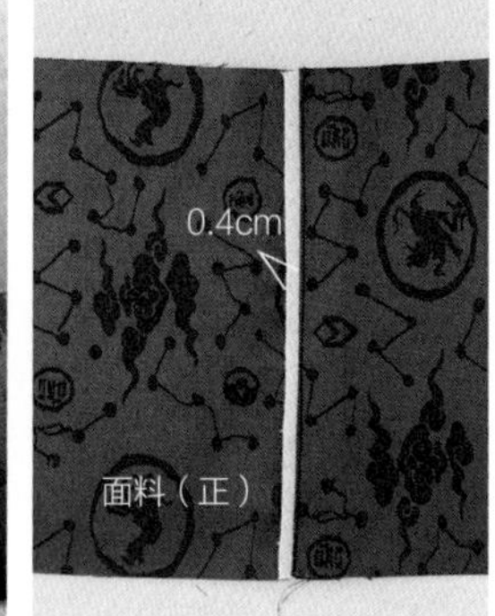

图3–45　里嵌

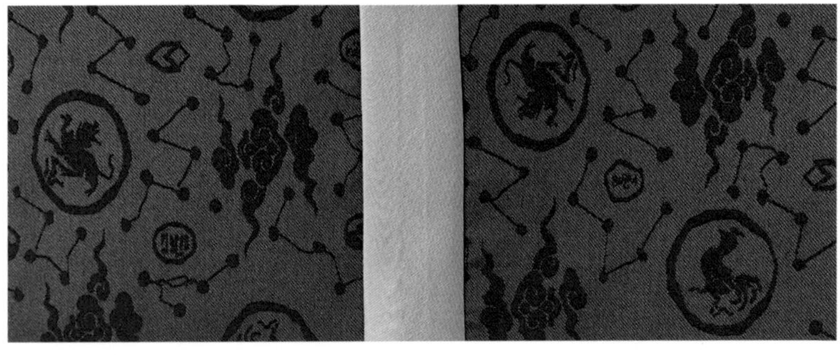

图3–46　镶

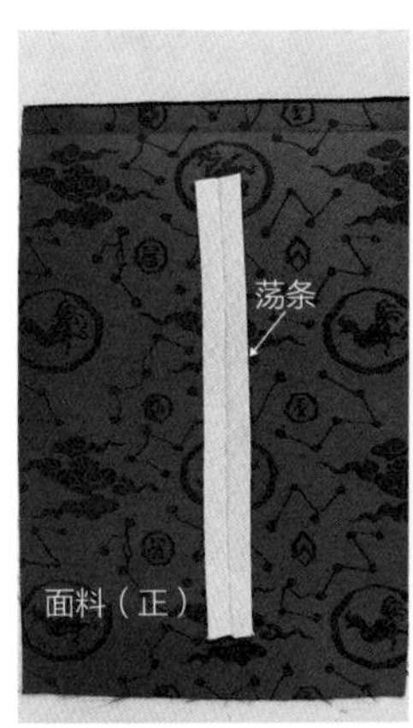

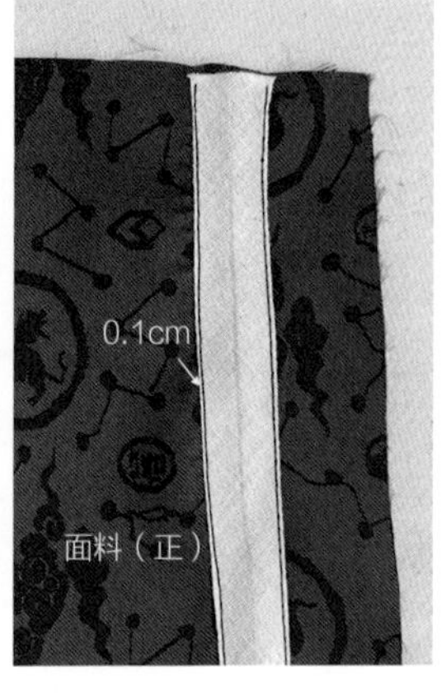

图3–47　荡方法一

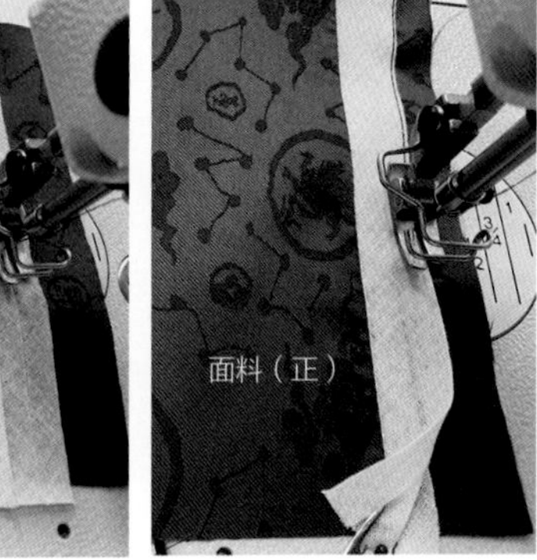

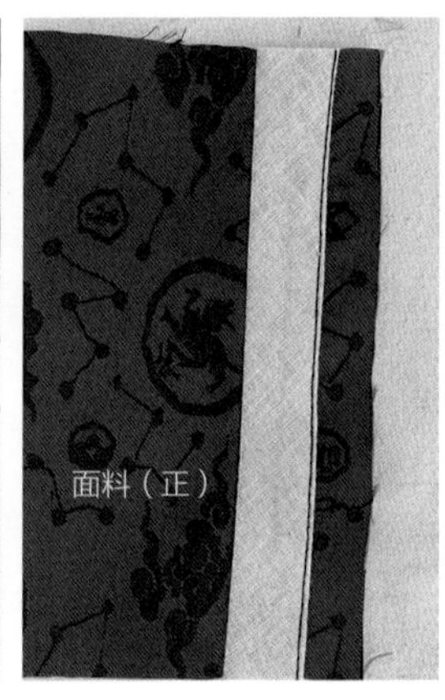

图3–48　荡方法二

特殊机缝缝型
（图3–41至图3–48对应视频）

第三节　手缝缝型作品赏析

在掌握了常用手缝针法、装饰手缝针法及机缝基础缝型的操作方法之后，还要学会如何运用这些针法，特别是要运用所学的手缝针法来设计图案并进行缝制。本节主要对一些优秀的学生课堂手缝作品进行赏析。

一、植物题材手缝缝型作品赏析

学生手缝作品中大多是植物花卉图案。植物花卉一般有着美好的寓意。根据本章第一节所学的基础手缝针法与装饰手缝针法，学生可以在简单的配饰上（团扇、香囊、帆布包等）进行手缝图案的设计与缝制。

（一）作品《蝶舞翩翩》

本作品旨在表达自然鲜活的生命力，花瓣和蝴蝶的身体部位运用了长短针绣，花朵枝干部分运用了回针绣，枝叶部分用了缎纹绣，如图3-49所示。

（二）作品《幽蓝》

团扇图案以三朵渐变蓝色花朵为主，颜色主要是蓝色、紫色和绿色，色调统一。在花朵上增加叶片、小花、小草作为装饰。在花朵上用三种颜色的绣线和长短针表现渐变，大的树叶运用了飞鸟绣，小片的叶子运用了叶瓣绣，小的花瓣运用了打子绣，如图3-50所示。

（三）作品《花间鹿》

作品主体为植物花卉图案，配上鹿角装饰，让整体图案更丰富。作品运用了多种缝制工艺，包括蛛网玫瑰绣、回针绣、轮廓绣、劈针绣、结粒绣、十字绣、缎纹绣、羽毛绣，如图3-51所示。

（四）作品《荷塘月色》

作品主要运用了缎面绣、锁边绣与轮廓绣等，表现出了荷叶、荷茎以及荷花的清新脱俗，皎洁的月光使荷塘景色更为静谧，起到点睛之笔的作用，如图3-52所示。

图3-49　蝶舞翩翩　作者：李林

图3-50　幽蓝　作者：彭娅伶

图3-51　花间鹿　作者：陈叶

（五）作品《幽·兰》

作品花瓣运用了长短针绣，枝干运用了回针绣，叶子运用了缎纹绣，蝴蝶和瓢虫综合运用了轮廓绣、回针绣和长短针绣。本作品旨在表达兰花高洁、美好之意，寓意君子如兰，厚德如山，如图3-53所示。

（六）作品《花开不败》

作品主题是两朵盛开的牡丹花。牡丹花有吉祥富贵之意，但在大自然中，花有花期，终会凋零，然而将这正处于盛开时的两朵牡丹绣于这团扇之中，便能熬得过岁月，永久保存，从而达到表面意义上的"花开不败"。叶子运用了缎面绣，

图3-52 荷塘月色 作者：赵亚琳

图3-53 幽·兰 作者：孙晓雨

两朵大牡丹花花瓣和枝干运用了长短针绣，花蕊运用了结粒绣。小牡丹花的花蕊运用了雏菊绣，如图3-54所示。

（七）作品《向阳而生》

作品中向日葵的种子运用了结粒绣，更能体现出果实的感觉。花瓣运用了缎面绣，增加了质感。叶子和小花的点缀，让画面更加丰富。向日葵无论何时都朝着太阳，希望我们也像向日葵一样，用积极的心态面对生活中的一切苦难，让我们成为一个更美好的自己，如图3-55所示。

图3-54　花开不败　作者：周静

图3-55　向阳而生　作者：保新成

二、动物题材手缝缝型作品赏析

（一）作品《玉兰鹊语》

作品主要运用了长短针绣与缎面绣。玉兰花枝上是一只名为红嘴蓝鹊的鸟，是青鸟原型之一。青鸟是神话传说中西王母取食传信的神鸟，它象征着对梦想与希望的追求。《玉兰鹊语》寓意着在追求梦想与希望的途中，不忘初心，心怀感恩，以鹊鸣警示自己要保持纯洁高尚的品德，如图3-56所示。

图3-56 玉兰鹊语 作者：任敏

（二）作品《祥云舞鹤》

作品表现的是一只在祥云中飞舞的丹顶鹤。丹顶鹤寓意着纯洁、浩然正气，拥有君子的高尚品德，祥云象征着祥瑞，两者相结合给人以一种美好的祈愿。丹顶鹤主要运用了长短针绣法，祥云运用了切绣。这两种图案都是中国传统吉祥图案的代表，是具有独特代表性的中国文化符号，如图3-57所示。

（三）作品《青竹羽栖》

团扇作品中的图案有竹子与鸟，鸟儿栖息在竹子上。竹子运用了不同颜色的长短针绣，表现出了竹子的明暗、立体感以及坚韧的品质。在鸟的表现上运用了长短针绣和平针绣，体现出了鸟儿羽毛的纹理。鸟儿的颜色用邻近色蓝紫色，与

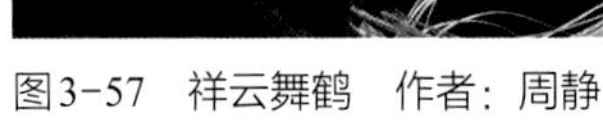

图3-57 祥云舞鹤 作者：周静

竹子的颜色协调统一，如图3-58所示。

（四）作品《夏日躲懒的午后》

作品缝绣了中国的黑白色国宝熊猫、绿色的叶子和红色的花朵。熊猫圆润、可爱的样子有一种躲懒的感觉，作品整体给人一种简洁、舒适的感觉。叶子运用了飞鸟针绣，花朵运用了打子针绣，熊猫运用了平针绣，如图3-59所示。

缝制工艺作品
（图3-50至图3-58对应视频）

图3-58　青竹羽栖　作者：彭娅伶

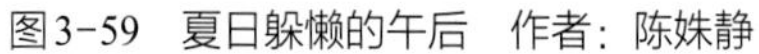

图3-59　夏日躲懒的午后　作者：陈姝静

（五）作品《春日物语》

小女孩手上拿着各式各样的花朵，表现了春日欣欣向荣的景象。花朵采用了缎面绣、结粒绣以及蛛网绣，不同的绣法体现出了花朵不同的样式，如图3-60所示。

（六）作品《人像》

作品以装饰画的形式，将人物形象与狼共存，再搭配鲜艳的色彩来表现画面的层次感。主要采用平针缝绣、链条绣针法，此外还用串珠进行装饰，如图3-61所示。

图3-60 春日物语 作者：龚佳雯

图3-61 人像 作者：胡青青

（七）作品《“医”往无前》

作品以医生背影作为设计灵感，面前的墙砖挡住了医者前进的脚步，但不会令其退缩，可见再大的困难也无法阻挡医者的仁心。作品主要采用了回针绣的表现方法，用于致敬奋战在一线的医护人员，如图3-62所示。

图3-62 “医”往无前 作者：宋婉玲

本章小结

本章主要学习两部分内容：基础手缝工艺与基础机缝工艺，另外通过手缝缝型作品赏析，来学习怎么运用常用的手缝针法与装饰针法。服装缝制的方法主要有手缝与机缝两种：手缝是一种传统技法，手缝针法起着功能性和装饰性的双重作用；机缝是现代服装缝制最常用的技能，通过机缝能实现高效化的服装工业化生产。学习手缝与机缝缝型工艺，一方面可以提高手缝与机缝的操作能力，另一方面可以增加学习的趣味性。

思考题

1. 简述手缝针法的常用种类及其操作方法。
2. 简述机缝针法的常用种类及其操作方法。

作业

1. 运用手缝针缝制各类手缝针法作品。
2. 运用平缝机缝制各类机缝缝型作品。
3. 设计三款手缝图案并缝制。

第四章 服装局部的缝制工艺

模块名称：服装局部的缝制工艺

课题内容：省道与褶裥的缝制工艺

常用口袋的缝制工艺

开衩的缝制工艺

拉链的缝制工艺

常用领子的缝制工艺

课时安排：20课时

教学目标：1. 了解服装褶裥的使用部位。

2. 掌握服装局部的缝制方法。

教学方法：采用传统与现代（多媒体教学）相结合的教学方法。

教学要求：通过理论知识讲解，现场示范操作，要求学生了解和掌握服装局部的缝制方法。

服装由局部组合而成。服装局部造型设计主要包括衣袖、衣领、衣袋等几大部分，一般分为基础部件和小部件。基础部件指的是与人体部位相对应，或者普遍存在的服装成品部件，主要包括大身、领子、门襟、袖子以及腰带。小部件在服装上的必要性比基础部件弱很多，按服装成品的品种不同选择性地出现，主要包括口袋、帽子、腰带、带袢、省道、褶、衩、纽扣以及拉链等。

服装局部缝制工艺是服装成品缝制的一个重要环节，服装局部缝制工艺的优劣直接影响成品服装的整体造型及品质。现代社会，服装的缝制基本采用流水线的作业形式，将一件服装的缝制过程分解成若干道工序，每道工序由一个或一批工人制作。这样的安排使每个工人能熟练掌握该道工序，从而高效地完成作业，也提高了成品服装的生产率与合格率。因此服装专业人员熟练地掌握服装部件的缝制工艺，有助于服装成品缝制工艺的顺利完成。

本章主要对省道与褶裥、常用口袋、开衩、拉链、常用领子的缝制工艺进行专业、详细的讲授，包括这些服装局部的设计说明、使用部位、款式造型分析、从材料准备到缝制步骤讲解等。每一节介绍一种服装局部缝制工艺。

第一节　省道与褶裥的缝制工艺

为了使服装款式丰富多变，服装设计师不但可以设计服装省道，而且还可以利用将省道转为褶裥等方式进行服装造型。褶裥设计能够增加外观的层次感与体积感，使衣片不但适合于人体，而且还能做更多附加的装饰性造型，增强服装的艺术效果。学会省道与褶裥的缝制工艺，是服装缝制工艺的重要组成部分。

本节主要介绍两种省道与五种褶裥的缝制工艺。

一、省道的缝制工艺

省道也称省缝，它是服装的某些部位根据体表状态所做的缉进的短缝，在结构处理上称收省，由省底和省尖构成。省合体是衣缝的一种补充，按不同部位的实态，既可使衣表塌落而贴向人体凹陷的部位，又可使衣表凸起而容纳突出的部位，从而达到符合体表、修饰体型的目的。不同的省道在工艺上处理的方法近似，下面以锥形省、橄榄形省为例介绍省道的缝制方法。

（一）省道的使用部位

在服装上，很多部位的结构都可以用省道的形式来表现，其中应用最多、变化最丰富的是女装衣身的省道，尤其是前衣身的省道，它以女性人体的胸点为中心，为满足人体胸部隆起、腰部内凹的形体特征而设置。省道能够体现人体胸、腰、臀的曲线。一件服装最多不能超过四个方面的省道位置安排，多者滥用，少者简单。省道在服装中主要有领省、肩省、袖窿省（胸省）、侧缝省（腋下省、肋省）、腰省、门襟省（前中省），如图4-1所示。

（二）锥形省的缝制工艺

锥形省在服装中运用较多，下面从锥形省缉省工艺及烫省工艺两方面来进行讲解。

1.准备材料

准备一块面料，画好锥形省，如图4-2所示。

2.缉省工艺

根据省的大小将衣片的正面相对，按照省

图4-1 服装不同部位的省道

中线对折，省根部位上、下层眼刀对准，由省根缉至省尖，省尖要缉尖，在省尖处留线头4cm左右，打结后剪短；或空踏机一段，使上下线自然交织成线圈，以防止线头脱落，如图4-3所示。

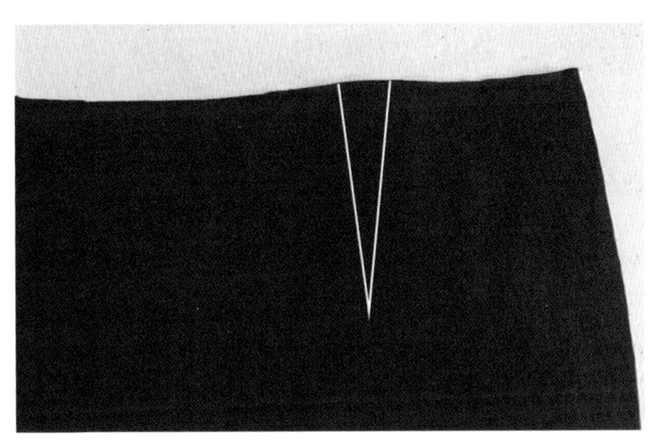

图4-2 准备材料

图4-3 缉省工艺

3.烫省工艺

省的熨烫工艺也直接影响省的外观效果，烫省时要把服装放在布馒头上，这样才可烫出服装的立体感，能更好地贴合于人体。薄料衣服缉合后的省倒向一侧烫平，如图4-4所示。

（三）橄榄形省的缝制工艺

橄榄形省多用为服装的腰省，不同材质的面料有不同的缝纫与熨烫方式。

1.准备材料

准备一块棉布，画好橄榄形省，如图4-5所示。

2.缉省工艺

将面料反面朝上，对折面料使两边省边重合，从一端省尖缝合至另一端，需在两端都回针

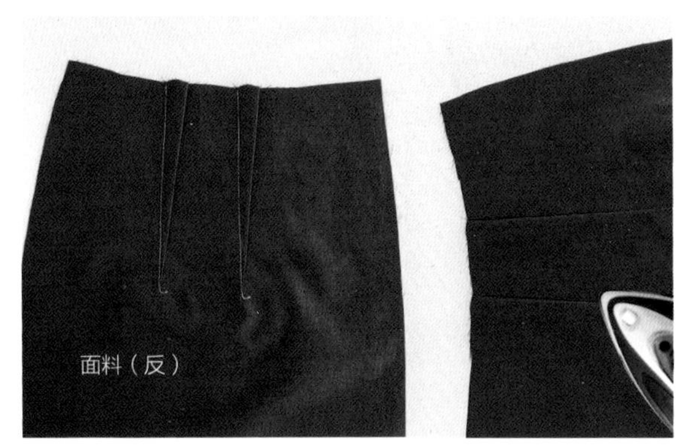

图4-4 烫省工艺

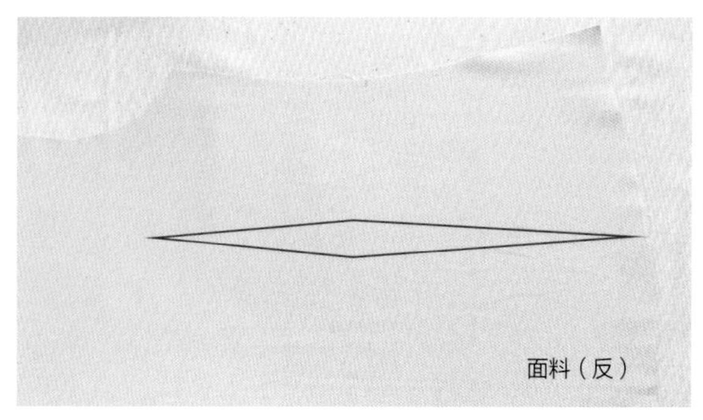

图4-5　准备材料

固定，如图4-6所示。

3.熨烫工艺

将省道倒烫至一侧进行熨烫，如图4-7所示。

二、褶裥缝制工艺

“褶”是指为适合体型及造型需要，将部分衣料缩缝而形成的自然褶皱。“裥”是为达到上述同样的目的，将部分衣料有规则地折叠，并熨烫定型而成，两者统称为褶裥。褶裥在服装设计中的应用极其广泛，其兼具装饰和实用的功能，既可以满足多种造型变化的需要，也能适合体型、适应人体活动的需要。褶裥有助于服装塑形或呈现出独特的设计效果。下面主要介绍碎褶、活褶、箱型褶、剑型褶的缝制工艺。

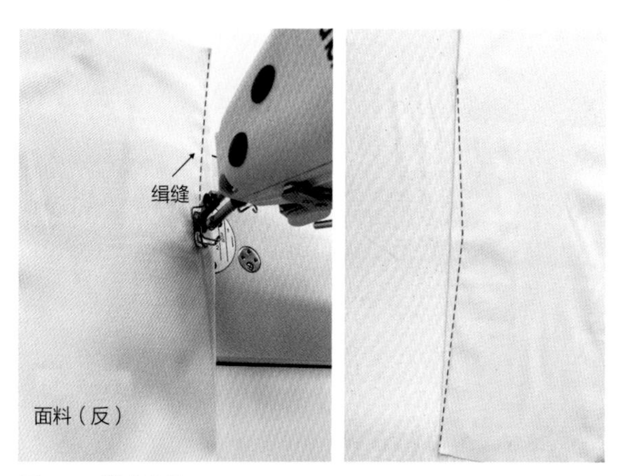

图4-6　缝合省边

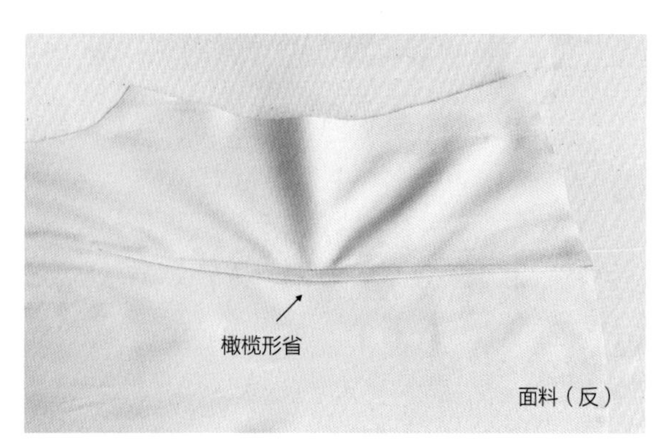

图4-7　熨烫省

（一）褶裥的使用部位

不同的褶裥有不同的风貌，褶裥折叠量大小和褶的数量等，都会对服装的风格产生影响。褶裥是服装风格设计的重要元素。褶裥的风格设计要与服装的风格相一致。褶裥广泛运用于上衣、裙子、裤子等的设计中，既能使服装舒适合体，又能增加装饰效果，因而被大量用于半宽松与宽松的女式服装中。褶裥在服装中主要有领口褶裥、肩部褶裥、袖口褶裥、腰部褶裥等，如图4-8所示。

褶裥作为服装设计中的重要手法，极大地丰富了服装的款式造型，并为创造不同风格与特色的服装发挥着不可估量的作用。三宅一生的褶皱系列，就是用预先打好褶的面料制作服装或在服装制作完成后打褶创造出具有代表性的设计风格。褶裥这一传统工艺技巧，以其跨越时空的魅力引领着、记载着时尚的变迁。它可以将二维的平面面料处理出立体的视觉感，并通过其形状、开合量、疏松度给人以视觉的立体感效果。

（二）碎褶的缝制工艺

碎褶由小的不规则活褶组成，如图4-9所示，能让服装起到修身或者装饰的效果。轻薄的面料打碎褶效果最好，较厚的面料容易产生堆积感。

1.准备材料

准备一块全棉面料或雪纺等轻薄的面料，长50cm，宽20cm。使用比正常衣片长度长2倍的面料，可制作出适中的褶量，使用比正常衣片长度长3倍的面料抽褶可制作出密集的碎褶。

图4-8 服装不同部位的褶裥

图4-9 碎褶

2.制作步骤

（1）机缝两道缝线

将缝纫机的线迹调为最大（一般调为5），在缝纫线的两端留下较长的线头便于抽褶。在缝合线处平行缝纫两道缝线，缝份为0.8cm，以便于

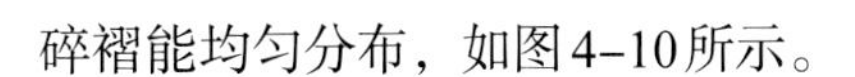

碎褶能均匀分布，如图4-10所示。

（2）抽褶

拉紧缝纫线一端的底线，使褶量均匀分布，如图4-11所示。

（3）机缝固定两块裁片

缝纫时打碎褶的一面朝上，面料正面与正面相对，褶量可以用手指或纱剪在压脚前调整，如图4-12所示。完成后只能熨烫缝份，不要熨烫到碎褶。

（三）活褶的缝制工艺

活褶是在面料上均匀添加的大小相等的褶量，可形成自然开合的状态，也可熨烫成线条分明的褶皱，如图4-13所示。活褶的运用方式多种多样，比如可运用于百褶裙上，或在腰带处对

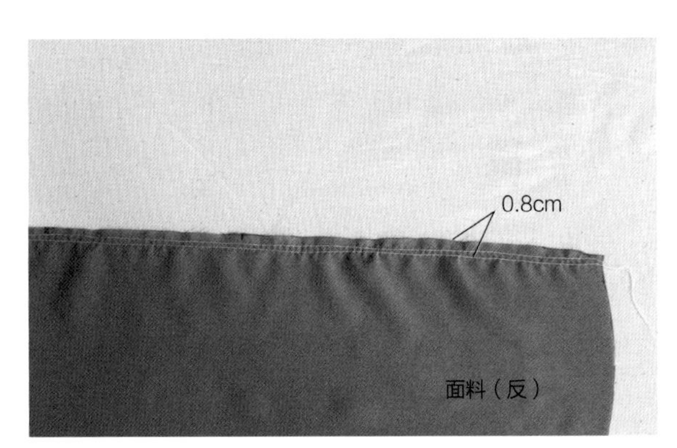

图4-10 机缝两道缝线

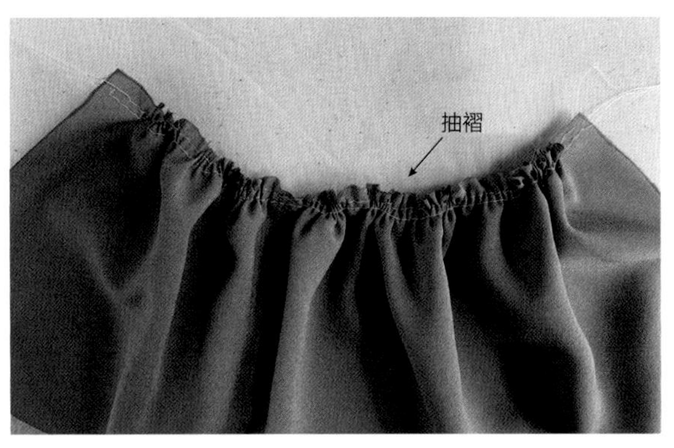

图4-11 拉紧缝线

图4-12　缝纫碎褶

称添加小活褶的裤装上，或在腰围分割线处下摆处添加小活褶的上衣上等。

1.准备材料

使用经过预缩水的面料和能产生褶痕的面料，以全棉面料为佳，长40cm，宽20cm。

2.制作步骤

（1）标记褶量位置

用划粉或水消笔依照尺子，在面料反面标记出褶量线，如图4-14所示。

（2）机缝固定褶量

沿着褶量线缝纫，缉缝0.5cm固定住褶量，如图4-15所示。

（3）熨烫褶量

将活褶熨烫至底摆处，如图4-16所示。

（四）箱型褶的缝制工艺

箱型褶可单独运用在服装上，也可重复运用。一个箱型褶由两个宽度相同的活褶相对或相反折叠组成，如图4-17所示。

图4-13　活褶

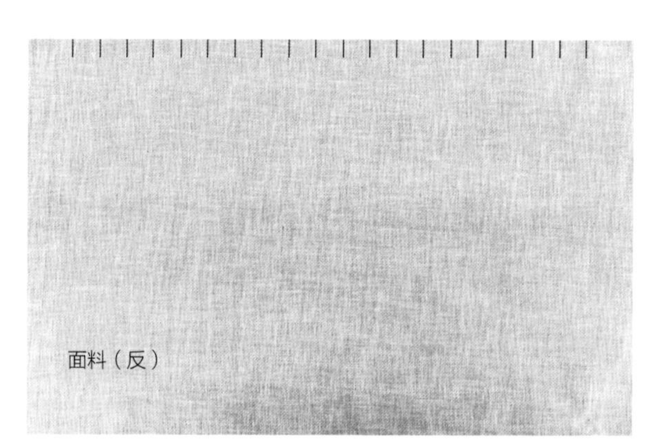

图4-14　标记褶量位置

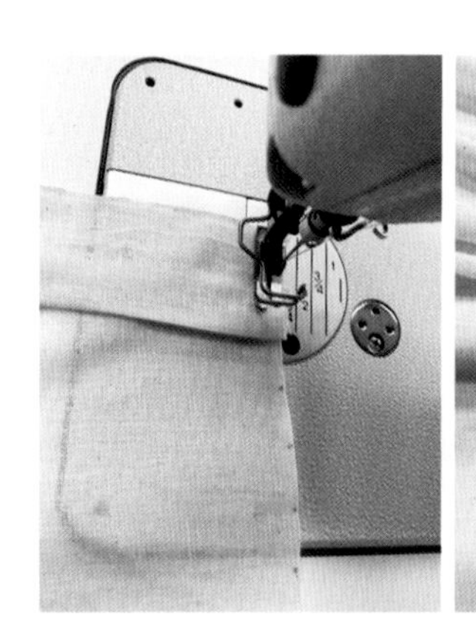

图4-15　机缝固定褶量

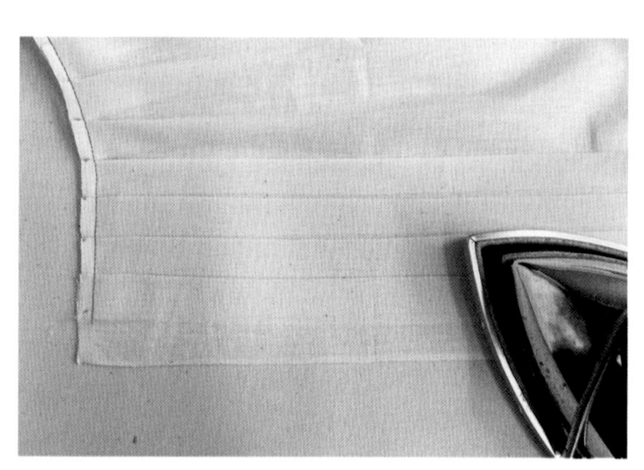
图4-16　熨烫褶量

1.准备材料

使用经过预缩水的面料和能产生褶痕的面料，以全棉面料为佳，长40cm，宽20cm。

2.制作步骤

（1）标记并熨烫褶皱的位置

将面料正面朝上，用缝线或划粉将打褶位置和折叠的褶量在面料上标记出来，将两个活褶向中心线对折熨烫，如图4-18所示。

（2）机缝固定褶量

缉缝0.5cm固定住褶线，如图4-19所示。

（3）熨烫褶量

首先使缝线对准之前标记的中心线，然后缝制布边，固定褶量，最后将褶量熨烫平整，如图4-20所示。

（五）剑型褶的缝制工艺

剑型褶由一连串活褶朝同一方向折叠，产生重叠或间隔的褶皱效果。需将褶皱一端缝合固定，褶量可不熨烫，产生自然开合的效果。也可以全部熨烫，如图4-21所示。

1.准备材料

使用经过预缩水的面料和能产生褶痕的面料，以全棉面料为佳，长40cm，宽20cm。

2.制作步骤

（1）标记褶量线

用缝线或划粉将打褶位置和折叠的褶量在面料上标记出来，并按照线折叠，将折叠后的褶朝向一边熨烫，如图4-22所示。

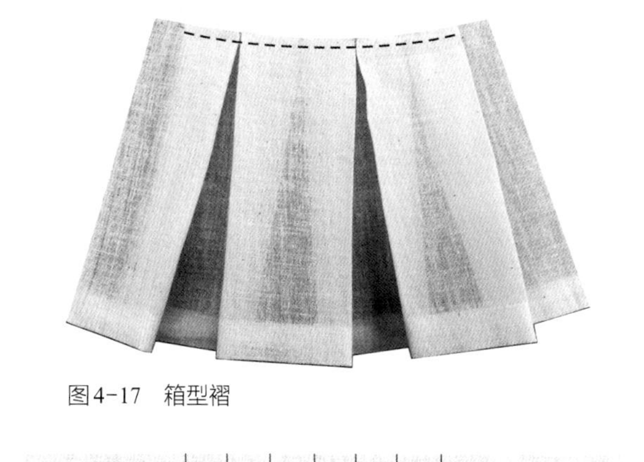

图4-17 箱型褶

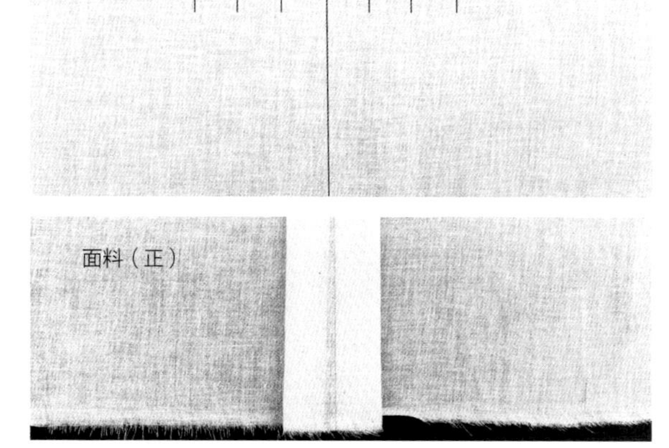

图4-18 标记并熨烫褶皱的位置

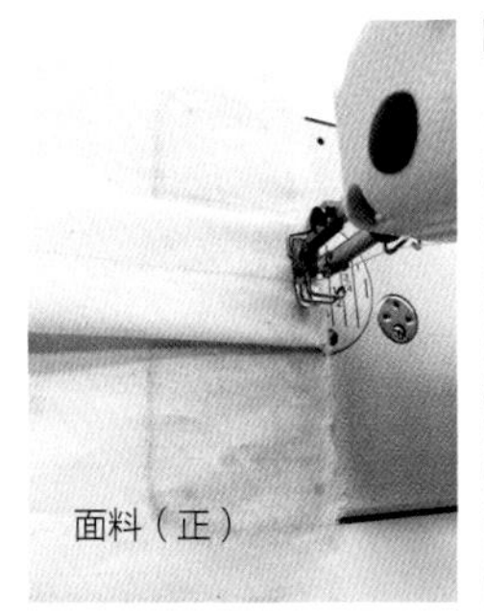

图4-19 机缝固定褶量

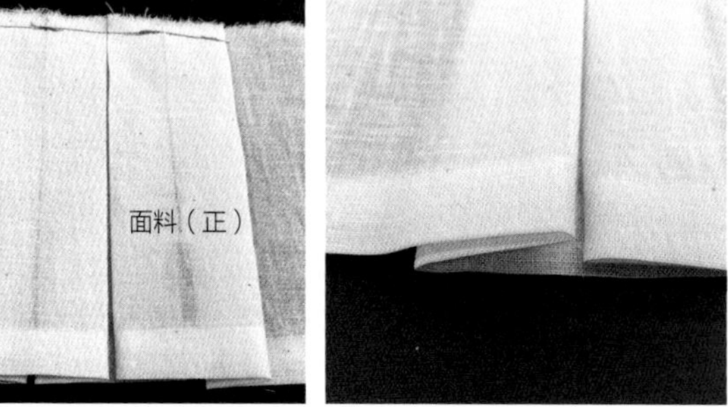

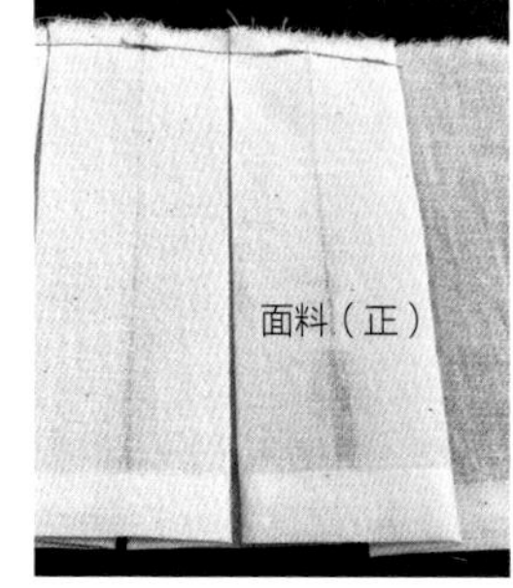

图4-20 熨烫褶量

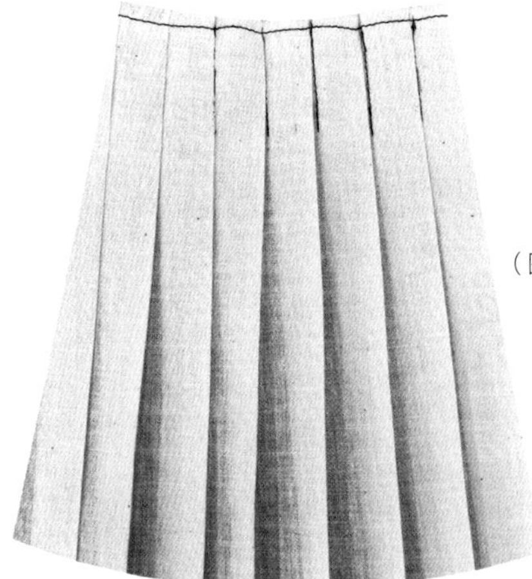

图4-21 剑型褶

省道与褶裥缝制工艺
（图4-3至图4-21对应视频）

（2）机缝固定褶量

在面料反面将褶量机缝固定，机缝长度为4cm左右，如图4-23所示。

（3）固定褶量顶端

如果褶量呈自然开合效果，则仅熨烫缝合的部位；如果褶量为硬挺的线条，需完成底边缝纫后熨烫整条褶量，如图4-24所示。

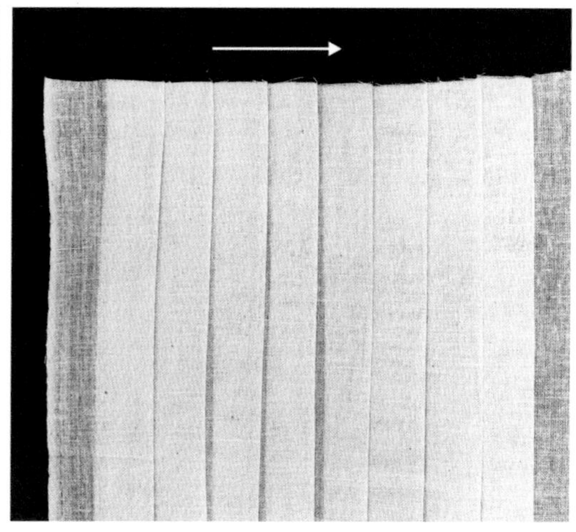
图4-22　标记褶量线

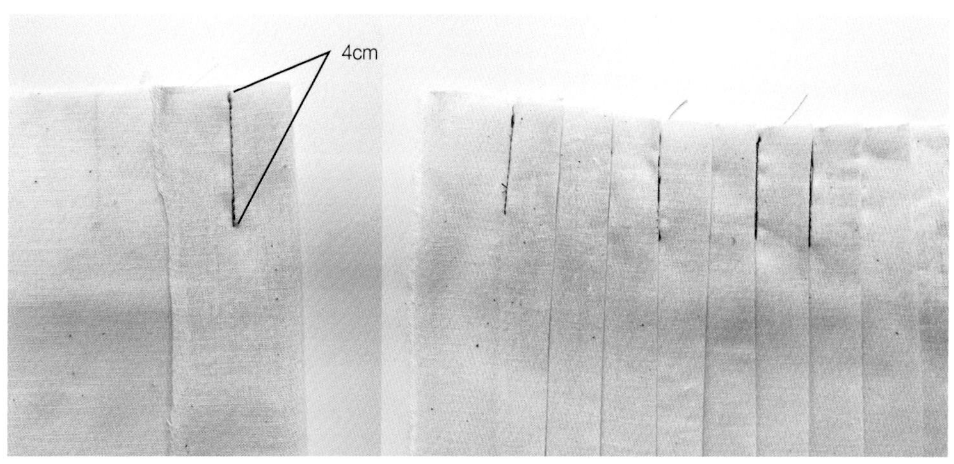

图4-23　机缝固定褶量

图4-24　固定褶量顶端

第二节　常用口袋的缝制工艺

口袋是服装构造的一部分，在服装中具有功能性和装饰性的双重功能作用。服装外侧和内侧都可设计口袋。但口袋设计需根据具体的服装风格来确定大小和摆放位置，从而使服装具有美感，看起来更精致、更具舒适性。常见的口袋类型有贴袋、插袋、开袋等。贴袋包括单贴袋、有里布的贴袋、立体贴袋等；插袋包括直插袋、斜插袋、有里襟直插袋、弧形插袋、带有装饰的插袋等；开袋包括单嵌线开袋、双嵌线开袋、有袋盖双嵌线开袋、有装饰双嵌线开袋等。本节将介绍几款常用口袋的缝制工艺。

一、贴袋的缝制工艺

贴袋即直接贴缝在衣片表面的口袋，形状和可采用的装饰手法很多。

（一）贴袋的使用部位

贴袋常用于女套装、西装、运动装与日常休闲装，也常见于T恤衫。贴袋直接缝制于服装上，所以任何大小和形状皆可，可上里布或贴边。口袋顶部可以呈开口状，也可以添加袋盖，或用拉链、扣眼扣、尼龙搭扣、按扣进行固定，如图4-25所示。贴袋的制作会受限于面料与设计意图。

（二）尖角贴袋的缝制工艺

袋底为尖角形状，正面沿止口缉两圈明线，如图4-26所示。该贴袋在衬衫、裤装中应用较多。

1.准备材料

（1）口袋样板

口袋大小与胸围、臀围有关，口袋净尺寸一般为11cm左右，长为袋口大+3cm。

（2）袋布

根据样板在袋口处放缝4cm，其余三边放缝0.8至1cm。

2.制作步骤

（1）标记口袋位置

在服装上标记出口袋的位置，裁剪贴袋裁片

图4-25　贴袋

图4-26　尖角贴袋

时，在顶部留出2cm贴边量，在其他布边上留出0.5至1cm的缝份量，如图4-27所示。

（2）烫袋

将口袋顶部锁边，使用口袋净尺寸大小的扣烫板，扣烫口袋布，扣烫板垫于缝份下方。用熨斗熨烫出边角形状，使用扣烫板能保证口袋的最终形状对称均匀，如图4-28所示。

（3）缉缝口袋两侧

将贴边翻到反面并在口袋两侧缉缝2cm，如图4-29所示。

（4）袋口贴边缉明线

将贴边翻回正面熨烫好，在袋口贴边处缉明线固定，可考虑使用同色线或对比色缝纫线缉明线，如图4-30所示。

（5）缉缝口袋

首先将口袋用大头针或疏缝固定在服装上，对齐对应点，然后在口袋上缉两圈明线固定，缉线要整齐、顺直，最后完成熨烫，如图4-31所示。

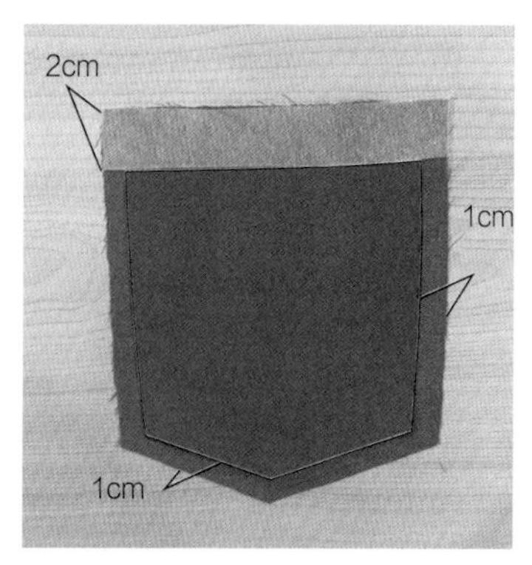

图4-27　标记口袋位置

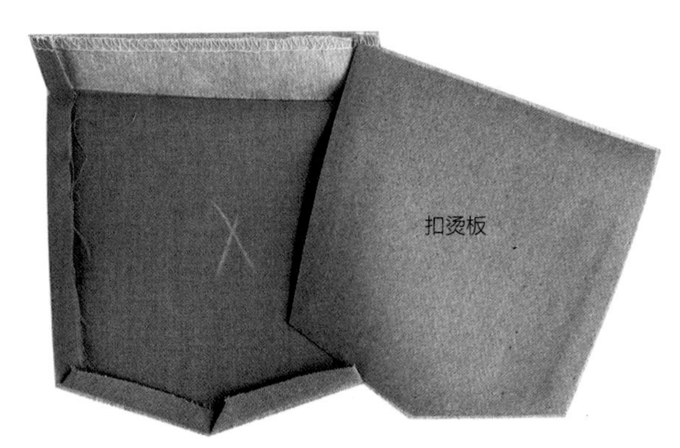

图4-28　烫袋

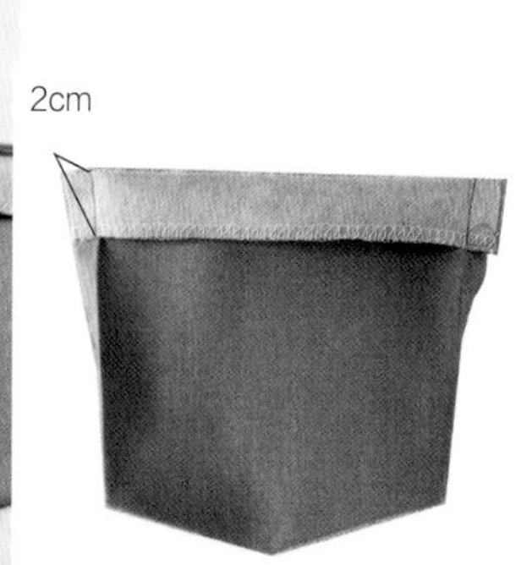

图4-29　缉缝口袋两侧

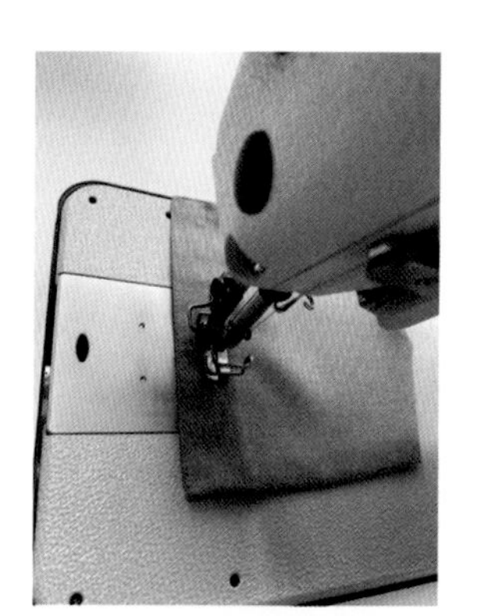

袋口贴边明线

图4-30　袋口贴边缉明线

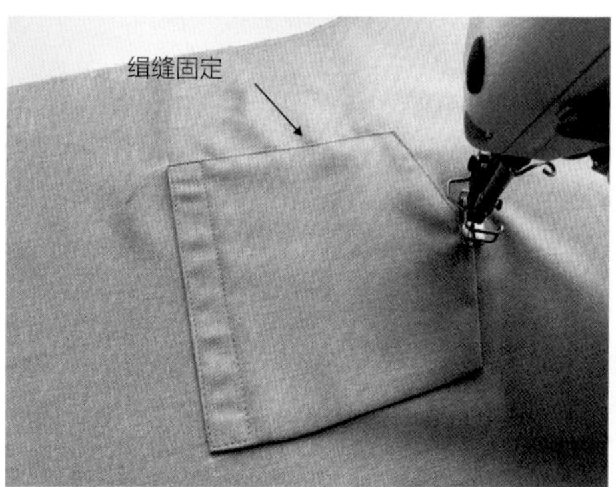

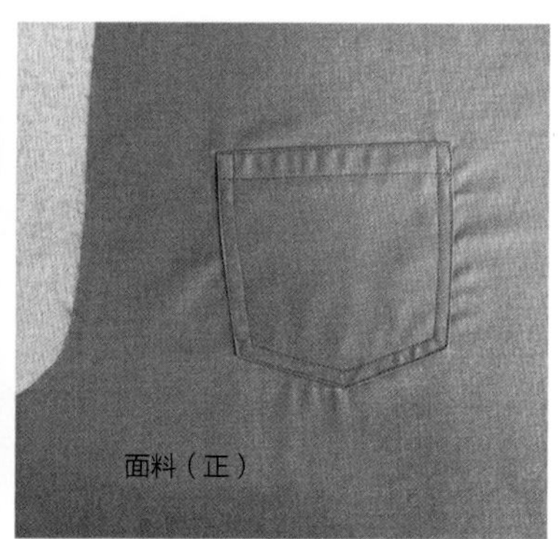

图4-31　缉缝口袋

（三）立体贴袋的缝制工艺

立体贴袋是袋与衣片的中间加一贴边，呈立体、手风琴效果的口袋，如图4-32所示。该款式的贴袋在童装、女装中应用较多。

1.准备材料

（1）贴边熨烫定形板

采用薄、硬型卡纸，规格尺寸要结合结构制图，宽2cm左右。

（2）贴边

采用直丝道，宽3cm左右，长为口袋净长×2+宽+缝头。

（3）袋布

采用直丝道，在袋口处放缝3cm，其余三边放缝1cm，如图4-33所示。

2.制作步骤

（1）烫袋、烫贴边

根据口袋净样板将口袋一周缝份烫到反面，要烫实，在兜布与样板之间不可有空、虚的现象，烫出的兜布与净样板的大小要一致。根据贴边净样板将贴边两侧缝份烫到反面，如图4-34所示。

图4-32 立体贴袋

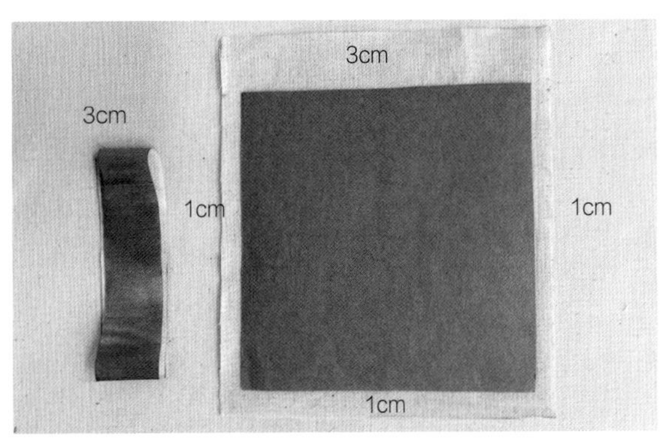

图4-33 袋布

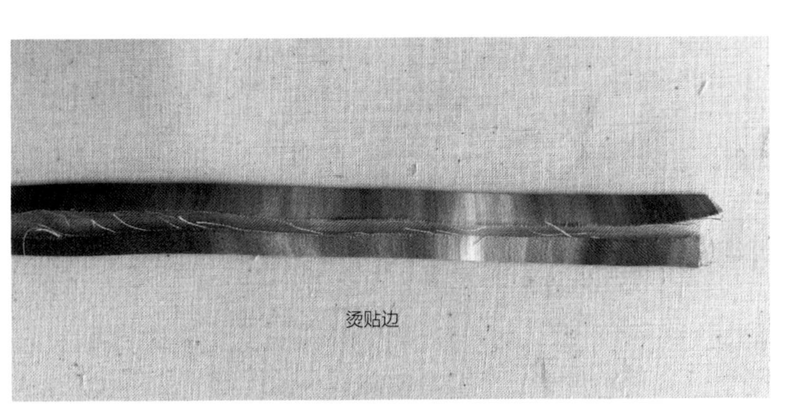

图4-34 烫袋、烫贴边

图4-35 缉袋口、缉贴边

（2）缉袋口、缉贴边

将袋口毛边向内折光，折入的宽度为0.5cm左右，明缉线离止口1.5至2cm，缉线要整齐、均匀，尽量不要出现断线现象。缉贴边两端，方法同缉袋口，如图4-35所示。

（3）缉合袋身与贴边

将贴边与衣身的反面相对，袋与贴边上、下

层对齐，采用平缝的手法，沿着止口缉明线，缉线宽为0.1cm；在衣片的正面袋位处，将贴边与袋位对照，沿着贴边的边缘缉合贴边与衣片，明线宽为0.1cm，注意口袋的拐角处要方正，如图4-36所示。

（4）封袋口

将口袋、贴边放正，在袋口处缉线2至3道，长为折边宽，线迹的形式要结合衣服的款式、口袋的形状灵活选择，如图4-37所示。

二、插袋的缝制工艺

插袋又称侧袋，分为边插袋、斜插袋（弧形插袋）两种。一种是位于前后衣片、前后裙片之间的口袋，一般称为边插袋，袋处在侧缝上，衣片不需要剪开，里面内衬由两层袋布缝制而成；另一种是在前衣片上，以斜形或弧形剪开，由两层袋布缝制，一般称为斜插袋或弧形插袋。边插袋和斜插袋都具有较强的实用性、装饰性。下面主要介绍斜插袋与弧形插袋的缝制工艺。

（一）插袋的使用部位

插袋常出现于裤装、半身裙上，方形或弧形，口袋不能太小，分布于臀围线两侧。袋口一般是斜线，以保证手能随意放入，如图4-38所示。

（二）斜插袋的缝制工艺

斜插袋是在直插袋的基础上变化而成的，袋口为斜形，如图4-39所示。该款插袋在男裤、女裤上应用较多。

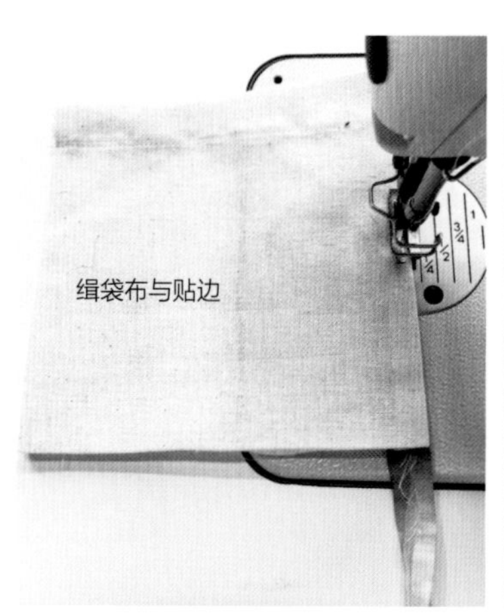

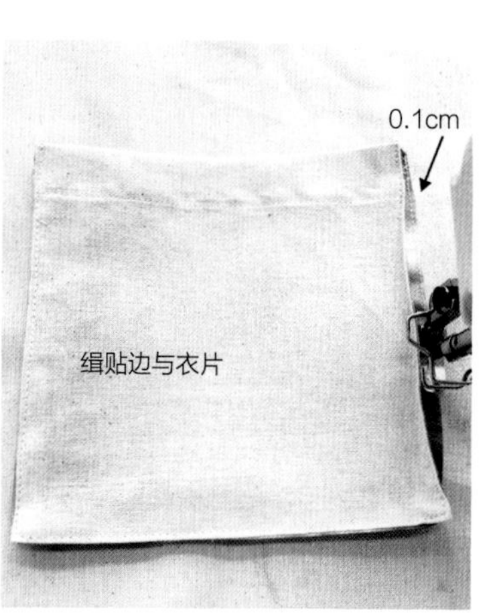

图4-36　缉合袋身与贴边

图4-37　封袋口

图4-38　插袋

图4-39　斜插袋

1.准备材料

（1）前裤片

采用直丝道。

（2）斜插袋布

采用直丝道，尺寸要能放入一个手掌大小，注意斜插袋布口袋的形状与前裤片要一致。

（3）袋垫布与袋口贴

采用直丝道，用料同裤料。袋垫布的下端要比袋口斜线长出1.5cm左右，反面烫衬、正面锁边，如图4-40所示。

2.制作步骤

（1）缉袋垫布与袋口贴

将袋垫布与袋口贴的正面朝上，放置在斜插袋布的正面，对准标记，缉缝0.6cm固定，袋垫布与袋口贴要伏贴，如图4-41所示。

（2）搭缝袋布

将袋口贴正面与前裤片开袋处正面相对，缉缝1cm明线，如图4-42所示。

（3）袋口贴缉明线

将口袋布掀开，缝份朝向口袋布坐倒并缉0.1cm明线，如图4-43所示。

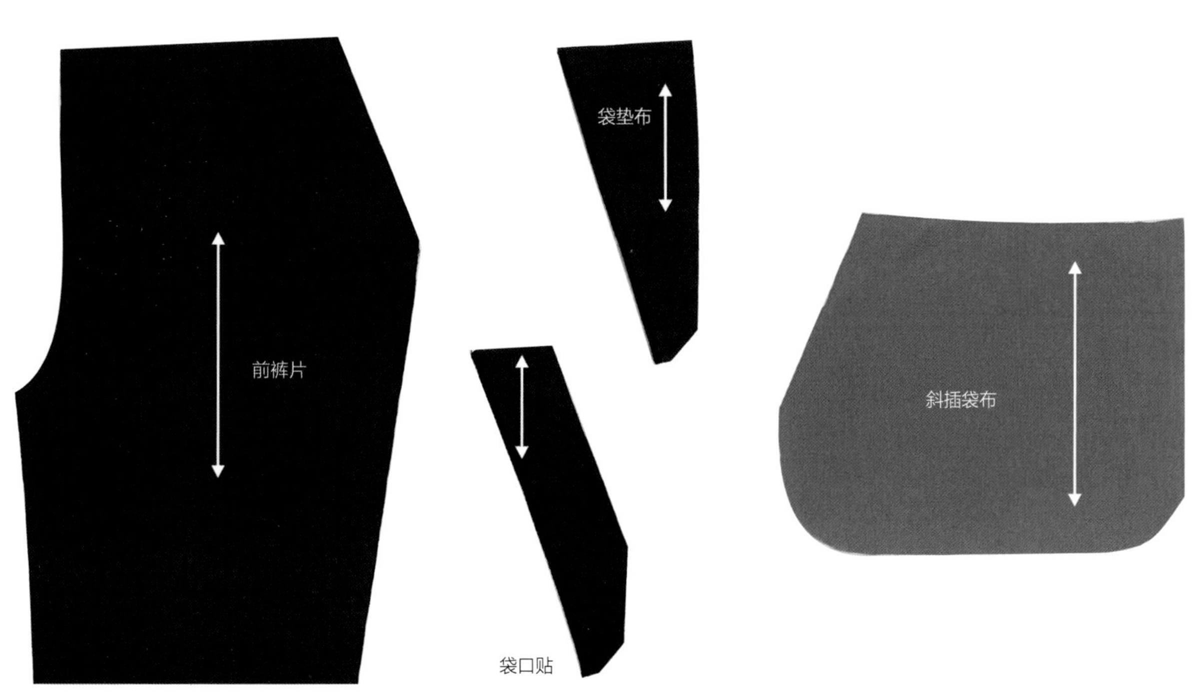

图4-40 准备材料

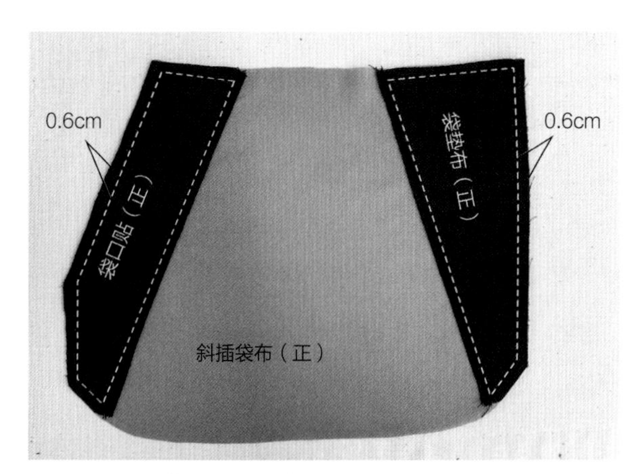

图4-41 缉袋垫布与袋口贴

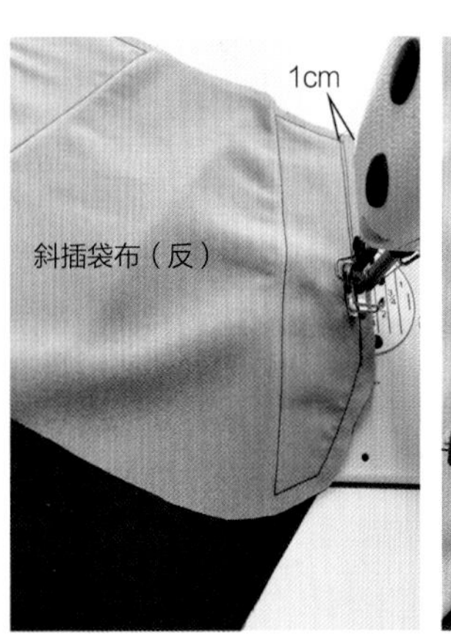

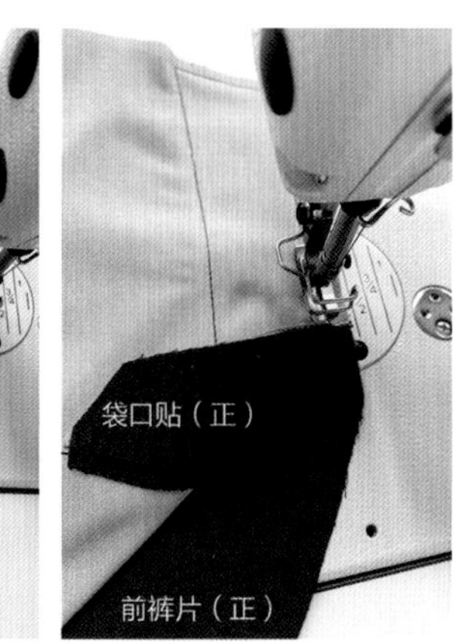

图4-42 搭缝袋布

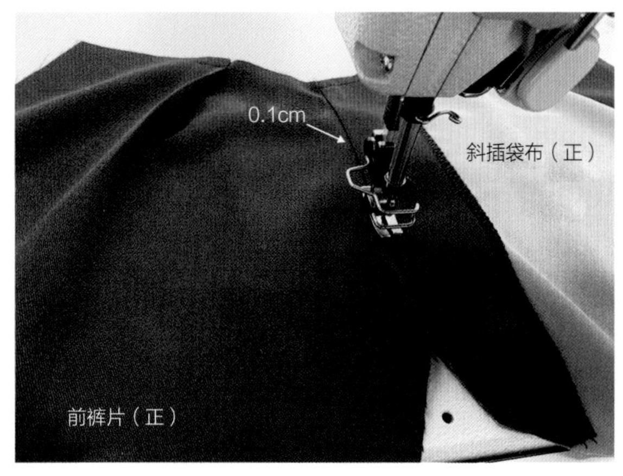

图4-43　袋口贴缉明线

（4）固定口袋与前裤片

将袋布折叠好，与裤片摆放平整，标记位置对齐，将袋布在侧缝处缉缝0.6cm暂时固定，并在距离裤腰口0.6cm处缉缝0.6cm暂时固定口袋与前裤片，如图4-44所示。

（5）兜袋底

将斜插袋布铺平整，沿袋底缉缝1cm明线，起止位置倒回针，并对袋底进行锁边，如图4-45所示。

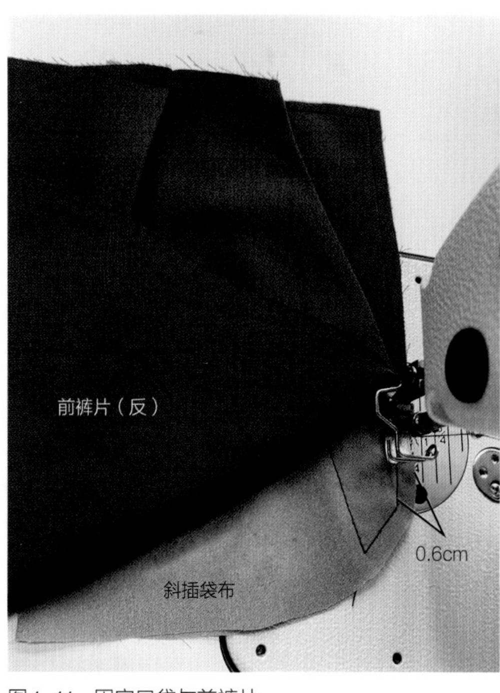

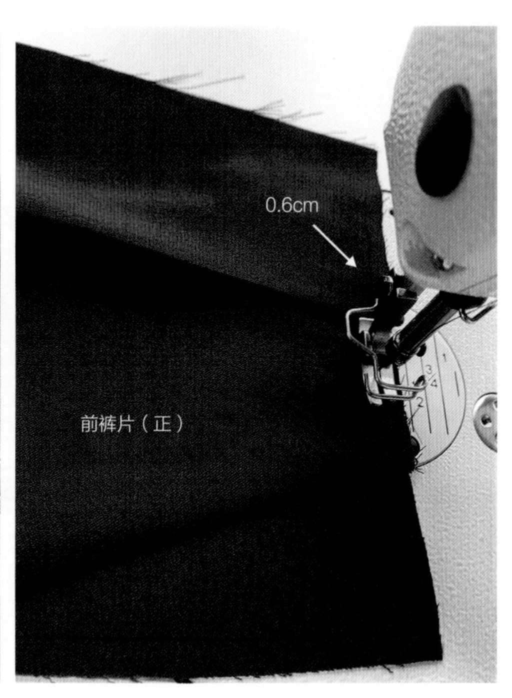

图4-44　固定口袋与前裤片

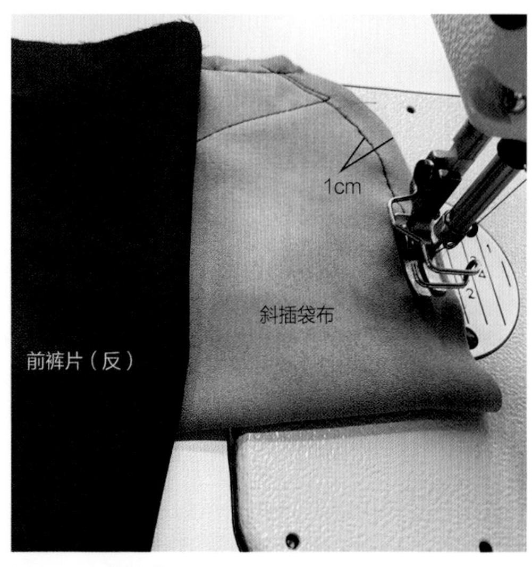

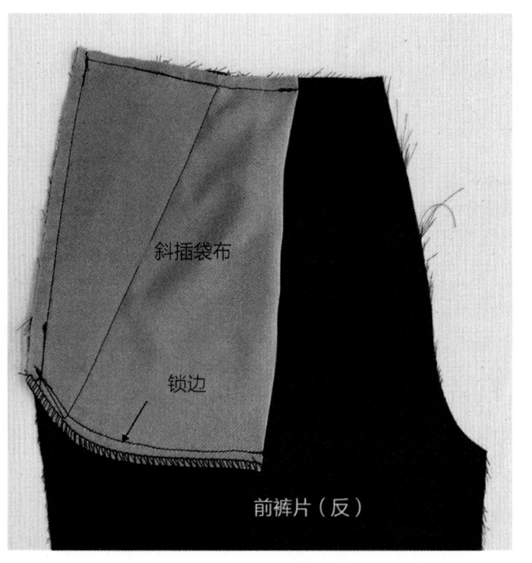

图4-45　兜袋底

（三）弧形插袋的缝制工艺

弧形插袋多安装在上衣、裤装中，如图4–46所示。该款式插袋在男裤、女裤、女裙、上衣中应用较多。

1.准备材料

（1）前裤片

采用直丝道。

（2）兜布

采用直丝道，大兜布长18cm左右，宽15cm左右；小兜布在大兜布基础上，长减少6cm左右，宽减少10cm左右。

（3）袋垫布

用料同裤料，长参考袋口大小，约12cm，上宽14cm左右，下宽9cm左右，下口呈弧线形，采用直丝道，如图4–47所示。

2.制作步骤

（1）缉袋垫布

袋垫布弧线处锁边，并将袋垫布的正面朝上，缉在大兜布的正面，里侧与兜布固定，如图4–48所示。

（2）缉兜底

将大兜布与小兜布的反面与反面相对，缉缝1cm，如图4–49所示。

（3）搭缝袋布

掀开袋垫布，将口袋布斜边正面与前裤片开袋处正面相对，缉缝0.8cm明线，并在弧线处剪刀口，翻折至正面熨烫，如图4–50所示。

（4）缉袋口明线

首先将口袋布翻折熨烫好，从裤片正面缉0.6cm明线，如图4–51所示。

图4–46　弧形插袋

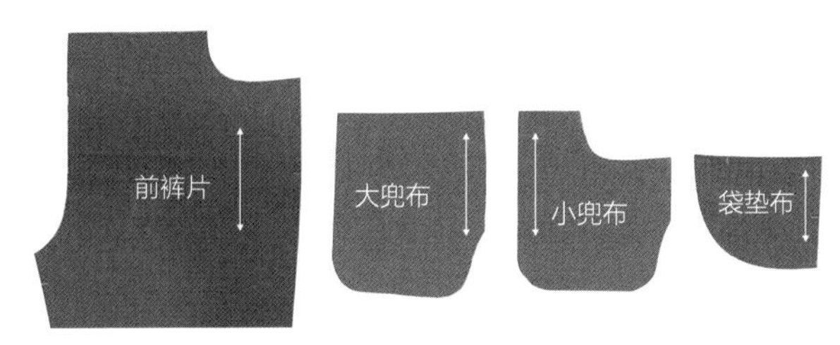

图4–47　准备材料

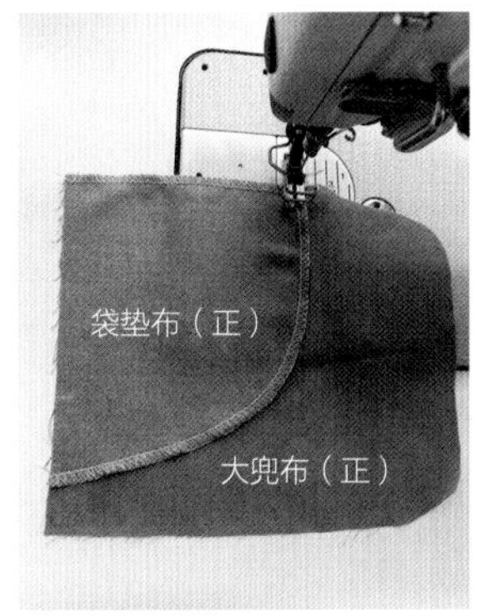

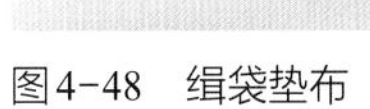

图4–48　缉袋垫布

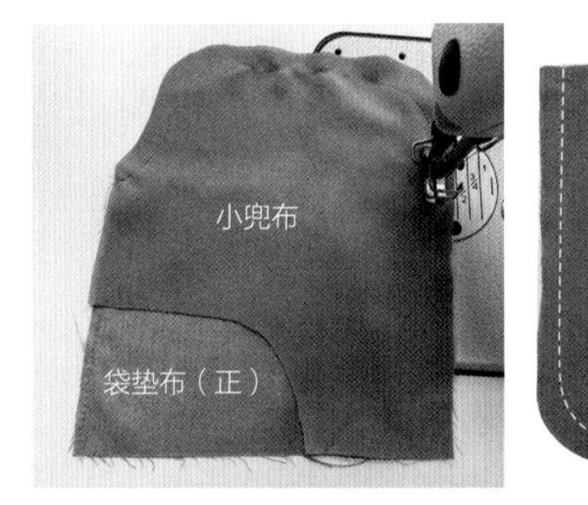

图4–49　缉兜底

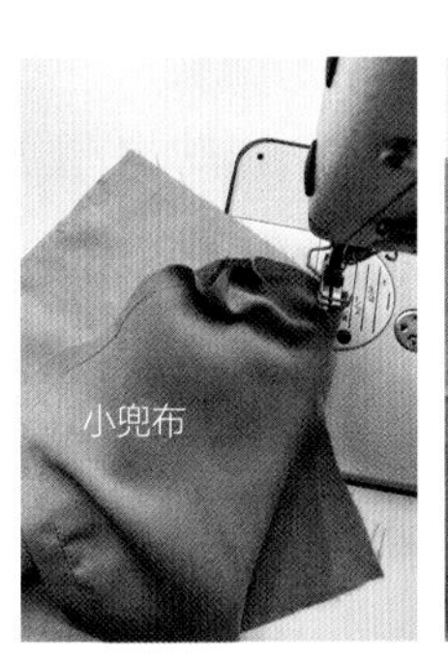

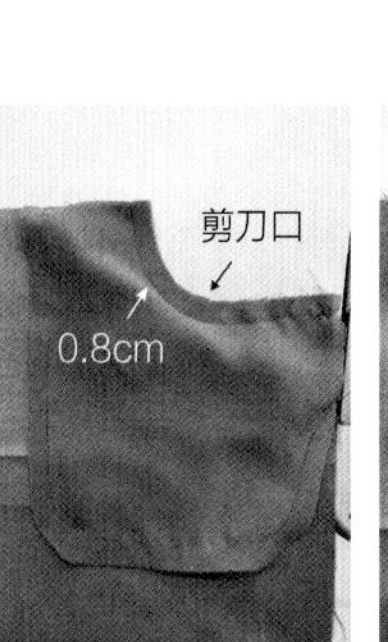

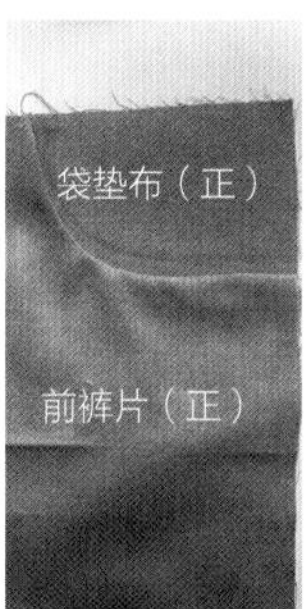

图4–50　搭缝袋布

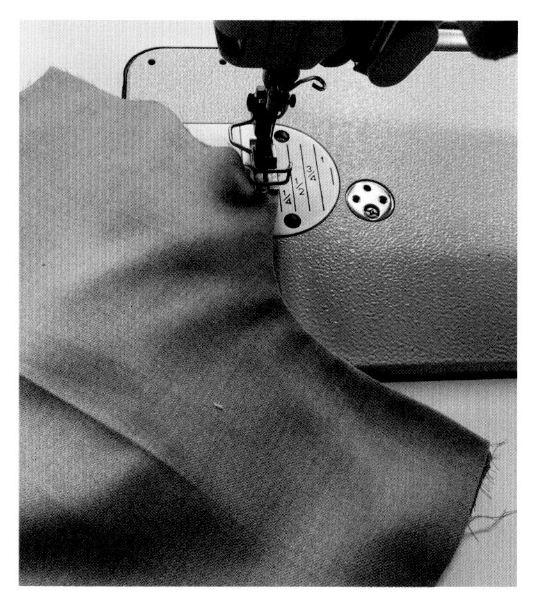

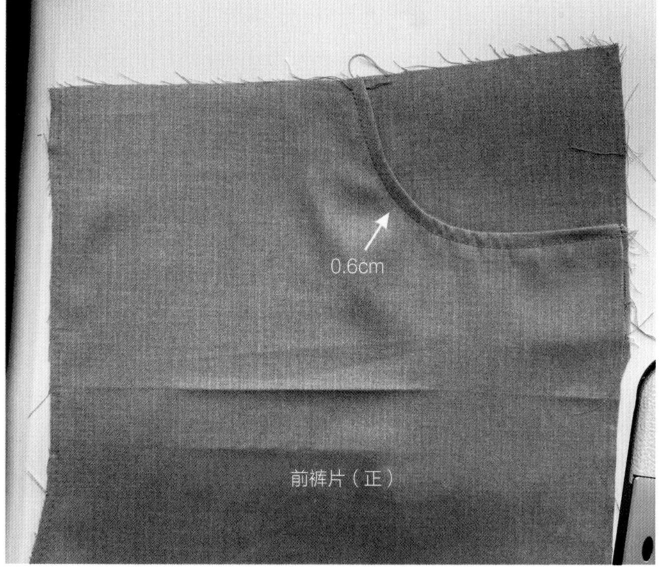

图4-51　缉袋口明线

（5）袋垫布与前裤片缝合

首先将袋垫布翻回正面，与裤片摆放平整，标记位置对齐，然后在距离裤腰 0.5cm 处机缝明线暂时固定，距离侧缝 0.5cm 处缝倒回针固定口袋与前裤片，最后袋布锁边，如图4-52所示。

三、开袋的缝制工艺

在服装裁片的适当位置剪开袋口并将其缝光，使袋布缝于袋口内部所形成的袋型称为开袋，也叫挖袋。开袋具有轻便、简练的特点，适用于各种服装。开袋包括单嵌线开袋、双嵌线开袋、有袋盖双嵌线开袋、有装饰双嵌线开袋等。下面主要介绍单嵌线开袋与双嵌线开袋的缝制工艺。

（一）开袋的使用部位

开袋和贴袋比起来缝制难度更大，要求更高。口袋需贴边插入到服装里而不是贴缝于服装上，如图4-53所示。

（二）单嵌线开袋的缝制工艺

单嵌线开袋的正面有一条嵌线，外形呈长方形，袋口下有一袋垫布，如图4-54所示。该款开袋通常运用于定制夹克、外套和裤装中，也可运用于半裙或休闲装中。

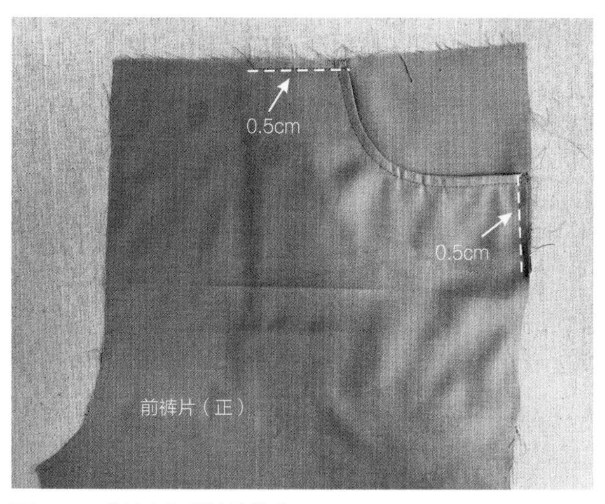

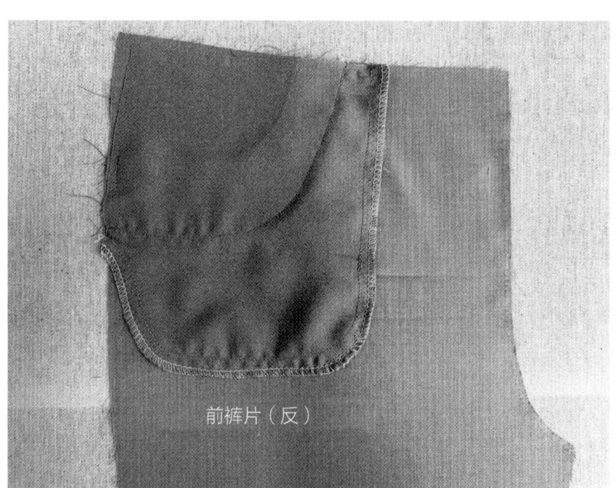

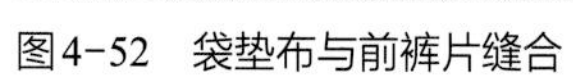
图4-52　袋垫布与前裤片缝合

图4-53 开袋

图4-54 单嵌线开袋

常用口袋缝制工艺
（图4-26至图4-54对应视频）

1.准备材料

（1）后裤片

采用直丝道，后裤片收好腰省。

（2）口袋布

采用直丝道，长为40cm左右，宽为袋口大+5cm，用料为较薄的棉布、化纤等面料。

（3）嵌条布

长为袋口大+4cm，宽为6.5cm，用料与衣片相同，采用直丝道。所需黏合衬的大小同嵌条布。

（4）袋垫布

长为袋口大+3至4cm，宽为8.5cm，用料与衣片相同，采用直丝道，如图4-55所示。

2.制作步骤

（1）缉口袋布

后裤片反面朝上，在口袋位烫衬，并画出

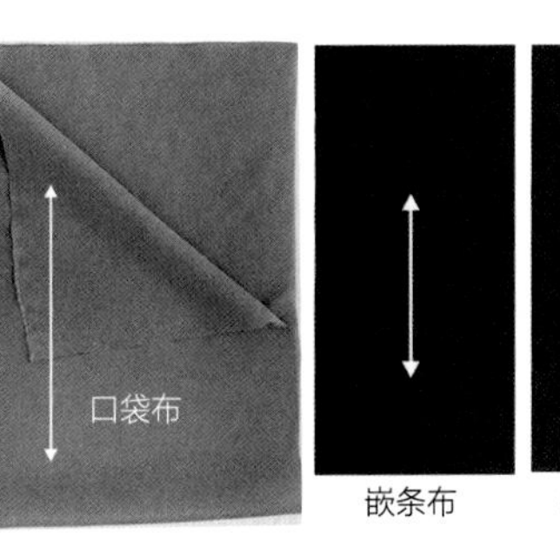
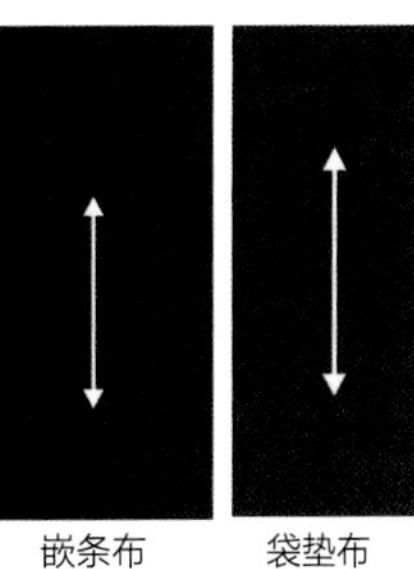

图4-55 准备材料

口袋位；口袋布正面朝上，口袋布比袋口线高出6cm左右，两边离袋口位置相等，在袋口位置缉缝一道暂时固定口袋布，如图4-56所示。

（2）缉嵌线

首先将嵌条布反面烫衬，并对折熨烫，根据实样在嵌条布上缉缝一道，缝线比实样多0.1cm，然后在后裤片正面画好开袋位置，将嵌条布对齐口袋位下口并缉缝暂时固定，如图4-57所示。

（3）缉袋垫布

固定袋垫布与裤片：袋垫布下口锁边，将后裤片正面朝上，袋垫布反面朝上，袋垫布上口位置距袋口位2cm，缉缝一道缝线暂时固定，如图4-58所示。

缉缝口袋位两条缝线：将裤片翻至反面，口袋位对齐嵌条布实样，重新缉缝口袋上口与下口，起止位置倒回针，最后拆除两条临时固定线。在缝制过程中要保持口袋布平整，如图4-59所示。

（4）开袋

在两缉线的中间沿中心线将裤片剪开，开线顺直，距袋口1.5cm处剪成“Y”形，注意不要剪断缉线也不要离缉线太远，如图4-60所示。

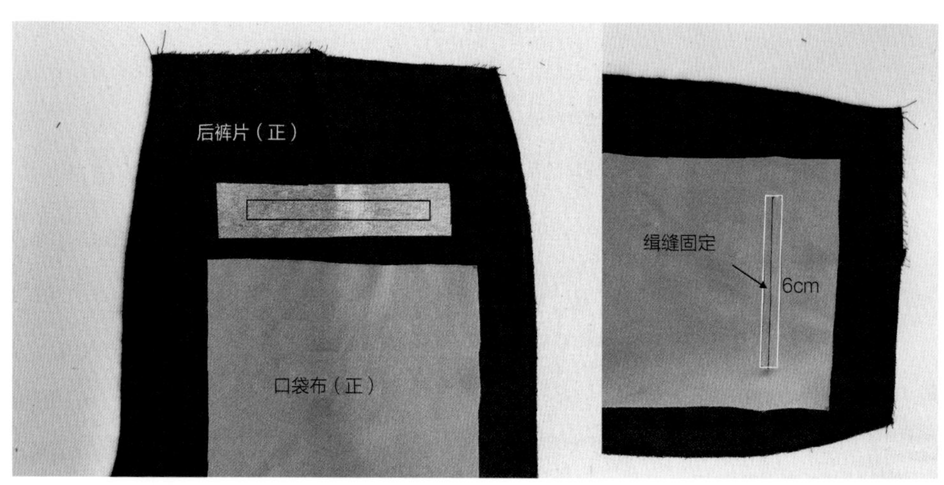

图4-56　缉口袋布

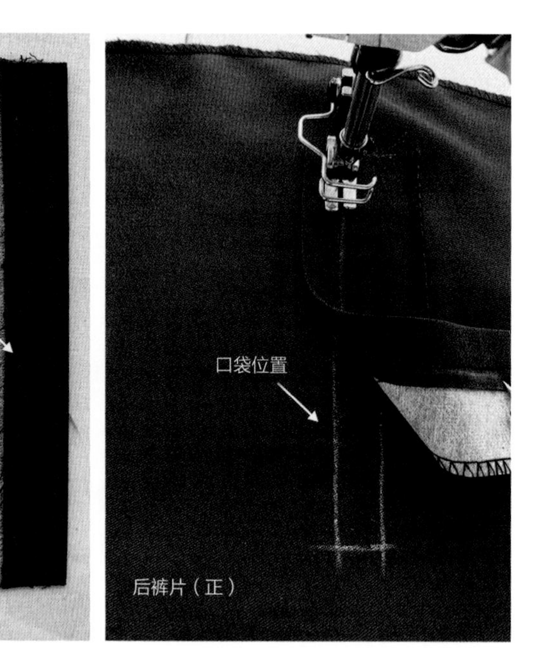

图4-57　缉嵌线

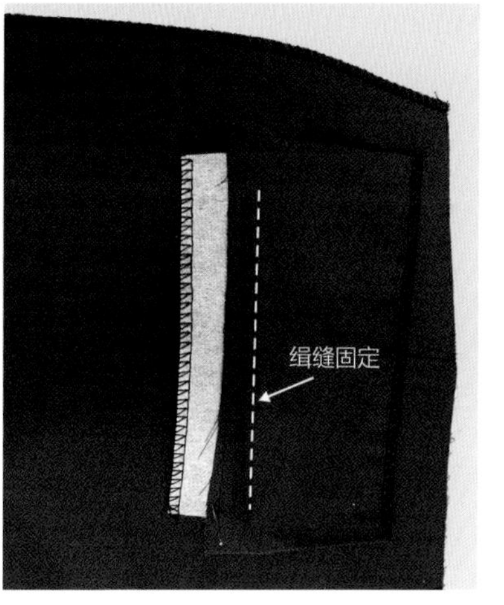

图4-58　固定袋垫布与裤片

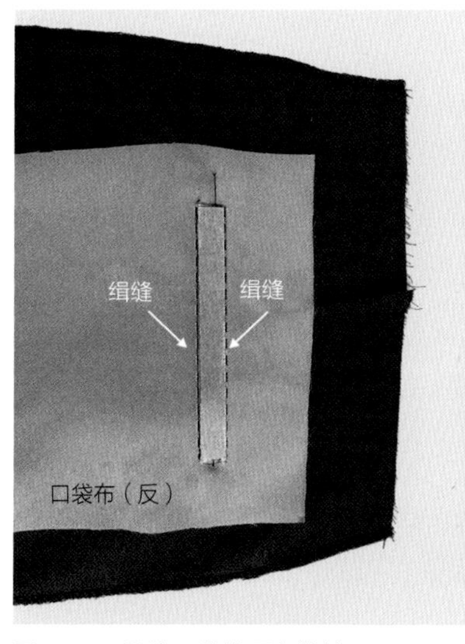

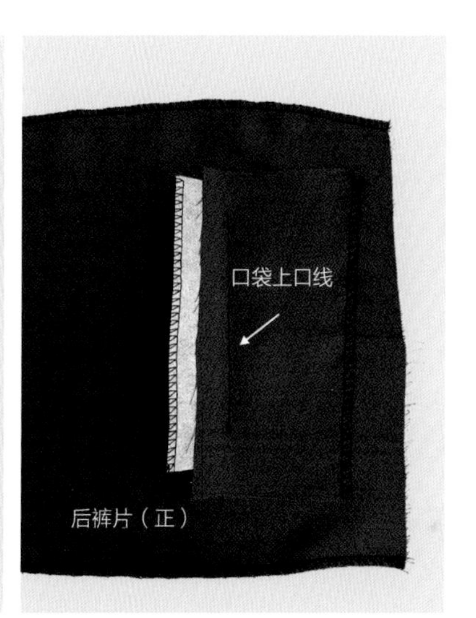

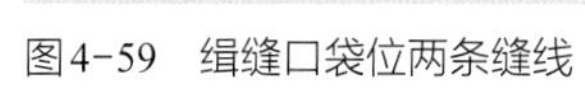
图4-59　缉缝口袋位两条缝线

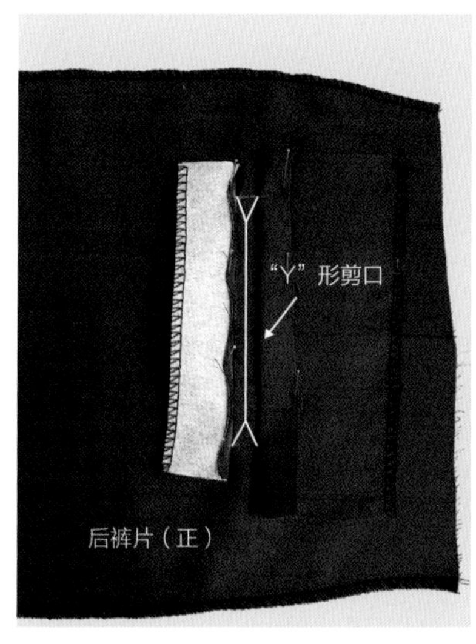

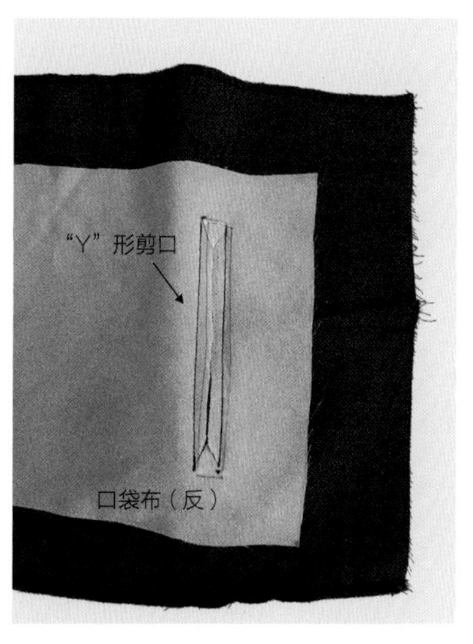

图4-60　开袋

（5）封三角

将嵌条布、袋垫布翻到衣片反面，把袋口整理平顺，两侧封三角，来回缉缝三道，如图4-61所示。

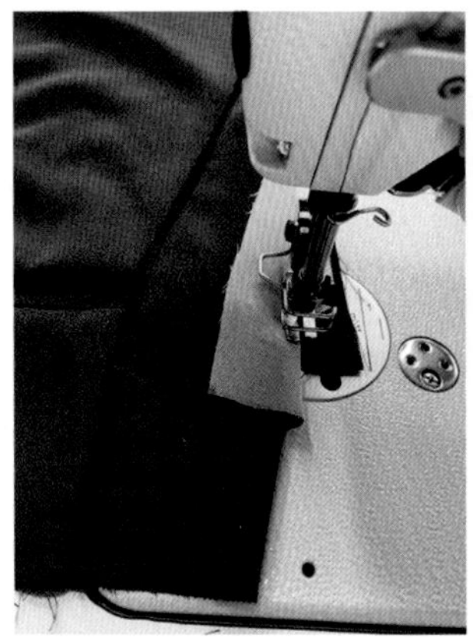

图4-61　封三角

（6）固定嵌条布

将嵌条布的下层缉缝在口袋布上，如图4-62所示。

图4-62　固定嵌条布

（7）固定袋垫布

首先将口袋布对折，与裤片腰口对齐，从腰口处打开裤片，缉缝两层口袋布，然后再将袋垫布与口袋布整理平顺，把袋垫布下口缉缝固定在口袋布上，如图4-63所示。

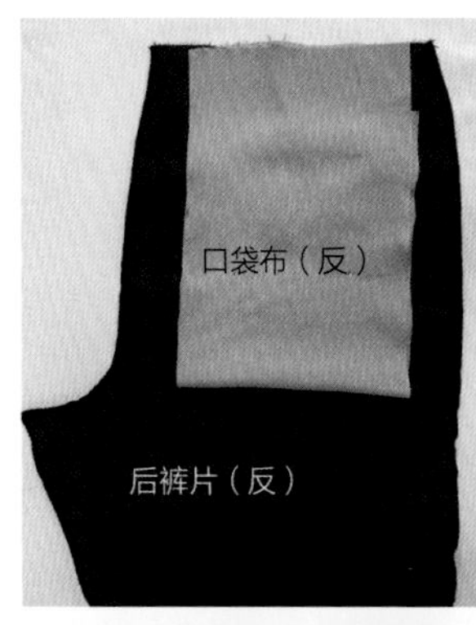

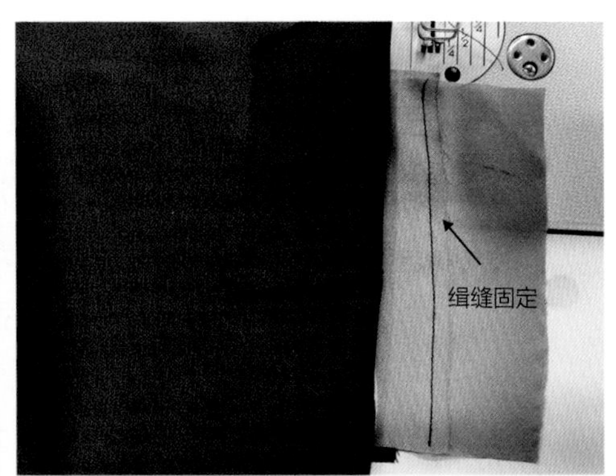

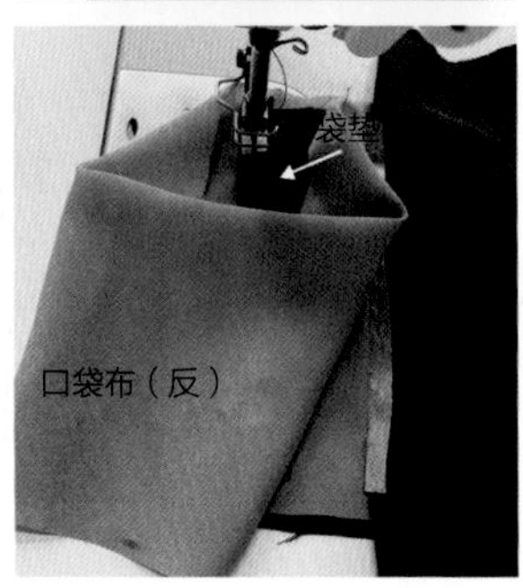

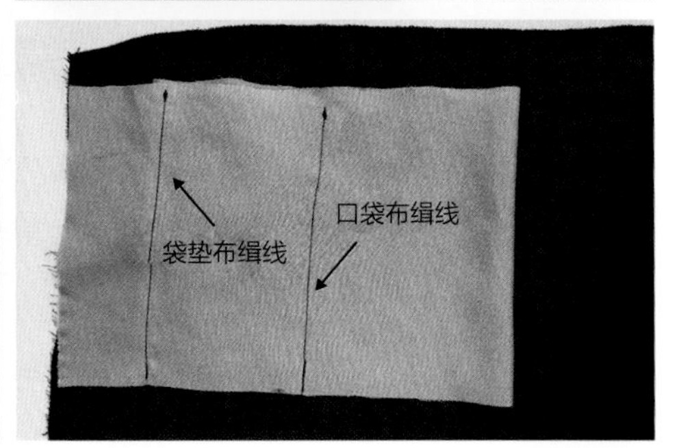

图4-63　固定袋垫布

（8）缉口袋布

首先沿着口袋布两侧缉1cm明线，起止位置倒回针，口袋布要伏贴，不起皱，两侧锁边，然后将口袋布与裤片腰口处缉缝0.5cm暂时固定，如图4-64所示。

（三）双嵌线开袋的缝制工艺

双嵌线开袋的外观呈长方形，为双嵌线的形式，袋口的下边有一袋垫布，如图4-65所示。该款开袋通常运用于男裤、上衣中。

1.准备材料

（1）后裤片

采用直丝道，后片收腰省，口袋位反面烫衬。

（2）口袋布

采用直丝道，长为40至42cm，宽为袋口大+5cm，袋

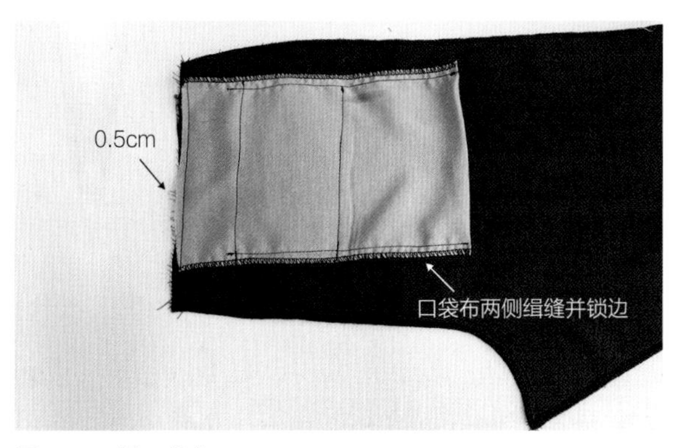

图4-64 缉口袋布

图4-65 双嵌线开袋

口一般为13至16cm，用料为较薄的棉布、化纤等面料。

（3）嵌条布

长为袋口大+4cm，上嵌条宽为4cm，下嵌条宽为6cm，用料与裤片相同，采用直丝道。

（4）袋垫布

长为袋口大+3cm，宽为5至6cm，用料与裤片相同，采用直丝道，如图4-66所示。

2.制作步骤

（1）烫嵌条布

在衣片的正面画好袋位，袋位的反面粘衬易操作，衬布采用直丝道。将上嵌条布对折熨烫，下嵌条布烫衬部位沿边向内扣烫1cm，如图4-67所示。

（2）缝合嵌条布和裤片

确定口袋位与后袋布位置：首先在后裤片后袋位置打线丁做好标记，然后将口袋布正面朝上放置在后裤片反面口袋相应位置，如图4-68所示。

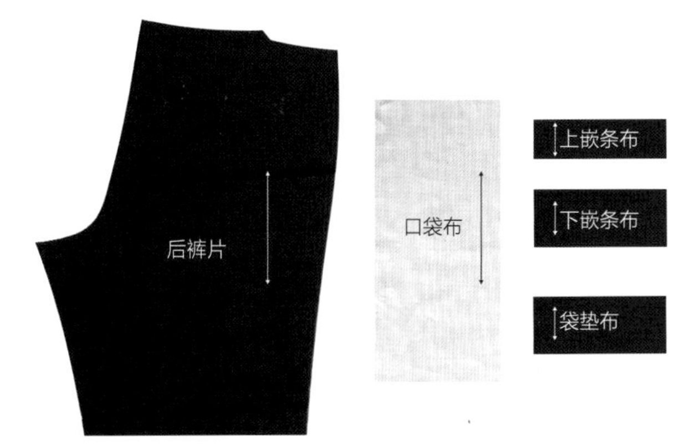

图4-66 准备材料

图4-67 烫嵌条布

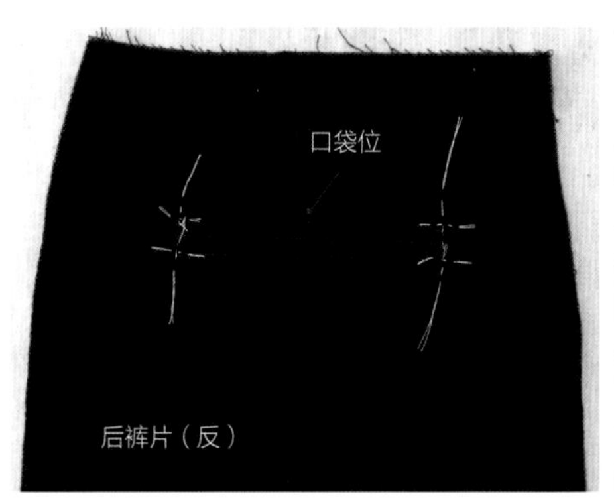

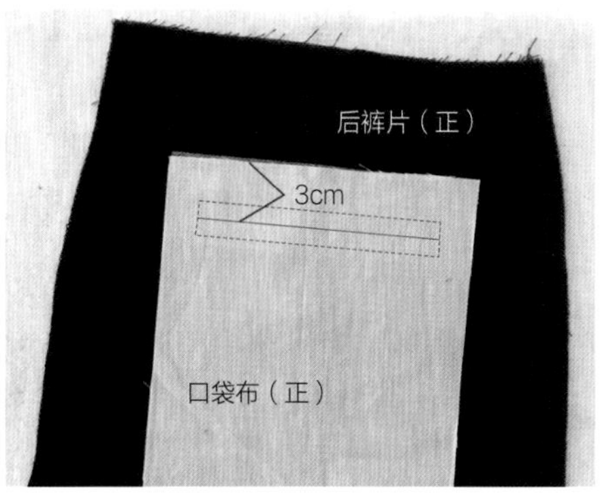

图4-68 确定口袋位与后袋布位置

固定下嵌条布：将下嵌条布正面朝上放置在裤片正面口袋相应位置，沿嵌条布边缘先疏缝暂时固定下嵌条布、后裤片和口袋布，再缉0.5cm明线，长度为12cm，与袋口等长，起始位置倒回针，如图4-69所示。

固定上嵌条布：掀开下嵌条布，将上嵌条布和后裤片正面相对放置在后袋相应位置，缝合方法同下嵌条布，如图4-70所示。

（3）剪“Y”形袋口

从反面在袋口线位置剪开口，袋口两端剪三角，剪至距离缉线端头0.1至0.2cm处，若剪过头，布面会破洞，反之未剪到止点，嵌条布会翻不过去，袋口两端会形成褶皱，如图4-71所示。

（4）翻嵌条布

将嵌条布上下片往口袋内翻入裤片反面，沿袋口线翻折嵌条烫出上下各0.5cm的嵌条宽，要求不拧不豁，左右三角布也往内烫，如图4-72所示。

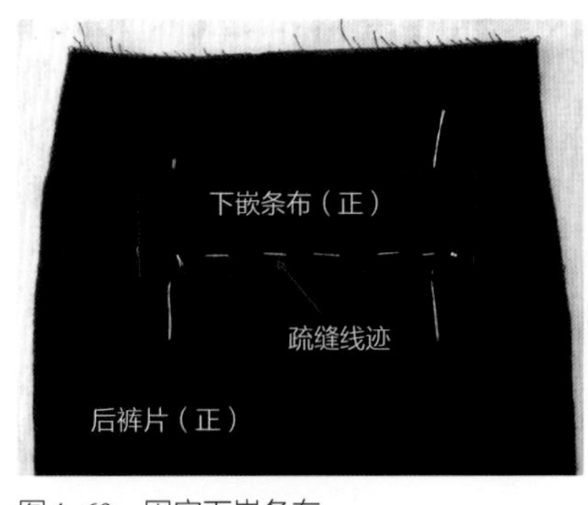

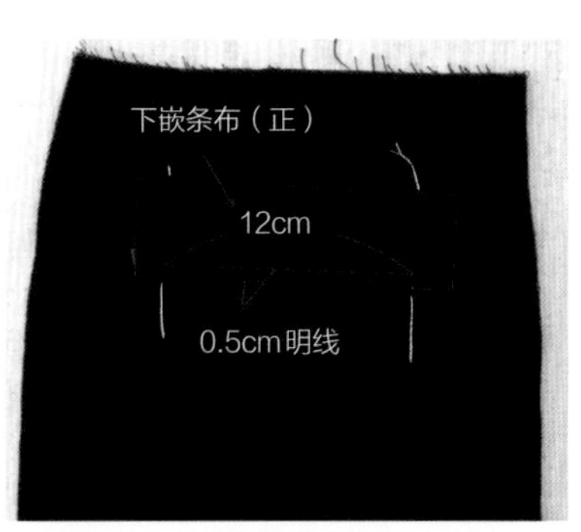

图4-69　固定下嵌条布

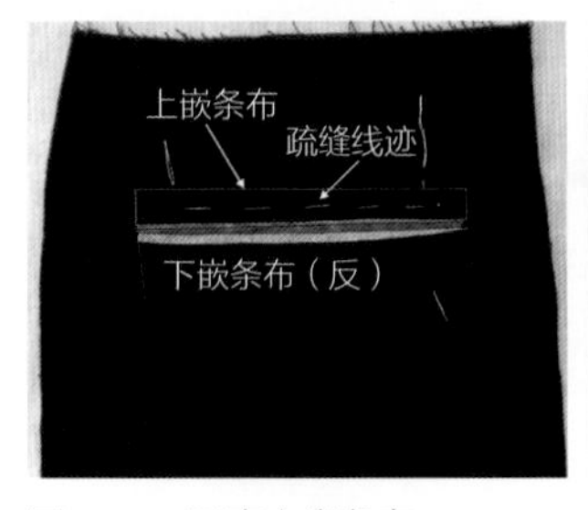

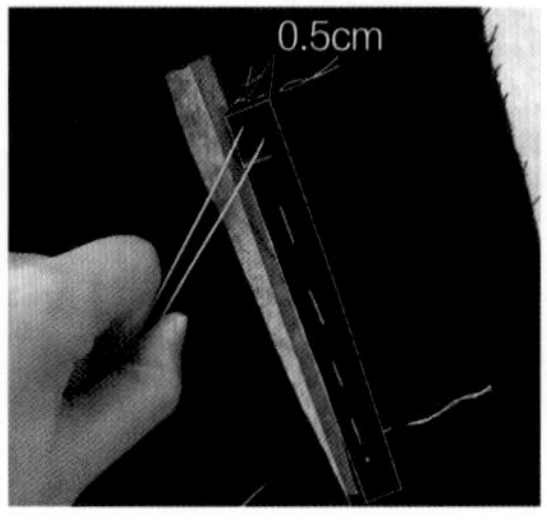

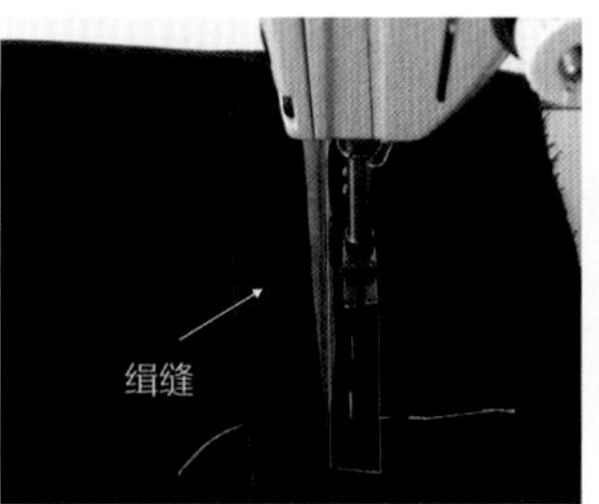

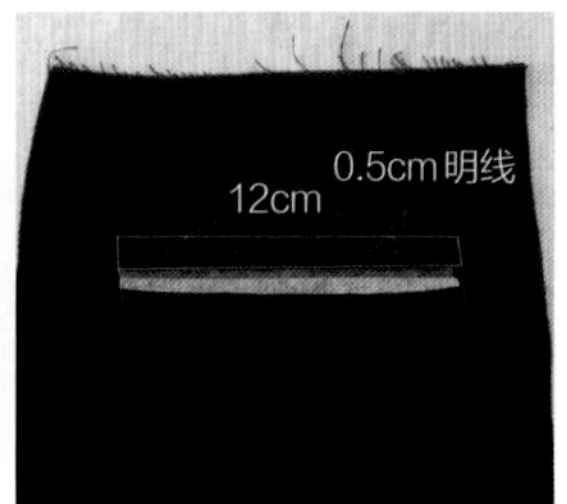

图4-70　固定上嵌条布

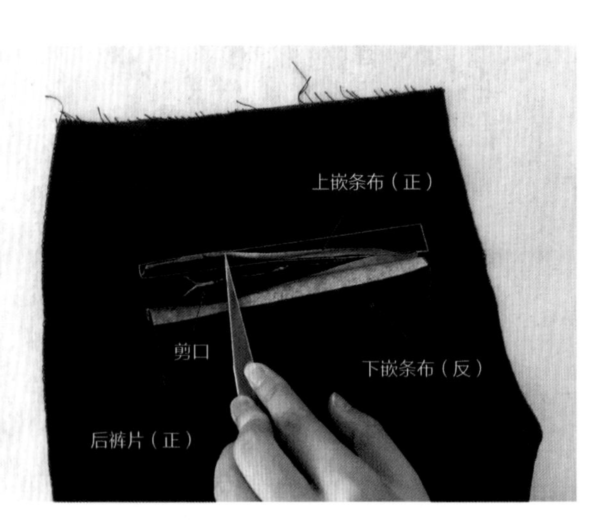

图4-71　剪袋口

图4-72 翻嵌条布

（5）固定双嵌线袋口

从正面掀开裤片及袋布，将双嵌线口袋两端三角沿三角底边缉三道缝线，要求双嵌线正面两端无褶裥、无毛边，并封牢固，如图4-73所示。

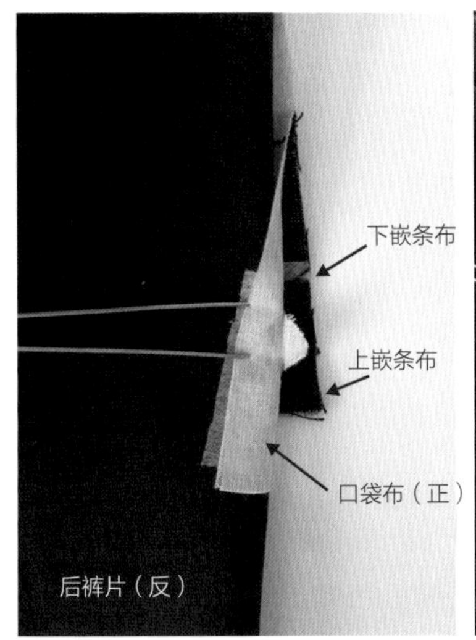

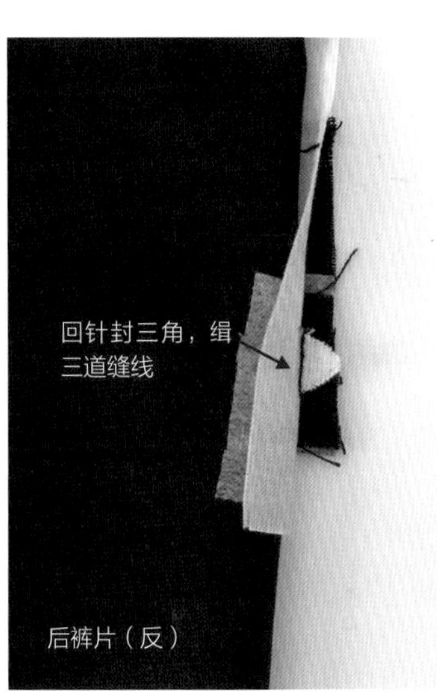

图4-73 固定双嵌线袋口

（6）缝合下嵌条与口袋布

将下嵌条布与口袋布摊平，在下嵌条布锁边一侧缉1cm明线，固定下嵌条布和口袋布，如图4-74所示。

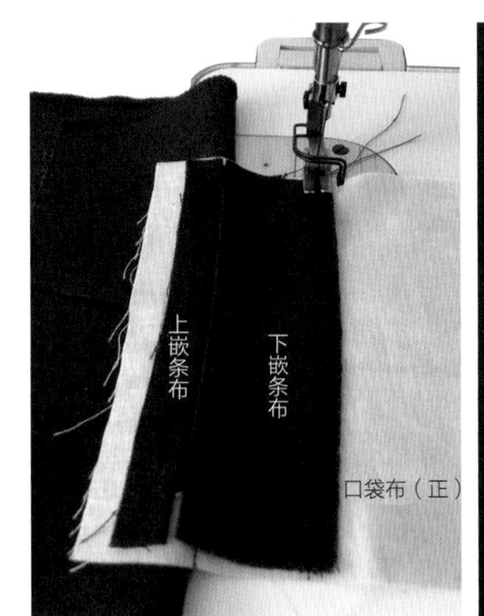

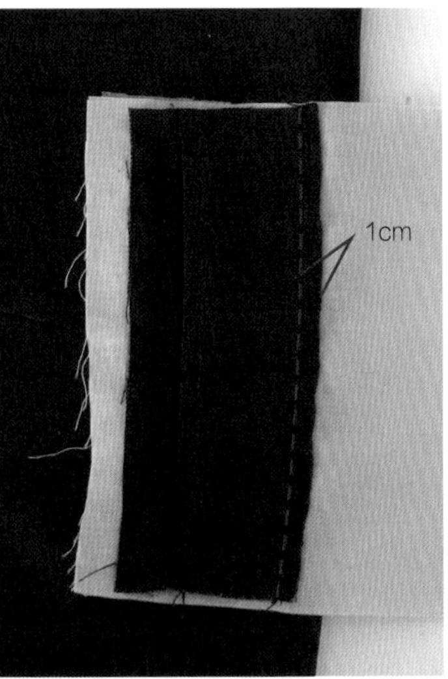

图4-74 缝合下嵌条与口袋布

（7）固定袋垫布与口袋布

首先将口袋布正面对折，边缘与腰口处对齐，然后确定袋垫布在口袋布的位置，袋垫布的上口离双嵌线袋位向上0.5cm，用划粉标注，最后将袋垫布正面朝上放置在口袋布标注位置，在袋垫布下口锁边处缉1cm明线，固定袋垫布和口袋布，如图4–75所示。

（8）封口袋布上口

首先掀开后裤片侧缝边缘，将口袋布、嵌条布与袋垫布正面相对，沿着双嵌线袋位缉缝1cm缝份，长度为袋口宽，起始位置缝倒回针；然后掀开后裤片腰口，将口袋布、上嵌条布与袋垫布正面相对，沿着双嵌线袋位缉12cm；最后掀开后裤片裆弯边缘，将口袋布、嵌条布与袋垫布正面相对，沿着双嵌线袋位缉缝1cm缝份，长度为袋口宽，止点位置缝倒回针，如图4–76所示。

（9）兜袋布

首先掀开裤片，修剪口袋布，沿裤子口袋的造型机缝袋布，缝份1cm，然后袋布两侧锁边，如图4–77所示。

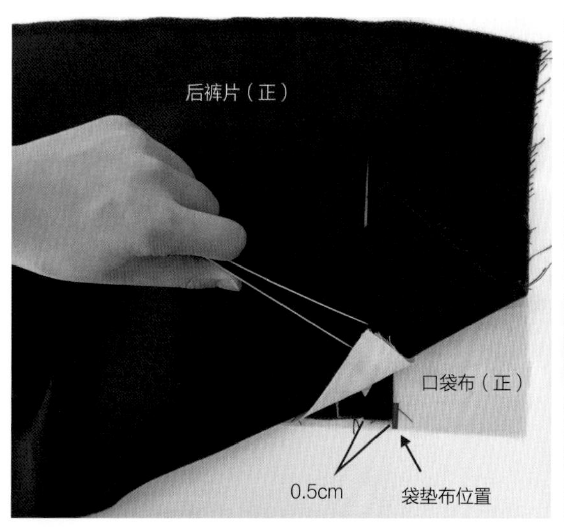

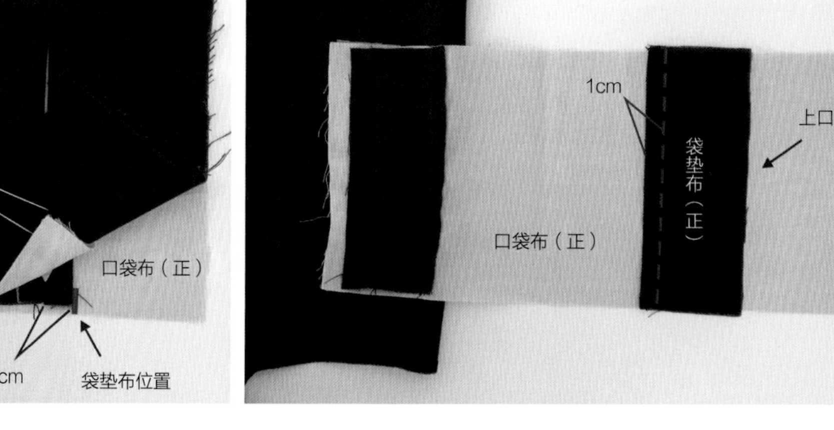

图4–75 固定袋垫布与口袋布

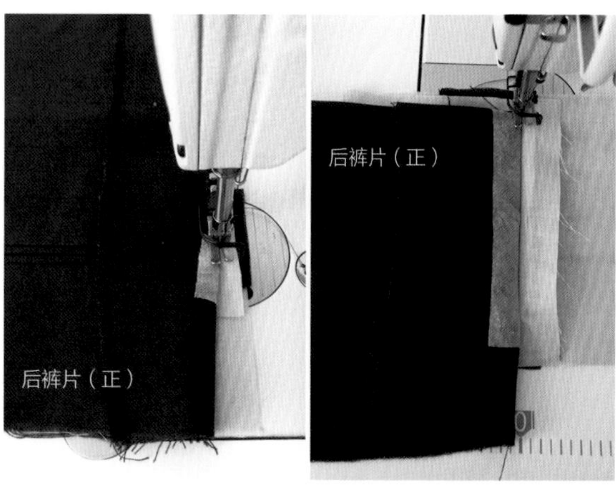

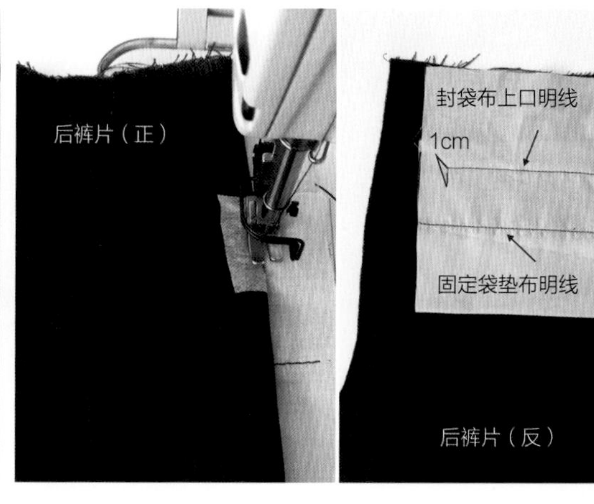

图4–76 封口袋布上口

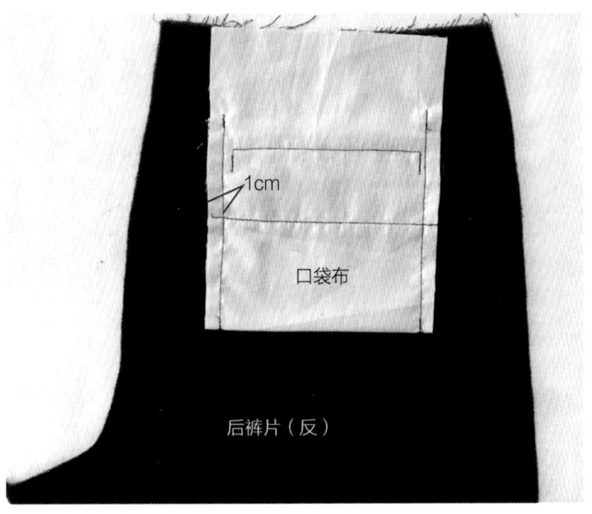

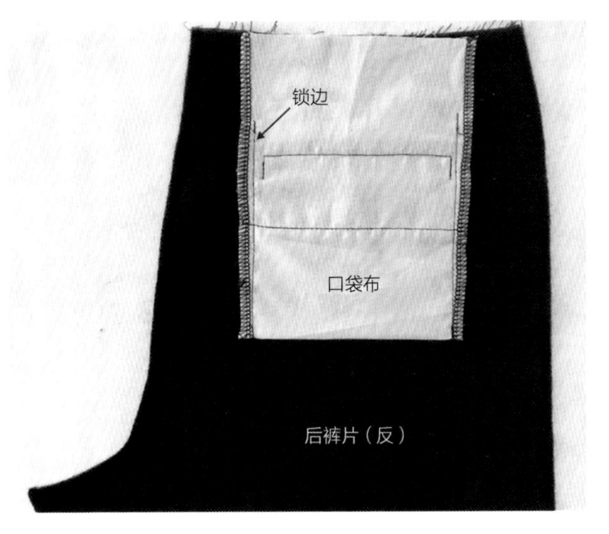

图4-77 兜袋布

第三节 开衩的缝制工艺

衩是位于衣裙下摆或裤边的开口。衩通常是成双地开，较多位于两侧，也有置于前身或背后的。服装的开衩设计既有便于活动的实用功能，也具有增强美感的装饰功能，它是服装构成的一个重要因素。衩又分为假衩和真衩。假衩外观和真衩类似，例如西装的假袖衩看上去和真袖衩外观相同，但是不能掀开。开衩的部位和工艺十分重要，工艺欠缺的开衩会给人以廉价之感。本节主要对袖开衩、下摆开衩缝制工艺进行详细介绍。

一、袖开衩的缝制工艺

袖开衩即缝在袖口的开衩，它主要是为了方便人体的活动。一般两片袖的结构有袖开衩。

（一）直袖衩缝制工艺

直袖衩是女式衬衫袖的基本形式，袖头部分由两层面料折叠而成，如图4-78所示。

1.准备材料

准备袖片与袖衩条。袖衩条采用斜丝道，长为开衩条长 ×2，宽为3cm，如图4-79所示。

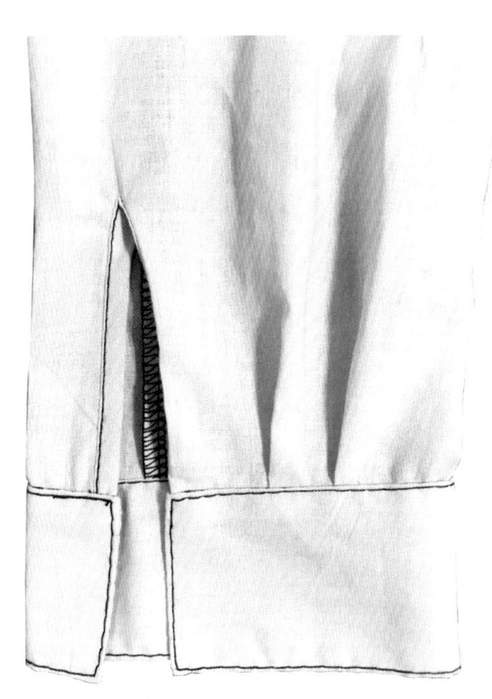

图4-78 直袖衩

2.制作步骤

（1）烫袖衩条

用闷缝的方法来做袖衩布。将袖衩布一边的布边按照扣烫板扣烫光，并折烫成双层，下层比上层宽0.1cm，如图4-80所示。

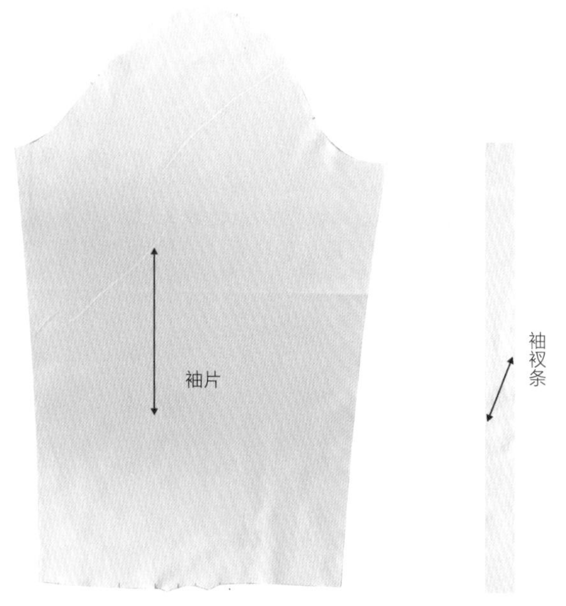

图4-79 准备材料

图4-80 烫袖衩条

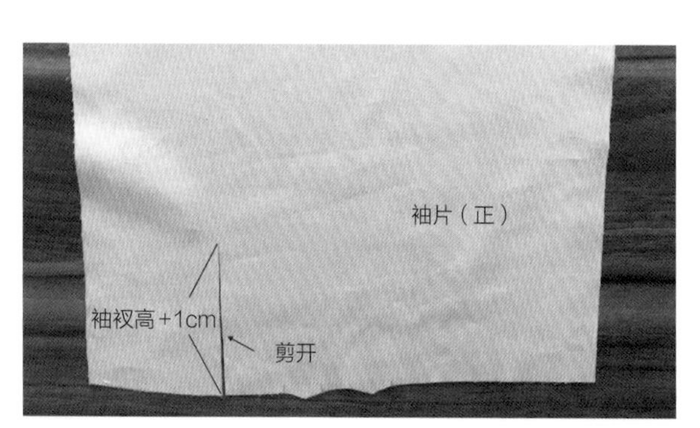

图4-81 确定袖衩位

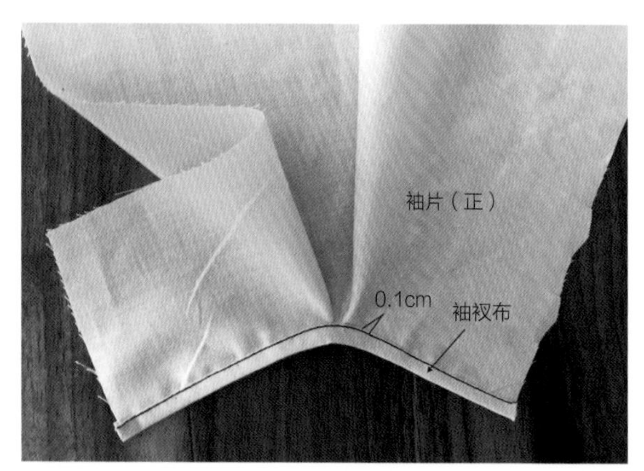

图4-83 缉缝袖衩

（2）确定袖衩位

在后袖片开衩的位置，剪出袖衩高+1cm，如图4-81所示。

（3）疏缝袖衩条

将开口的两侧拉平，袖衩布夹住袖片开口处，用手缝针疏缝暂时固定住，如图4-82所示。

（4）缉缝袖衩

从袖片正面缉缝袖衩布0.1cm，如图4-83所示。要求在拐角处不可毛出，不可有死褶，不可有链形，反面不可漏针。

（5）固定袖衩

袖开口恢复原状，在袖片反面，将袖衩布上下对齐，在转折处回针缉缝三角固定，如图4-84所示。

（6）熨烫袖衩

翻至正面，叠合熨烫平整袖衩，如图4-85所示。

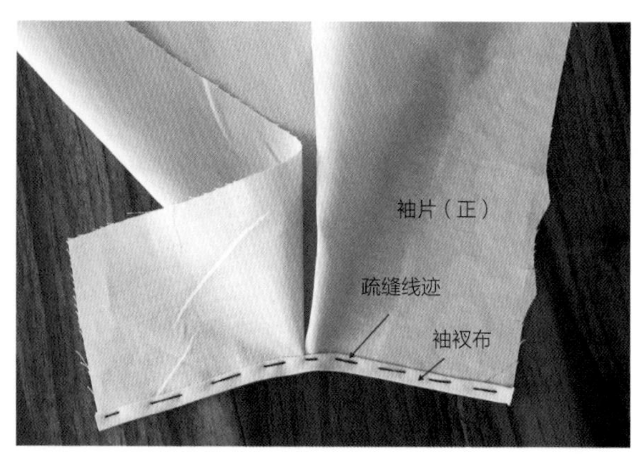

图4-82 疏缝袖衩条

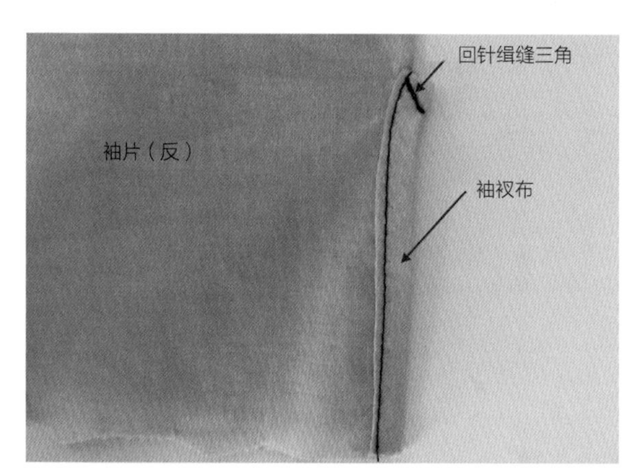

图4-84 固定袖衩

（二）宝剑头袖衩缝制工艺

宝剑头袖衩属于搭叠式开口，是一侧搭压于里襟的形式。该袖衩常用于男衬衫的袖口处，袖口不仅具有可扣紧、可松开的实用性，还具有装饰性，如图4-86所示。

1.准备材料

准备袖片、宝剑头、小袖衩，采用直丝道，根据样板四周放缝0.6cm，如图4-87所示。

2.制作步骤

（1）烫袖衩

按照宝剑头扣烫板将缝份烫折好，注意对折后里比面要多出0.1cm，宝剑头左右要对称，如图4-88所示。

（2）固定宝剑头袖衩

袖片反面朝上，宝剑头袖衩放在如图4-89的位置，把宝剑头袖衩一端对齐袖片开衩位置缉缝1cm，长度为袖衩长。

图4-85 熨烫袖衩

图4-86 宝剑头袖衩

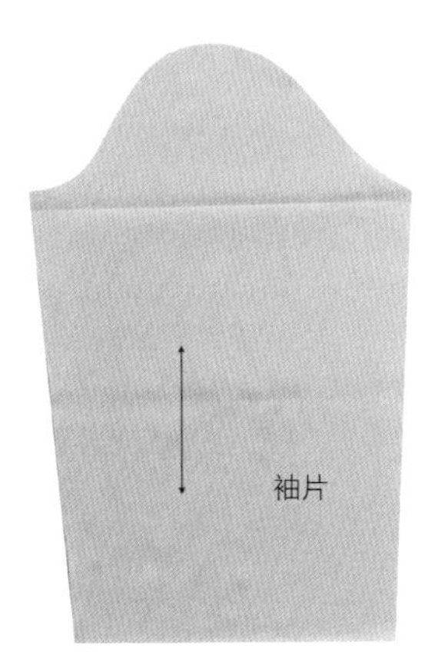

图4-87 准备材料

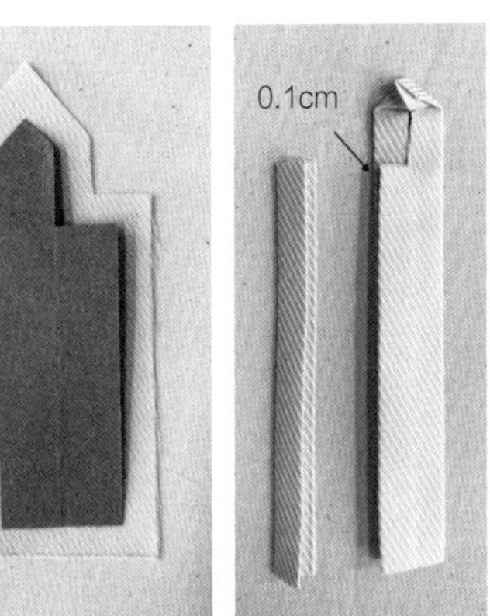

图4-88 烫袖衩

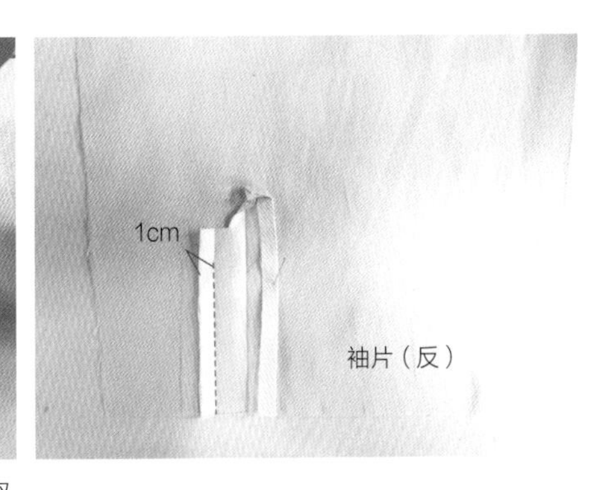

图4-89 固定宝剑头袖衩

（3）固定小袖衩

把小袖衩一端对齐袖片开衩位置缉缝1cm，长度为袖衩长，如图4-90所示。

（4）剪开衩

在袖片开衩部位按照开衩长剪开，离衩末端1cm处需呈“Y”字形，如图4-91所示。

（5）夹缝小袖衩条

采用夹缝的方法缉小袖衩条，缝份为0.5cm，明线宽0.1cm。要注意小袖衩条末端的做法，如图4-92所示。

把小袖衩与宝剑头袖衩翻至袖片正面，将剪出的三角与小袖衩固定，缉缝三道缝线，如图4-93所示。

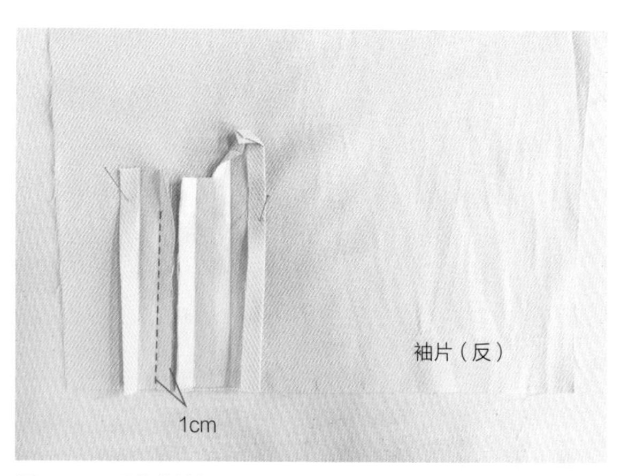

图4-90　固定小袖衩

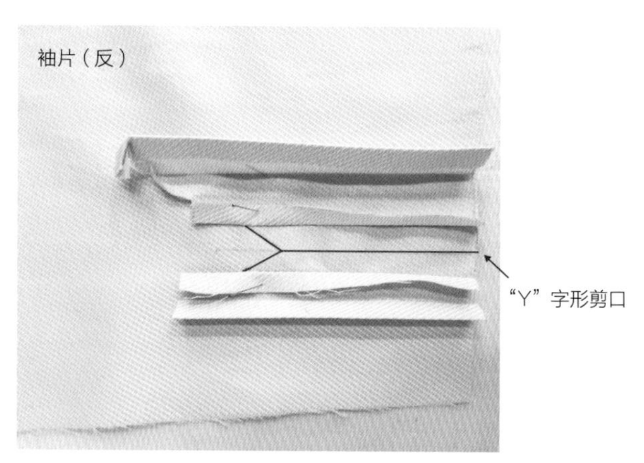

图4-91　剪开衩

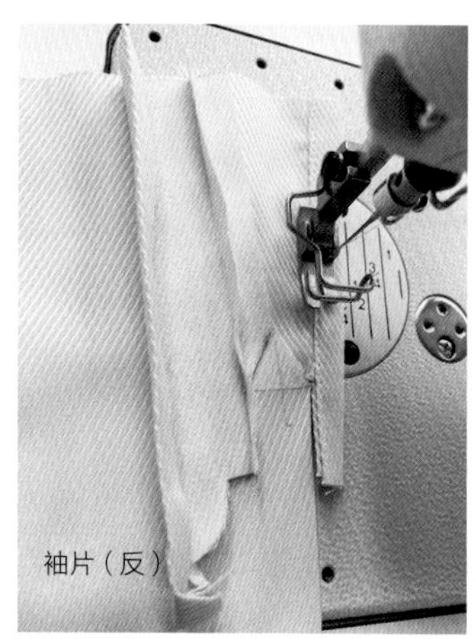

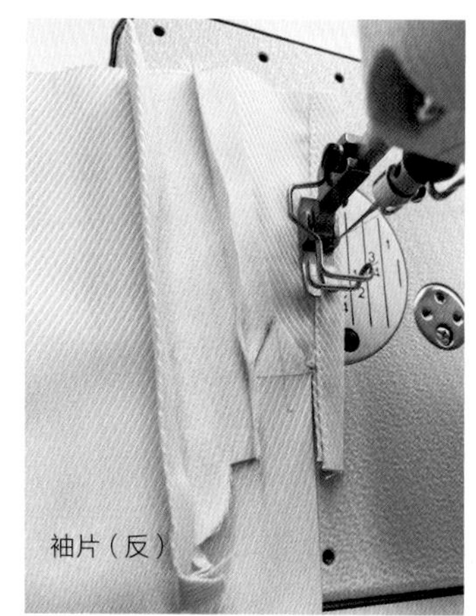

图4-92　夹缝小袖衩条

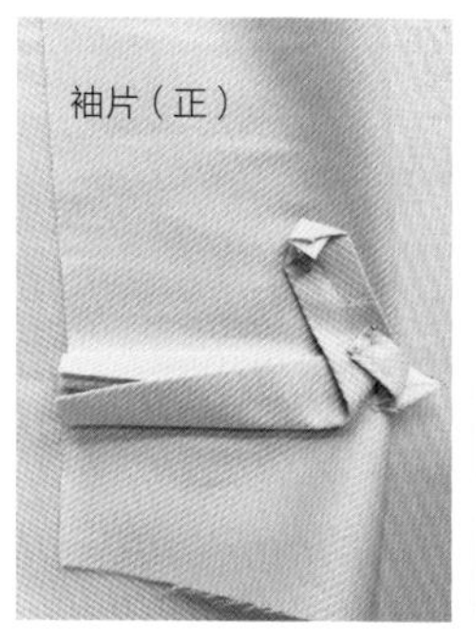

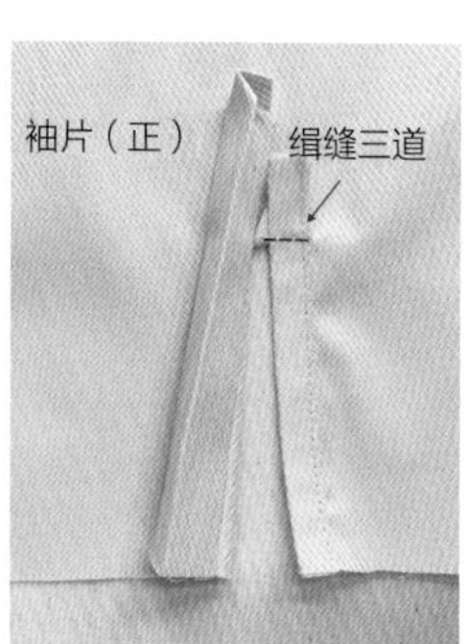

图4-93　固定小袖衩与三角

采用夹缝的方法缉宝剑头袖衩，缉袖开衩缝份为0.5cm，明线宽0.1cm，要注意明缉线的方向，如图4-94所示。

完成宝剑头袖衩正反面图，如图4-95所示。

二、下摆开衩的缝制工艺

一般直筒裙、西服的下摆会做开衩。服装下摆开衩既具有装饰性，又具有实用性，奢华大气中透着一丝随性的洒脱，能展现服装更多的灵动感，能更好地修饰身型，如图4-96所示。下文主要对直筒裙下摆、西服下摆开衩缝制工艺进行详细介绍。

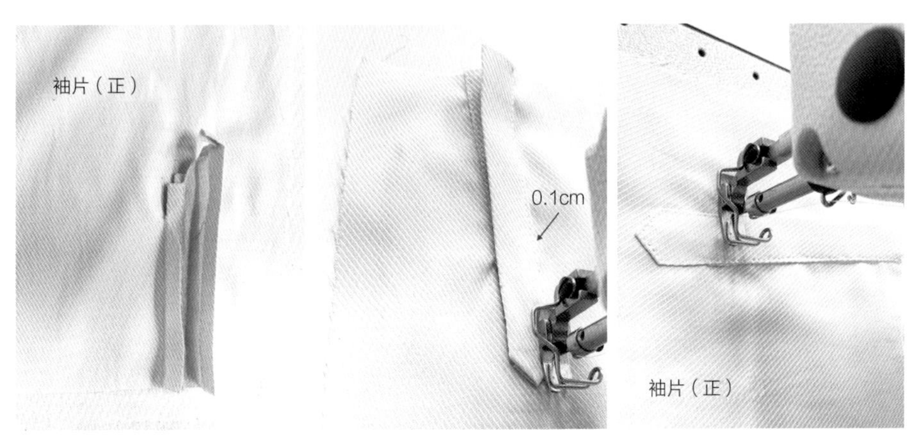

图4-94　夹缝宝剑头袖衩

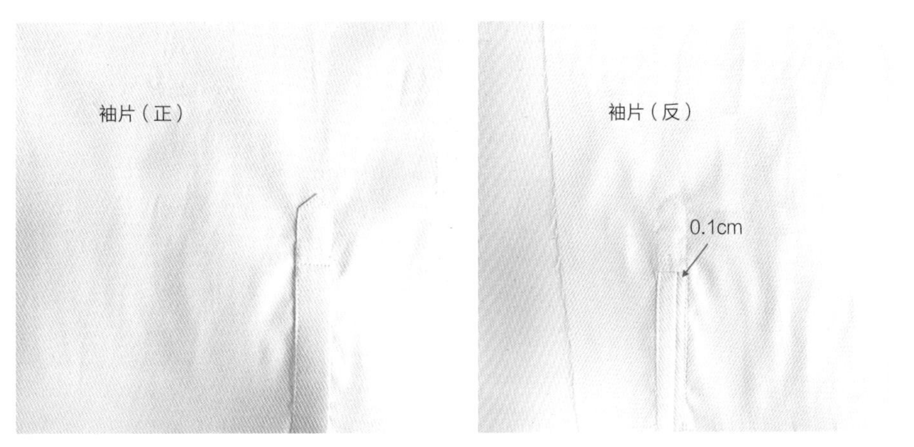

图4-95　宝剑头袖衩完成图

图4-96　下摆开衩服装

（一）直筒裙下摆后开衩缝制工艺

直筒裙下摆后开衩款式图如图4-97所示。

1.准备材料

准备左后裙片、右后裙片，如图4-98所示。

2.制作步骤

（1）修剪底摆缝份

将左、右后裙片底摆开衩位置多余的缝份修剪掉，如图4-99所示。

（2）缉合后开衩与底摆缝份

左右裙片开衩部位折转向裙片正面，沿底摆净样线缉缝，起止位置缝倒回针；右后裙片沿开衩部位中线向裙片正面对折，沿底摆净样线缉缝，起止位置缝倒回针，如图4-100所示。

（3）缝合后中缝

将左后裙片与右后裙片正面相对，从拉链开口止点起针缝制开衩点，缝份1cm，起止位置缝倒回针，如图4-101所示。

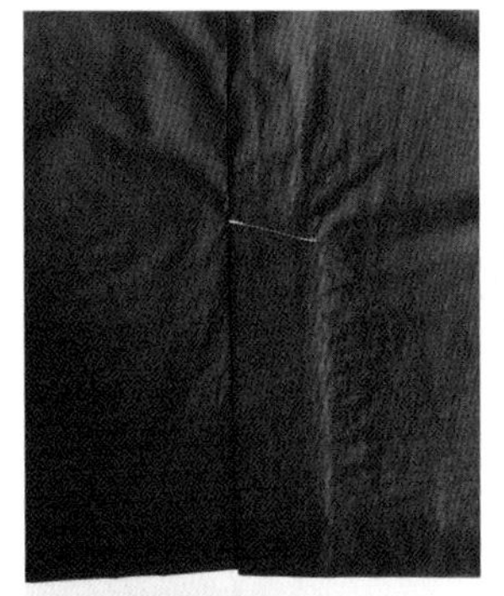
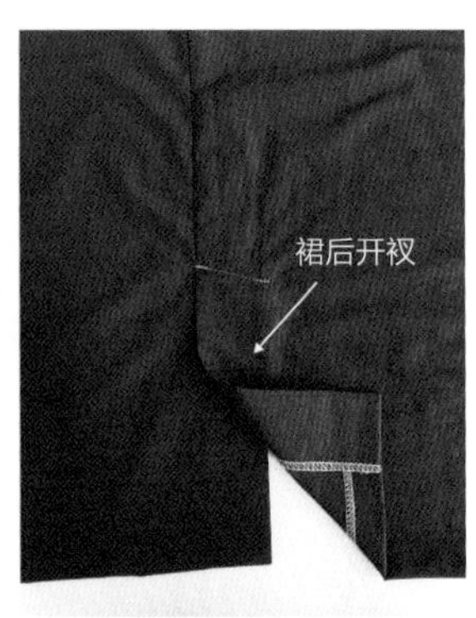

图4-97　直筒裙后开衩

图4-98　准备材料

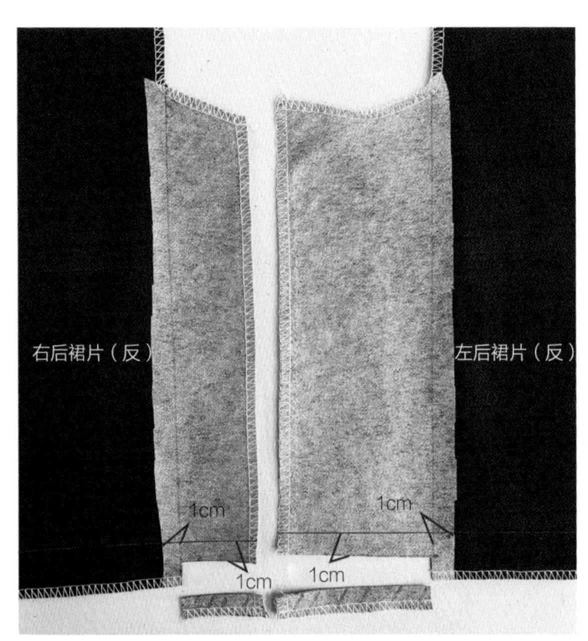

图4-99　修剪底摆缝份

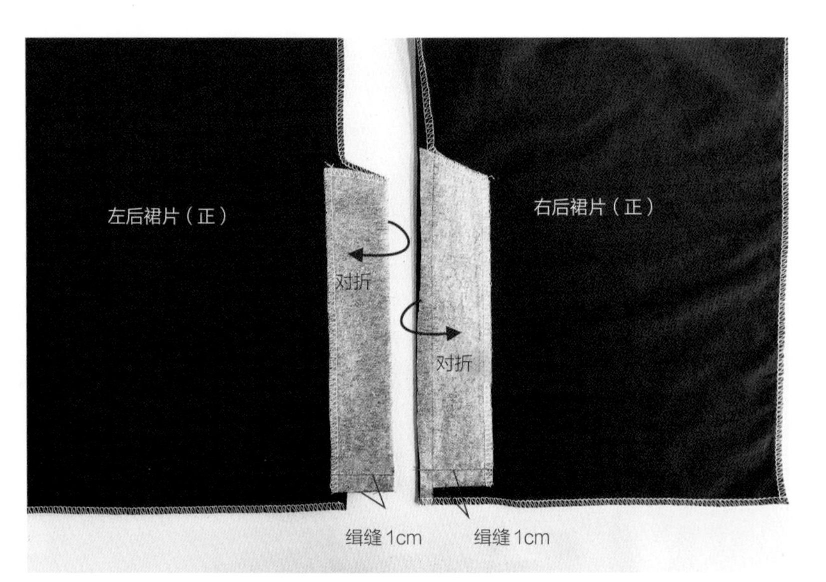

图4-100　缉合后开衩与底摆缝份

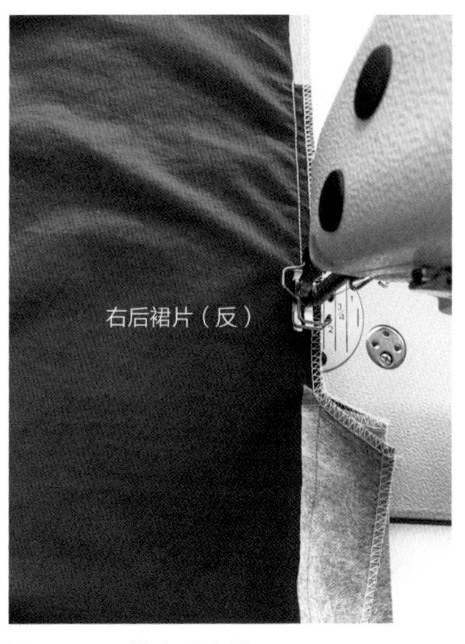

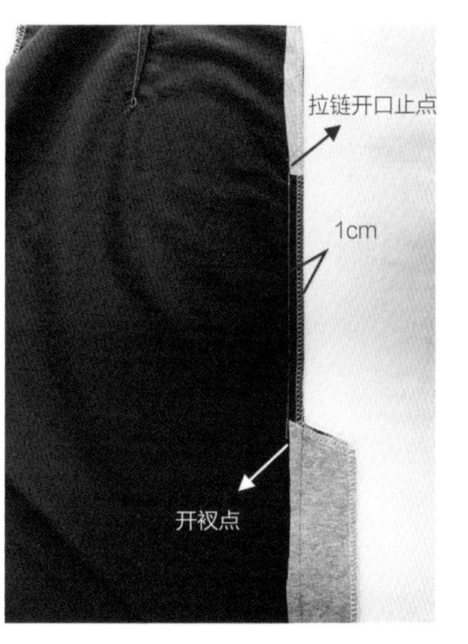

图4-101 缝合后中缝

（4）固定后开衩

开衩部位翻转熨烫，将右后裙片掀开，从开衩止点横向缉缝固定左、右后衩，缉缝1cm，如图4-102所示。

（二）西服下摆后开衩缝制工艺

西服下摆后开衩款式图如图4-103所示。

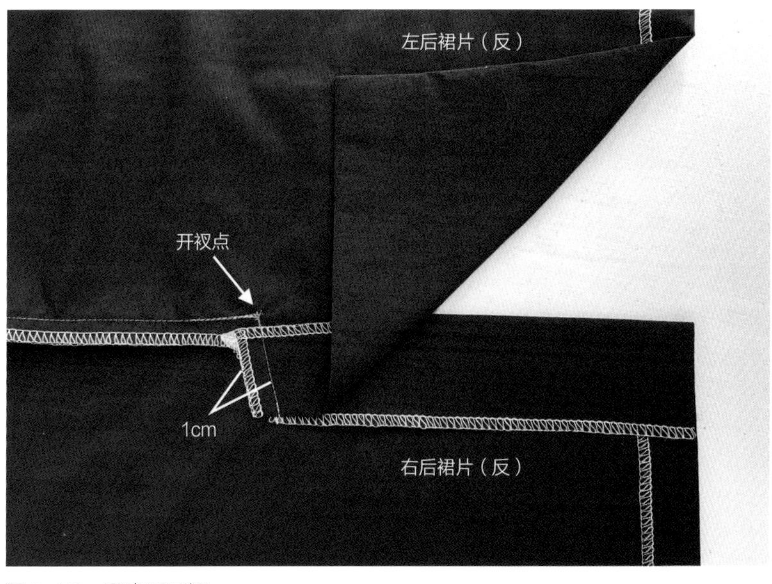

图4-102 固定后开衩

开衩缝制工艺
（图4-78至图4-103对应视频）

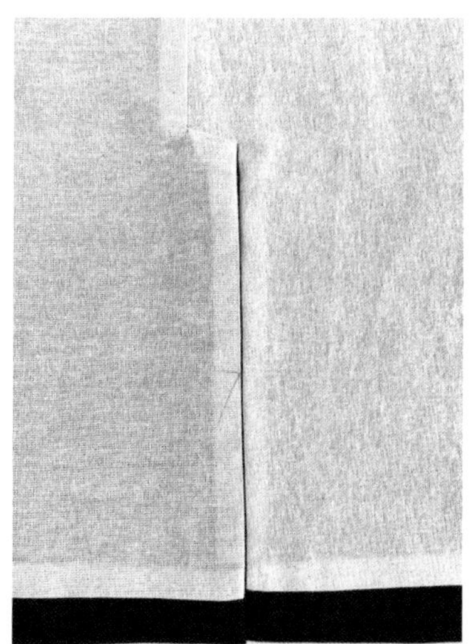

图4-103 西服下摆后开衩

1.准备材料

准备左后衣片面、里，右后衣片面、里，如图4-104所示。

2.制作步骤

（1）缝合左后片开衩位

首先面料衩位折烫，缝合左后片对角线，缝份修剪并翻折熨烫，然后右后片下摆折烫，如图4-105所示。

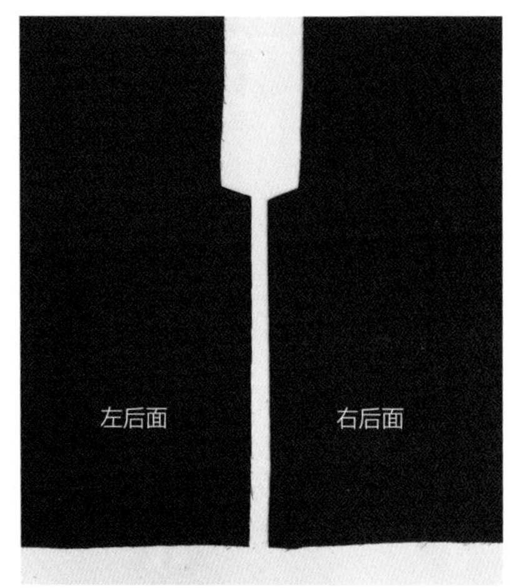

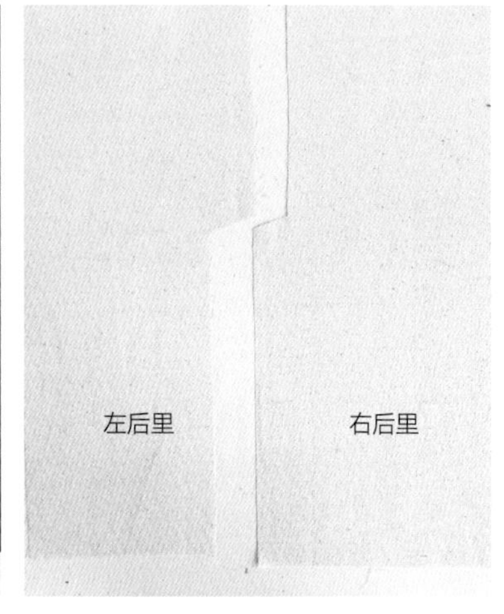

图4-104　准备材料

图4-105　缝合左后片开衩位

（2）缝合开衩面、里

缝合开衩面：左、右后片正面相对，后中缝合至衩宽位置，面料分开缝，如图4-106所示。

缝合开衩里：左、右后片里正面相对，左后片里在上，后中缝合至开衩点后，剪开下层转折点处，左、右后片里衩宽处对齐缝制衩宽位置，起止

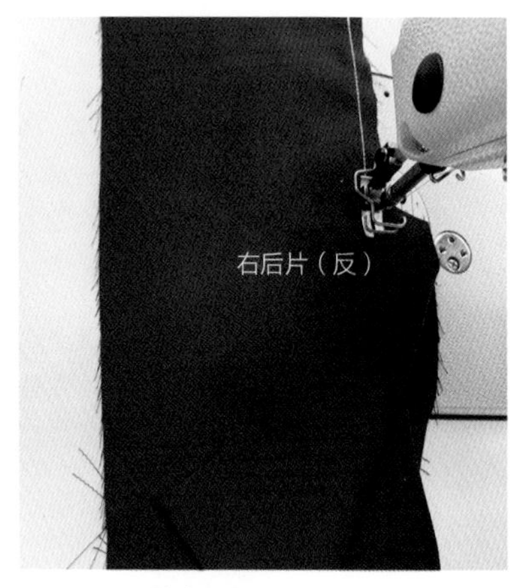

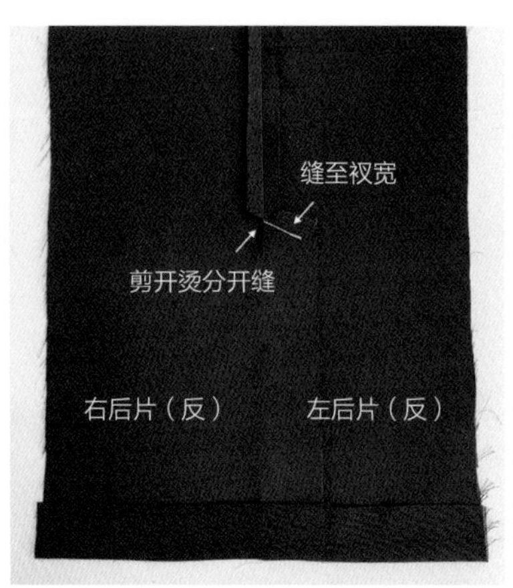

图4-106　缝合开衩面

位置倒回针，熨烫平整，如图4-107所示。

（3）缝合左、右后片面、里下摆

左、右后片面、里下摆缝合，缉缝1cm，留1cm坐势，如图4-108所示。

（4）缝合左、右后片面、里开衩

左、右后片面料分别与里料缝合，缉缝1cm，并翻折熨烫，如图4-109所示。

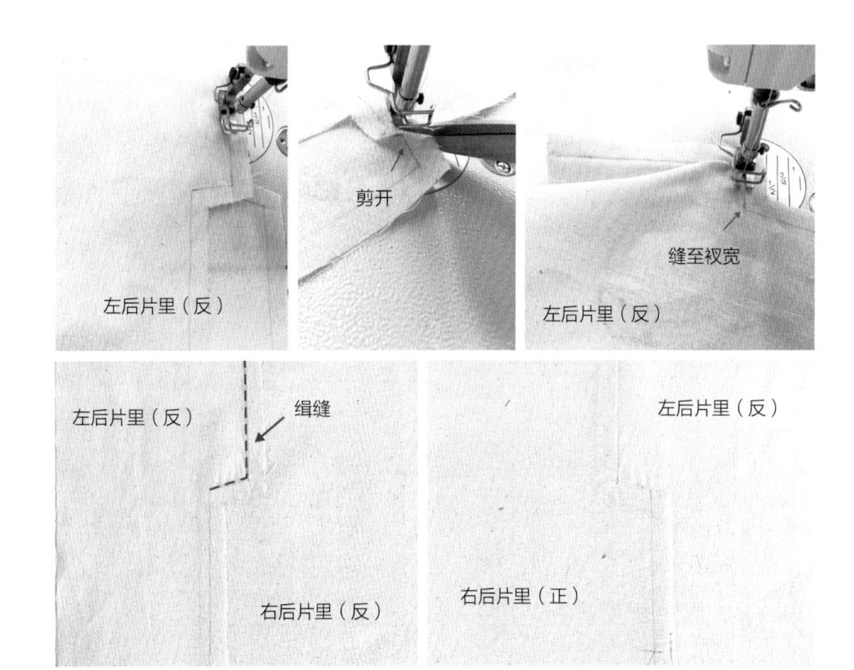

图4-107　缝合开衩里

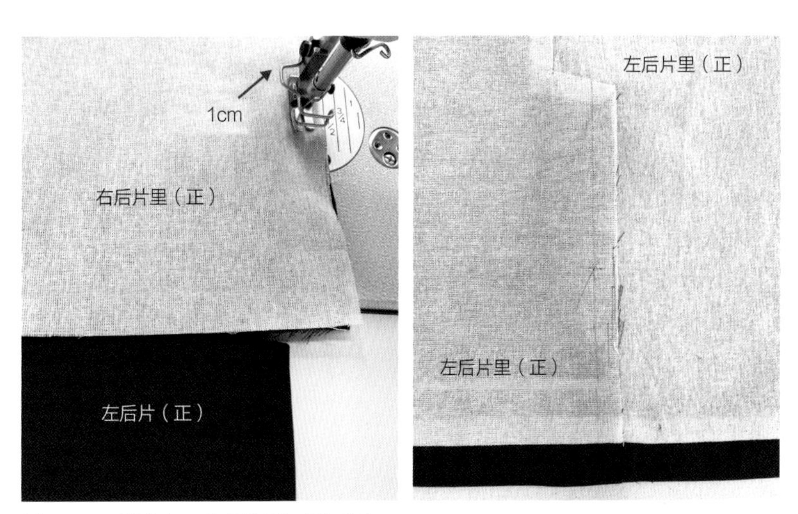

图4-108　缝合左、右后片面、里下摆

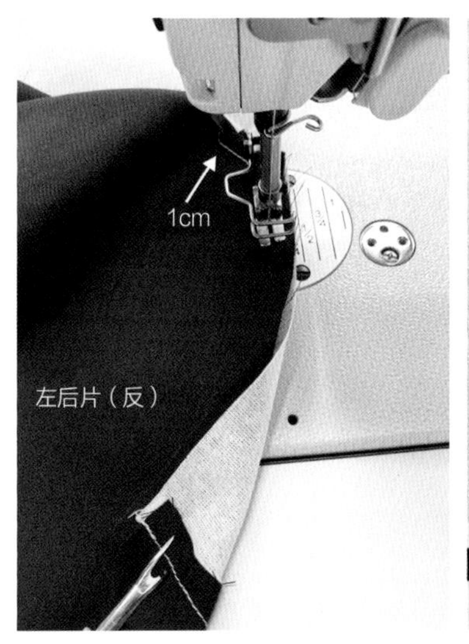

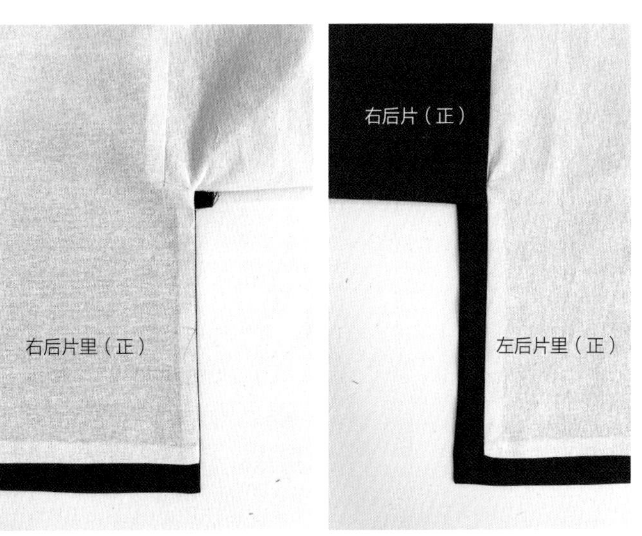

图4-109　缝合左、右后片面、里开衩

第四节　拉链的缝制工艺

裙子、裤子、上衣腰节处设置拉链，目的在于解决服装的最小围度与其套进人体的最大围度之间的矛盾，以达到能够穿脱的目的。拉链因使用的位置不同，安装的方法不同，起到的外观效果也不同。

一、裙子明拉链的缝制工艺

裙子明拉链的下层垫有里襟，拉上后拉链不外露，该拉链的安装方法在裙子中应用较多，如图4–110所示。

图4–110　裙子明拉链

图4–112　确定拉链的位置

1.准备材料

左、右后裙片；拉链，长为18至20cm；里襟长为18至20cm，宽为5至6cm，对折后锁边，如图4–111所示。

2.制作步骤

（1）确定拉链的位置

首先将裙片正面与正面相对缝合，根据拉链的长短留出拉链的位置，安装拉链的部位可粘衬，以防止裙片拉长变形，要注意黏合状态需良好，然后将缝头分开缝烫平，为绱拉链做准备，如图4–112所示。

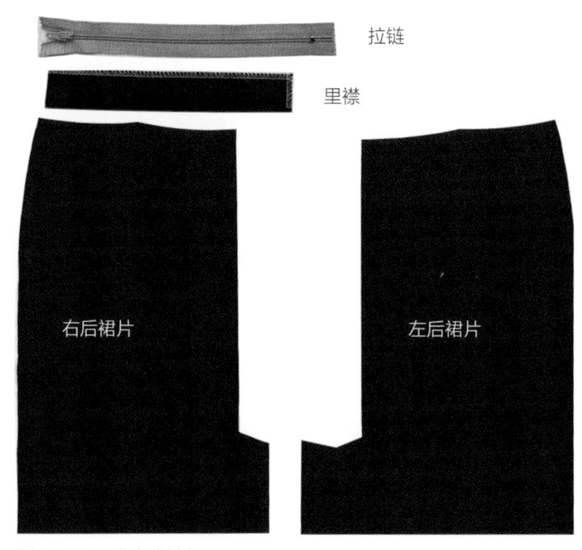

图4–111　准备材料

（2）固定拉链

首先将拉链的一侧固定在里襟上，放在左裙片的下层，用手针将其与衣片固定，然后把拉链的另一侧固定在右裙片上，缝份与后中缝份一致，如图4–113所示。

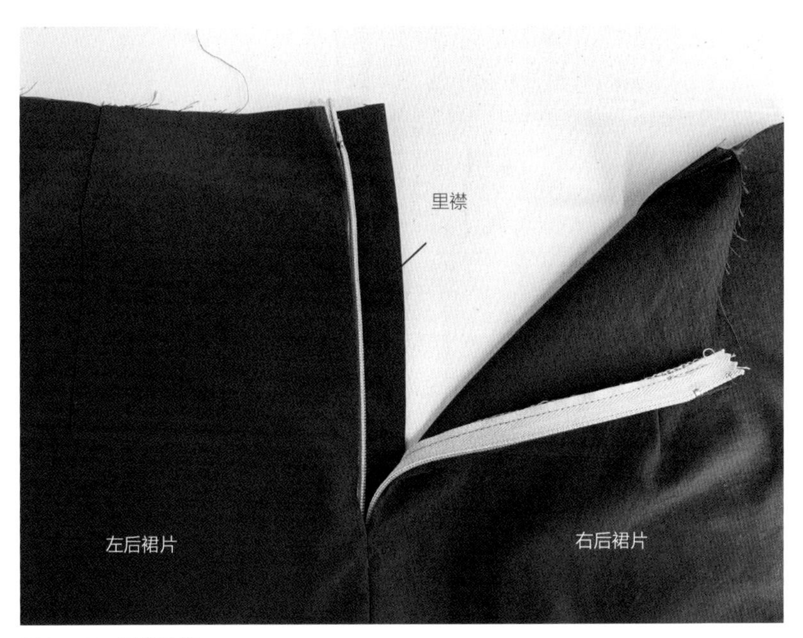

图4-113 固定拉链

（3）缉拉链

在裙片的正面，距中心线0.5cm处缉明线，缉右边明线时注意不要缉着里襟。完成后的拉链不可露出牙齿，表面要伏贴、美观，不可出现里紧外松的现象，如图4-114所示。

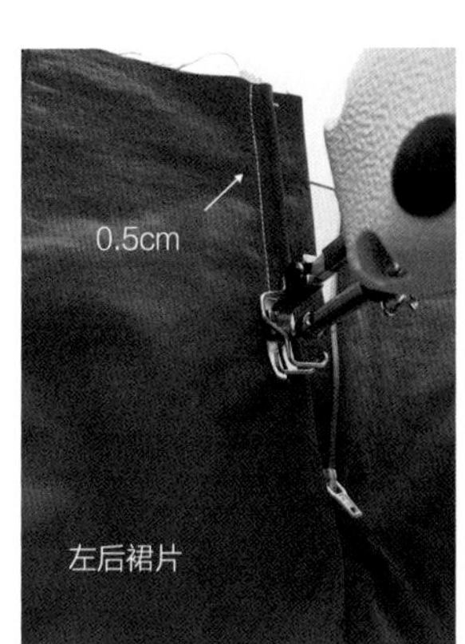

图4-114 缉拉链

二、裤子拉链的缝制工艺

通常在裤片的前裆缝处安装拉链，拉链下垫一里襟，左裤片下层有一门襟贴边，如图4-115所示。

1.准备材料

左、右前裤片；拉链，长为18至22cm；里襟，长为20至22cm，宽为6至7cm，对折后将止口锁边；门襟贴边，长为20cm左右，宽为3.5至4cm，需反面烫衬，外弧线锁边，如图4-116所示。

图4-115 裤子拉链

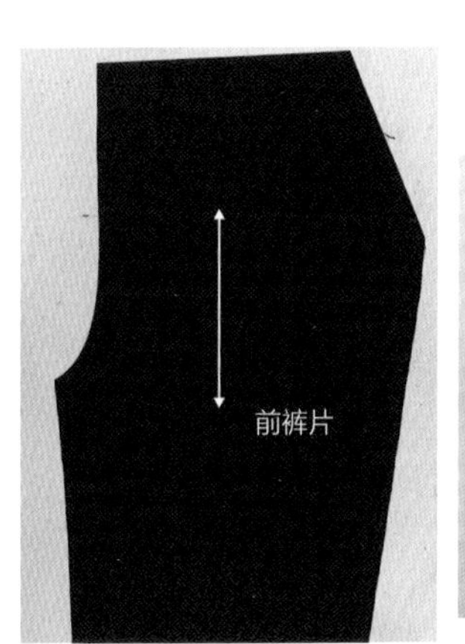

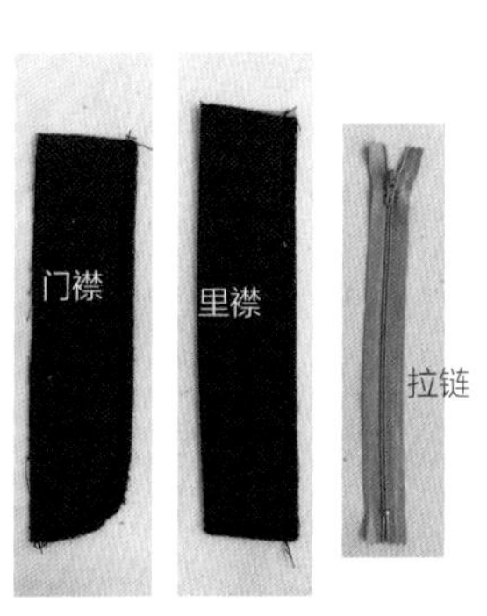

图4-116 准备材料

2.制作步骤

（1）缝合门襟与右前裤片

首先将门襟与右前裤片正面相对缉缝1cm，起止位置倒回针，然后打开门襟，缝份倒向门襟，在门襟上压0.1cm明线，如图4-117所示。

（2）缝合里襟与拉链

首先将拉链正面朝上，门襟与左前裤片正面相对，用手缝针疏缝暂时固定，机缝0.8cm缝份，然后将门襟掀开并熨烫，缝份倒向门襟，最后在门襟正面缉缝0.1cm明线，如图4-118所示。

（3）缝合门襟与拉链

首先将右前裤片腰口对齐拉链，门襟上口盖过拉链0.5cm，下口盖过拉链0.2cm，然后打开门襟，将拉链缉缝到门襟上，如图4-119所示。

（4）缝合左前裤片与拉链

将左前裤片折烫1cm，压缉在拉链正面，上松下紧，与拉链距离0.2cm，如图4-120所示。

（5）缉缝门襟明线

在右前裤片门襟位置放上门襟扣烫板进行明线缉缝，也可用水消笔按照扣烫板画出明线再缉缝，起止位置倒回针，缉缝时要将里襟展开防止一并缉缝住，如图4-121所示。

（6）回针固定门襟和里襟

里襟翻回，从裤片反面将里襟和门襟贴边缉缝并倒回针

图4-117　缝合门襟与右前裤片

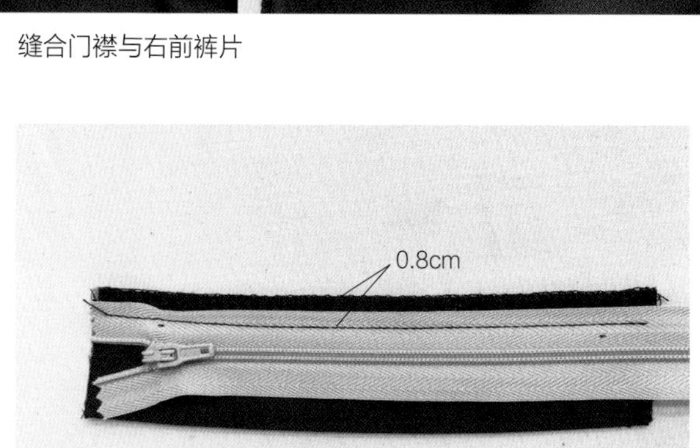

图4-118　缝合里襟与拉链

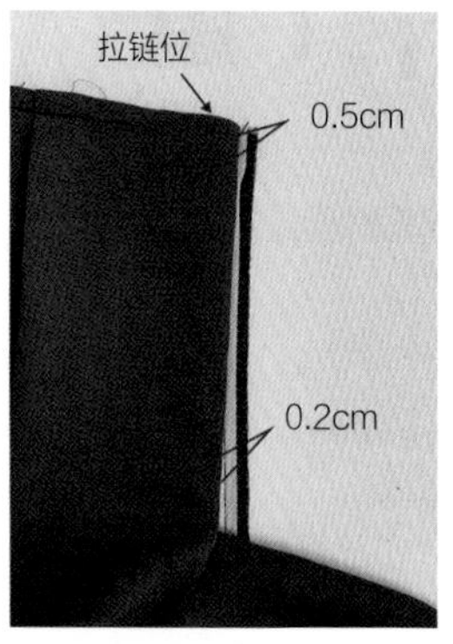

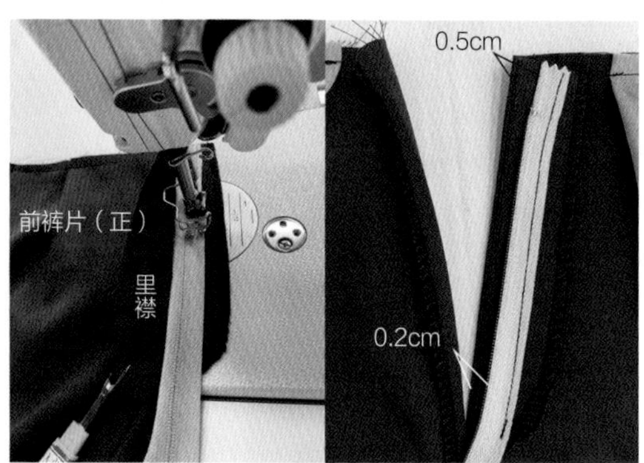

图4-119　缝合门襟与拉链

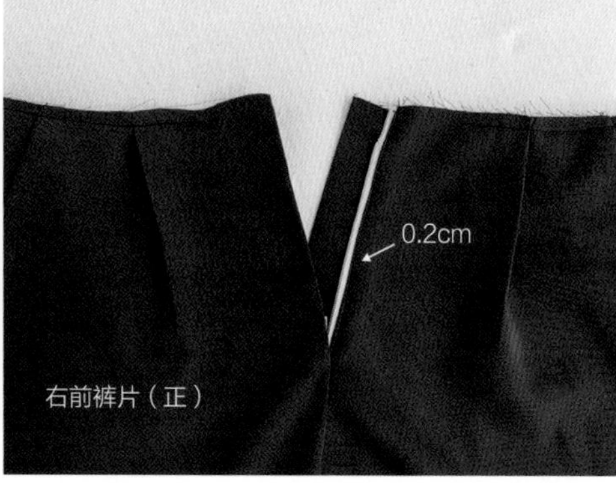

图4-120　缝合左前裤片与拉链

图4-121　缉缝门襟明线

固定，需将多余的拉链减掉，如图4-122所示。

三、隐形拉链的缝制工艺

隐形拉链顾名思义即为在正面看不见缝线的拉链。隐形拉链缝制在衣缝中，如上衣侧缝或后中缝、裤子侧缝或后中缝、裙子侧缝或后中缝等。缝制隐形拉链不影响衣服的外观效果，又起到方便穿脱的效果。该拉链在半身裙、连衣裙、裤子中应用较多，如图4-123所示。

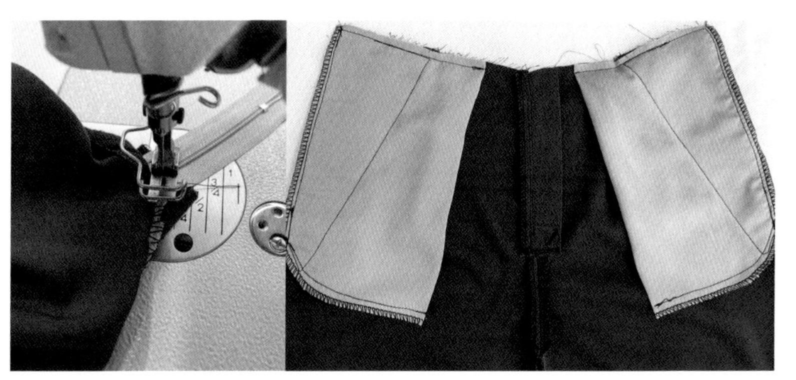
图4-122　回针固定门襟和里襟

图4-123　隐形拉链直筒裙

拉链缝制工艺
（图4-110至图4-123对应视频）

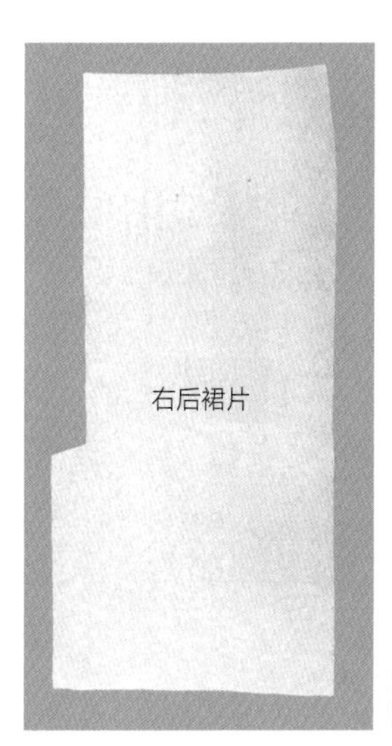

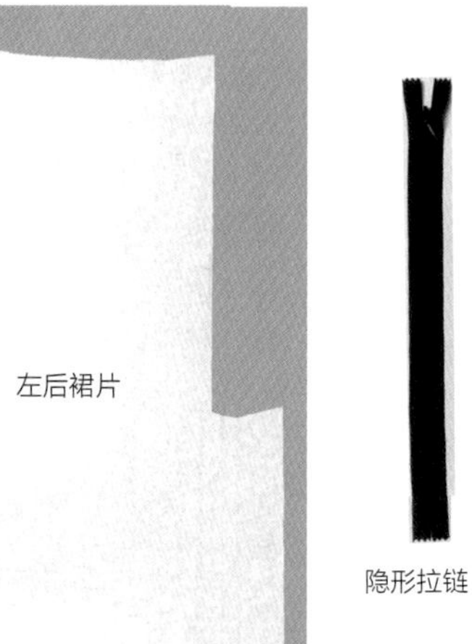

图4-124　准备材料

1.准备材料

左、右后裙片；隐形拉链，长20cm左右，如图4-124所示。在绱隐形拉链之前，要先将平缝机换上单边压脚或隐形拉链压脚。

2.制作步骤

（1）确定拉链的位置

首先在装隐形拉链的位置画出一定的长度，该长度比拉链短1.5cm，然后将后裙片的正面相对，从拉链位向下缝合，最后将缝头分开缝烫平，如图4-125所示。

（2）疏缝隐形拉链

首先将隐形拉链的中心对齐后中缝，然后用手针将拉链两边分别疏缝固定在缝份上，疏缝时尽量靠近拉链中心处，如图4-126所示。

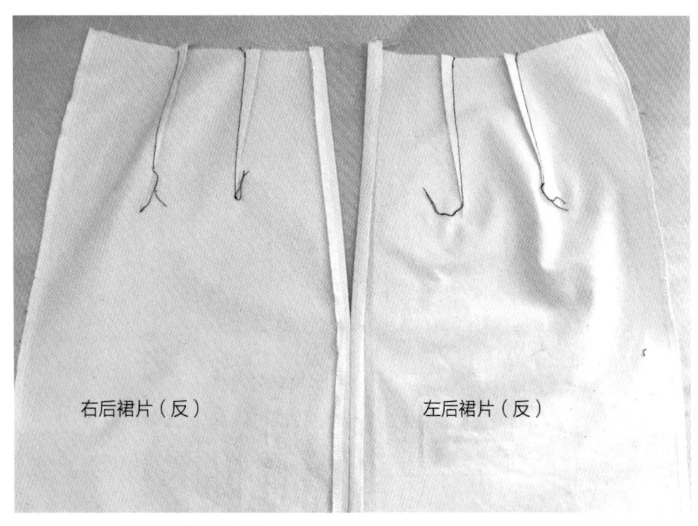

图4-125　确定拉链的位置

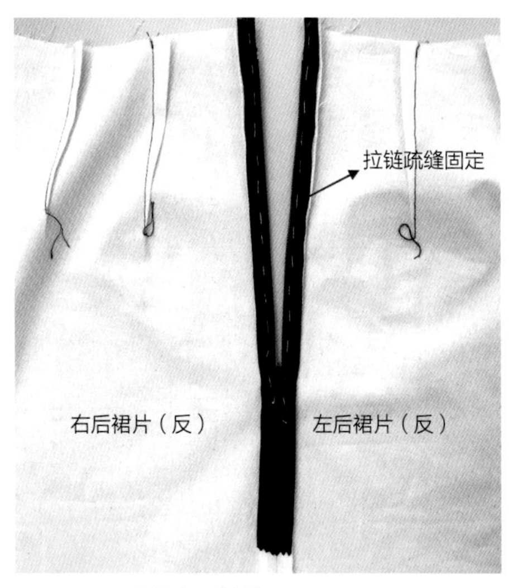

图4-126　疏缝隐形拉链

（3）缉缝隐形拉链

平缝机换上单边压脚，拉链反面朝上进行缉缝，缉缝时注意用手辅助将拉链齿牙立起，以方便在拉链齿的边缘进行缉缝，如图4-127所示。

左右两边都缉缝完成之后，拆除疏缝线，将拉链头拉到正面，即完成隐形拉链的缝制，如图4-128所示。

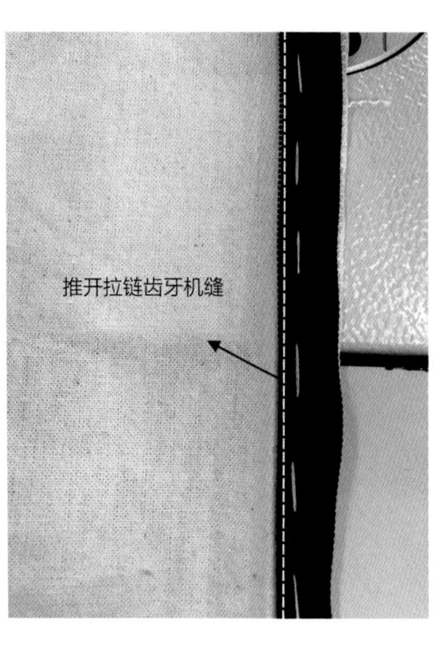

图4-127　缉缝隐形拉链

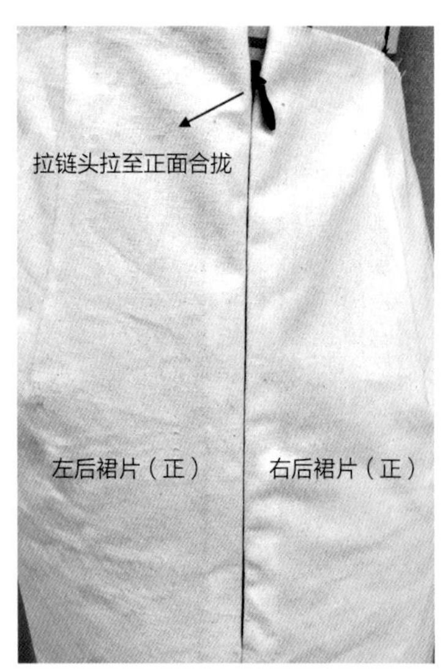

图4-128　隐形拉链完成图

第五节 常用领子的缝制工艺

领子是服装中的一个视觉焦点，可以设计为不同形状和大小。领子的基本形包括领子与领口两个方面。领口既决定着领子的空间造型，又决定着领子底口的相应围度。任何款式的领子都要绱于领口后，才能验证其合体程度及外观效果。领子缝制工艺的好坏，在很大程度上直接影响服装整体风格以及工艺水平。

服装衣领的款式多样，大致可分为无领、立领、翻领、驳领，领型不同其工艺也有所不同。本节将对常用的无领、立领、翻领的缝制工艺进行详细介绍。

一、无领的缝制工艺

领圈是衣领的基础，只有领口没有领片而又独立称其为领子的领型叫作无领，如图4-129所示。无领具有轻便、随意、简洁的风格特征，就其形状来分包括圆形、方形、桃形、多边形等。其缝制方法基本相同，都是在领圈边沿的相应部位缝上贴边或滚边。领圈贴边、滚边有明线与暗线两种：明线是将贴边或滚边放在衣片的正面，暗线是将贴边或滚边放在衣片的反面。下面以圆领型为例介绍无领的缝制工艺方法。

圆领型的领圈为顺滑的圆形，其款式如图4-130所示。

1.准备材料

前、后衣片；领贴，领贴与领口的形状需一致，宽3至4cm。

2.制作步骤

（1）缝合肩缝

首先将前、后衣片的正面相对缝合肩缝，缝

图4-129 无领服装

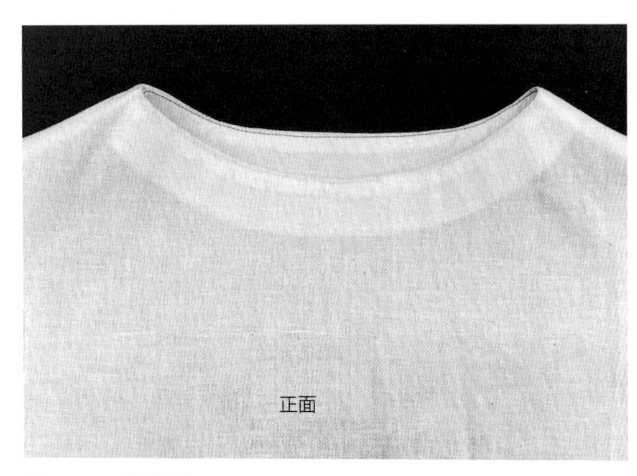

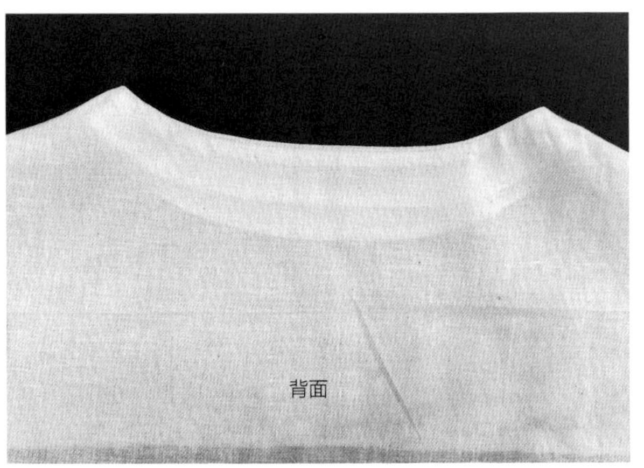

图4-130 圆领型

份为1cm，缝合时前衣片放在上层，后衣片放在下层，然后将缝份分开缝烫平（如果面料较薄，将前后肩缝一起锁边，缝份倒向后衣片烫平），如图4-131所示。

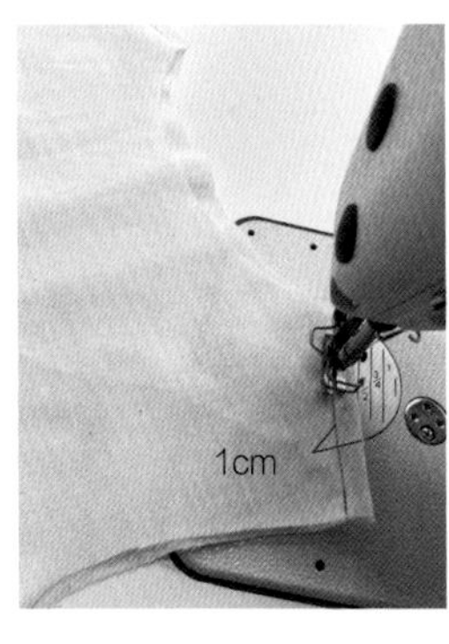

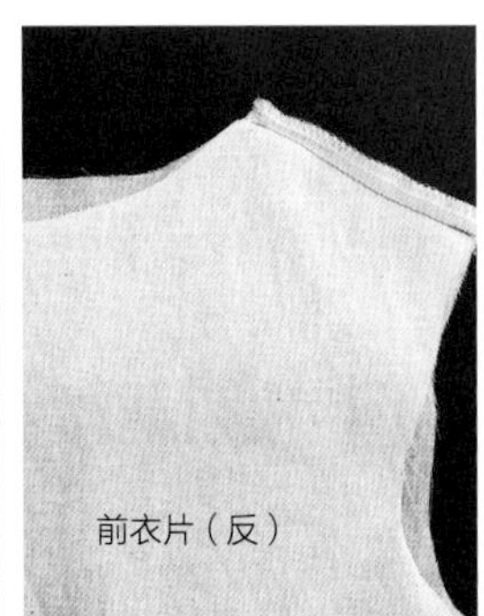

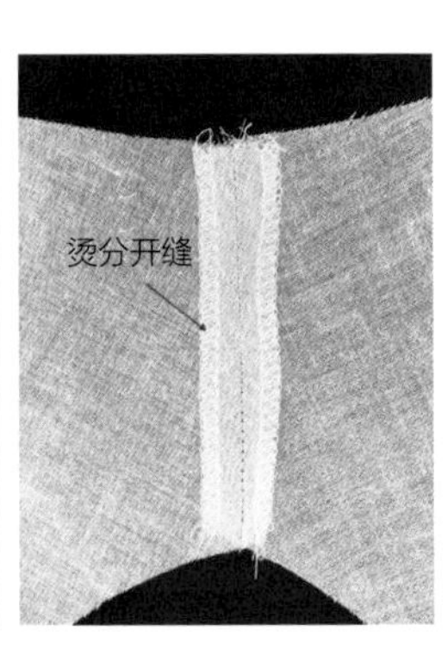

图4-131 缝合肩缝

（2）缝合领贴

首先将前、后贴边的正面相对缝合肩缝，缝份为1cm，然后分开缝烫平，领贴正面朝上，领贴下口锁边，如图4-132所示。

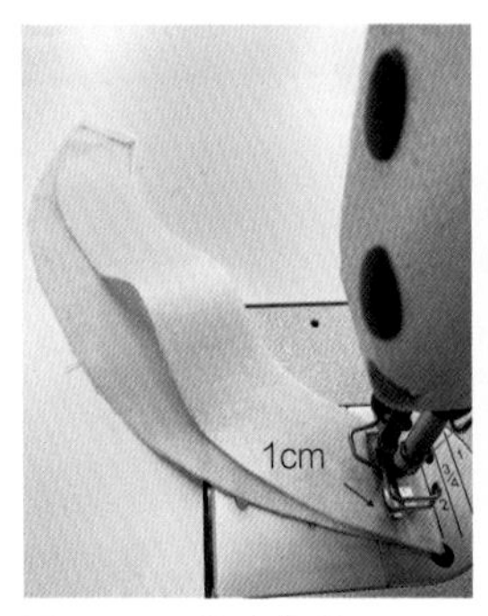

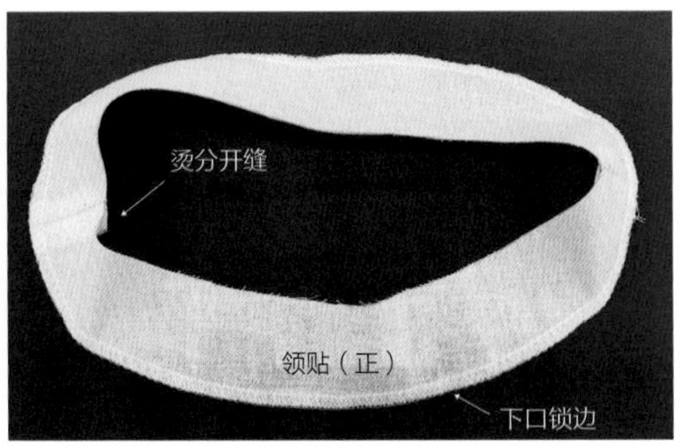

图4-132 缝合领贴

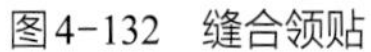

（3）缝合领口

将贴边的正面与衣身的正面相对缉合领口，缝份为1cm，注意缉线要圆顺，符合领口的形状，肩缝、领中处需对位，领口不可偏斜，如图4-133所示。

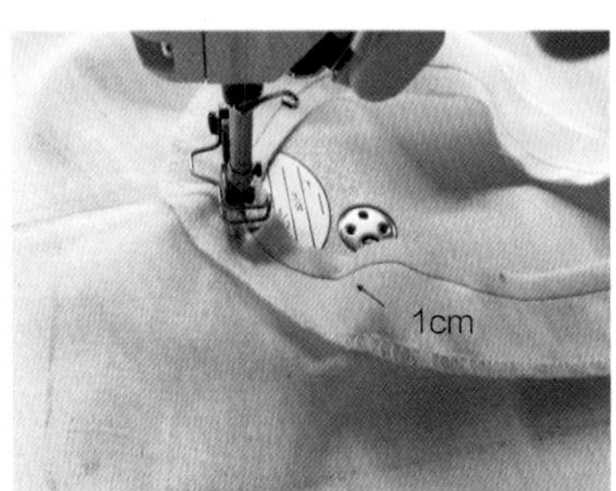

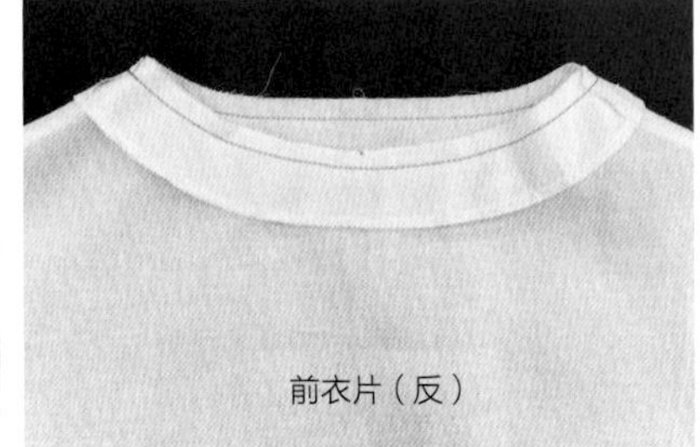

图4-133 缝合领口

（4）缉缝领口贴边

缝头剪窄，弧度大的地方剪刀口，为了防止领口贴边反吐，将缝份倒向贴边方向，沿贴边缉0.1cm明线，线迹要圆顺，不可有漏缉现象，如图4-134所示。

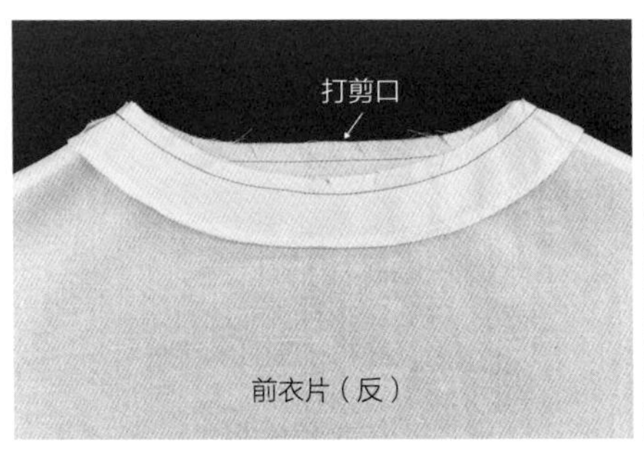

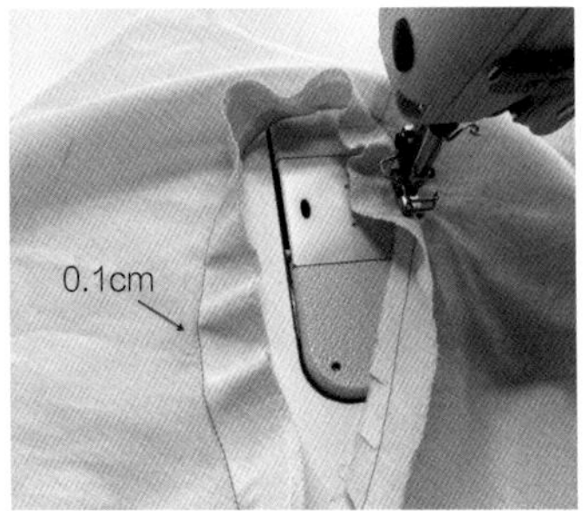

图4-134 缉缝领口贴边

（5）三角针固定领口贴边

首先将领口贴边翻到衣身的反面，把领口放在铁凳上或布馒头上烫平，熨烫时要掌握好熨斗的温度，不可出现亮光，然后利用手针将领口贴边扞在衣片上，注意在衣片的正面需不露针迹，贴边的松紧与衣片要适宜，如图4-135所示。

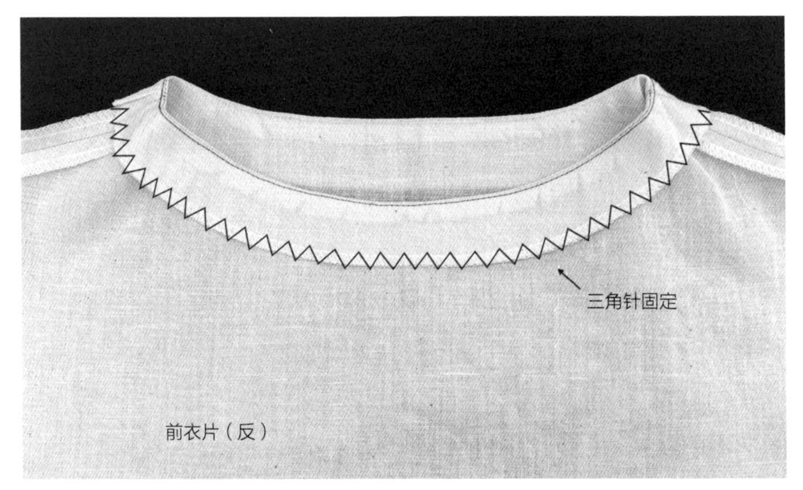

图4-135 三角针固定领口贴边

二、立领的缝制工艺

立领属于关领类，只有前、后领宽的变动及前领角的变化，款式简洁、结构简单、造型严谨朴实，较贴合人体颈形，主要用于学生装、中式上衣及旗袍中，如图4-136所示。立领缝制时要注意领头需圆

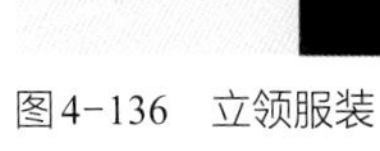

图4-136 立领服装

顺、对称，领子的宽窄、大小与样板要一致，领下口需松紧适宜，无皱褶现象。

立领型款式图如图4-137所示。

1.准备材料

领面，根据样板一周放缝1cm，领衬的大小同领面。领里，根据样板一周放缝1cm，采用直丝道。

2.制作步骤

（1）烫立领下口

首先在领面的反面烫无纺黏合衬，然后根据样板画样，根据样板烫立领下口，将缝份折转包紧、烫干，如图4-138所示。

（2）缉领

将领面与领里的正面相对，根据画好的领样缉领，起止位置倒回针，领下口处不缉合，如图4-139所示。

（3）修剪熨烫立领

修剪领外口的缝份，留0.3cm，把领翻到正面烫平、烫干，领面有0.1cm的坐势，如图4-140所示。

（4）缉缝领里与衣片领口

将衣片的正面与领里相对，缉缝0.8cm，起止针时领头缩进0.1cm，缝份的宽窄要一致，在肩缝、衣片后中处要对位，起止位置倒回针缉牢，如图4-141所示。

（5）缉缝领面与衣片领口

将领口缝份放入领面、领里之间，在领面一周缉缝0.1cm，如图4-142所示。

三、翻领的缝制工艺

翻领是指造型变化在翻领部分的领子，由底领、翻领两部分组成，如图4-143所示。翻领包括立翻领、连翻领、坦翻领及花式翻领。立翻领是在立领的基础上另加翻出的外领形式，折翻出的外圈领称外翻领，而处于内圈的立领称为底领，该领型在男、女式衬衫上应用较多。

图4-137　立领型

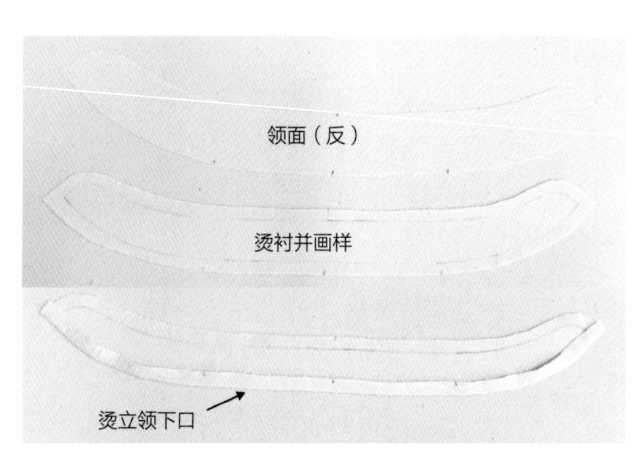

图4-138　烫立领下口

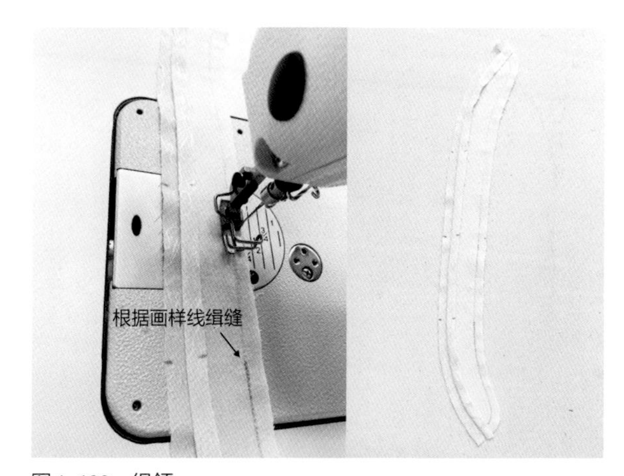

图4-139　缉领

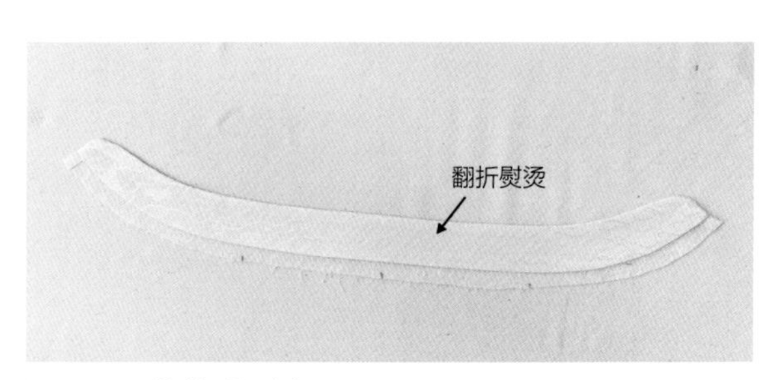

图4-140　修剪熨烫立领

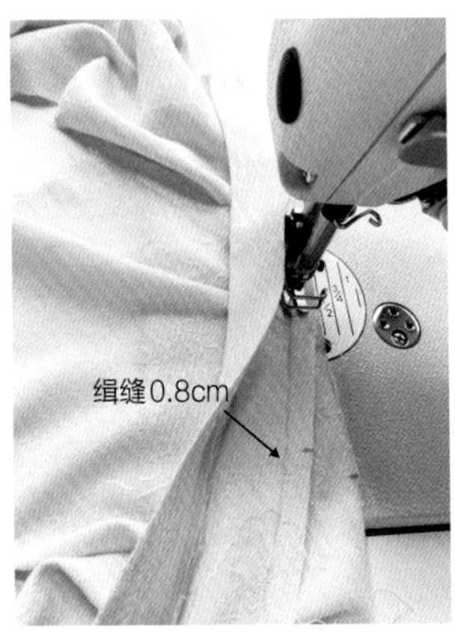

图4-141 缉缝领里与衣片领口

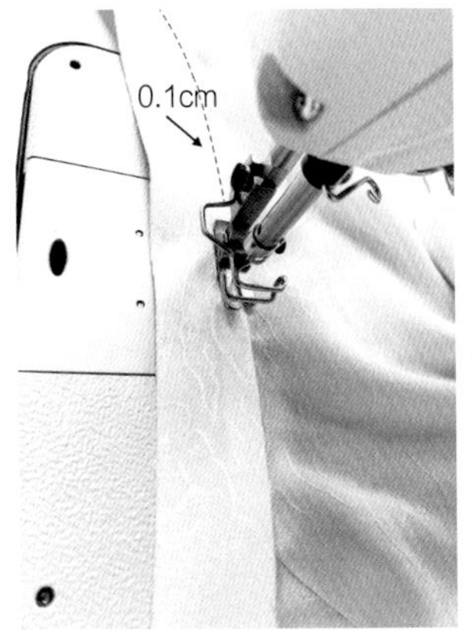

图4-142 缉缝领面与衣片领口

图4-143 翻领服装

立翻领款式图如图4-144所示。

1.准备材料

领面，根据样板四周放缝1cm，为直丝道。领里，根据样板四周放缝1cm，为直丝道。领面用衬大小同衣领净样，采用树脂衬；领里用衬根据样板四周放缝1cm，采用薄型有纺衬。

2.制作步骤

（1）翻领里净样画线

翻领里反面朝上，根据翻领净样板画出翻

图4-144 立翻领

领里的净样线，如图4-145所示。

（2）缝合翻领

缝合翻领：将翻领的领面和领里正面相对，领里在上，沿净样线缝合翻领，如图4-146所示。要求在领角处领面稍松、领里稍紧，使领角形成窝势。

（3）修剪、扣烫缝份

先将领角缝份修剪出0.2cm，翻至正面，将领里止口烫出里外匀，如图4-147所示。要求左右领角形成尖角并对称。

（4）领止口缉明线

将领面朝上，沿领止口缉0.6cm的明线，如图4-148所示。

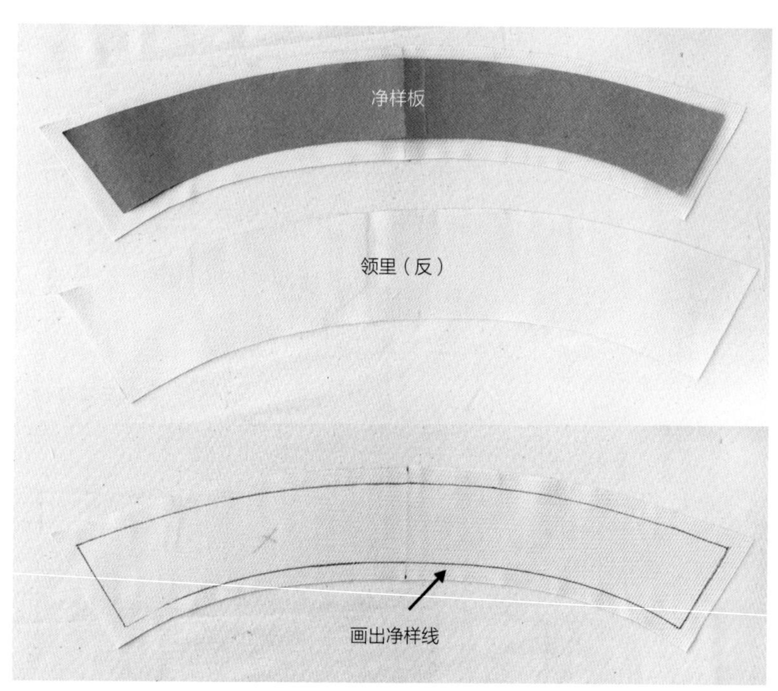

图4-145　翻领里净样板画线

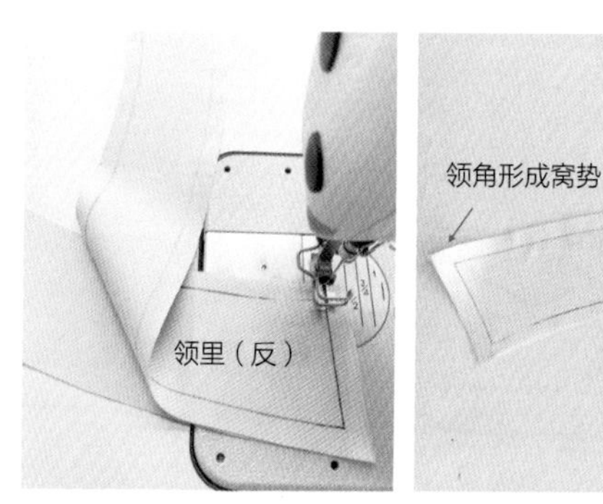

图4-146　缝合翻领

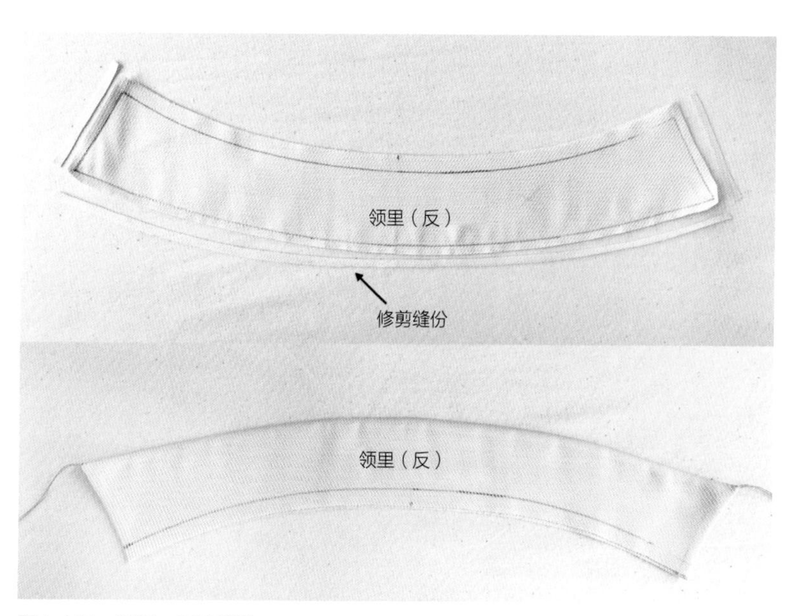

图4-147　修剪、扣烫缝份

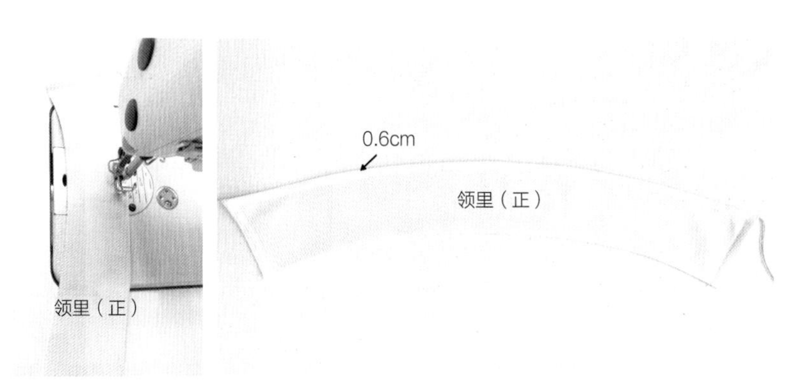

图4-148　领止口缉明线

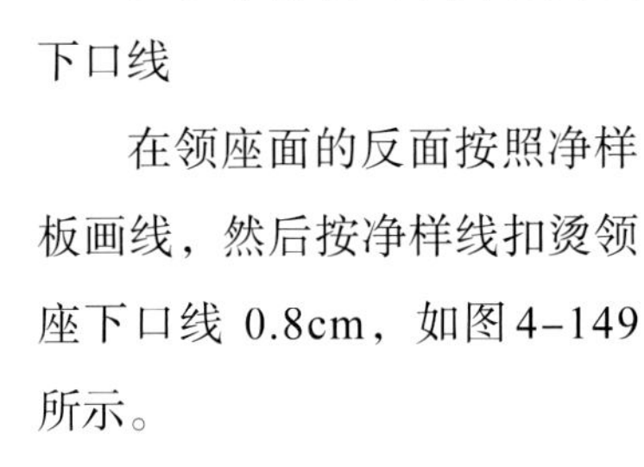

（5）净样板画线并扣烫领下口线

在领座面的反面按照净样板画线，然后按净样线扣烫领座下口线 0.8cm，如图4-149所示。

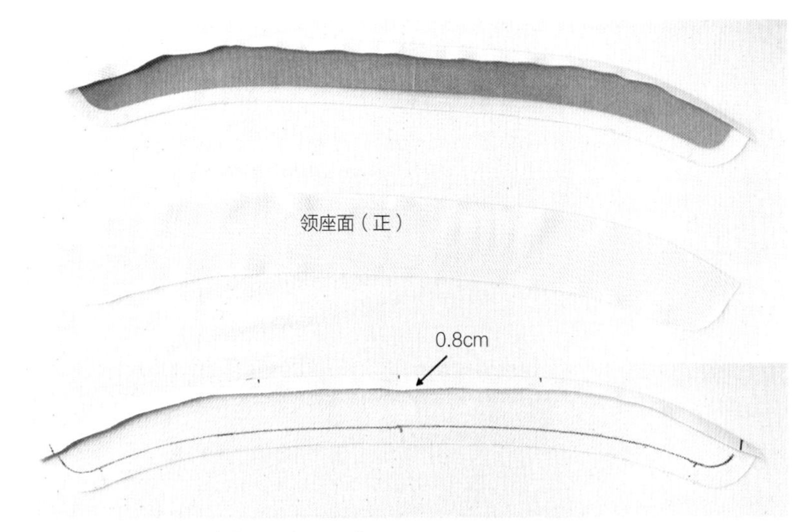

图4-149　净样板画线并扣烫领下口线

（6）缝合翻领与领座

将缝制好的翻领夹在两片领座的中间，翻领面与领座面、翻领里与领座里正面相对，并准确对齐三者的左右装领点、后中点，再按照净样线缉 0.8cm 缝份，如图4-150所示。

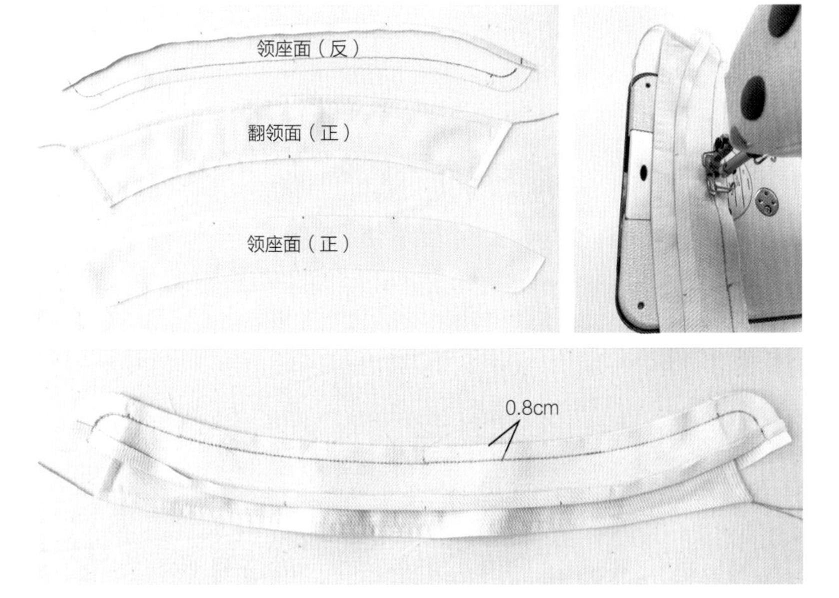

图4-150　缝合翻领与领座

（7）修剪并翻烫领子

首先修剪领座的领角弧线缝份，将领子翻到正面，要求领座领角弧线须翻到位，领子左右要对称，然后将领角烫成平止口，最后在距离翻领左、右装领点3cm间缉0.1cm的明线固定，起止位置不必倒回针，如图4-151所示。

（8）缝合领座里与衣片

领座面在上，领座里与衣片正面相对，在衣片领口处将后中点、左右颈侧点对准领座里的后中点、左右颈侧点，并按照净样线缉0.8cm的缝份，如图4-152所示。要求绱领的起止点必须与衣片的门、里襟上口对齐，领口弧线不可抽紧起皱。

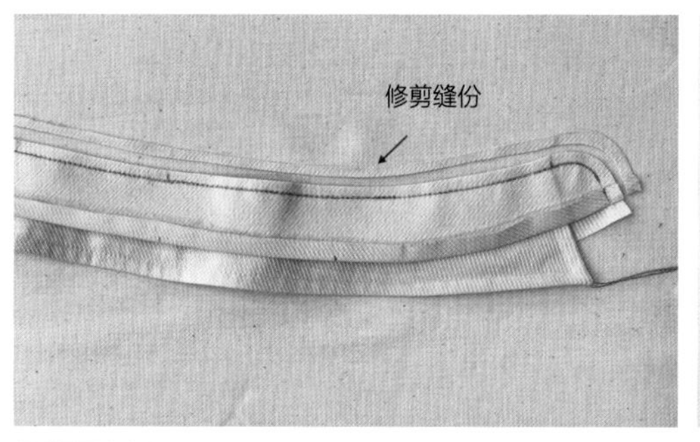

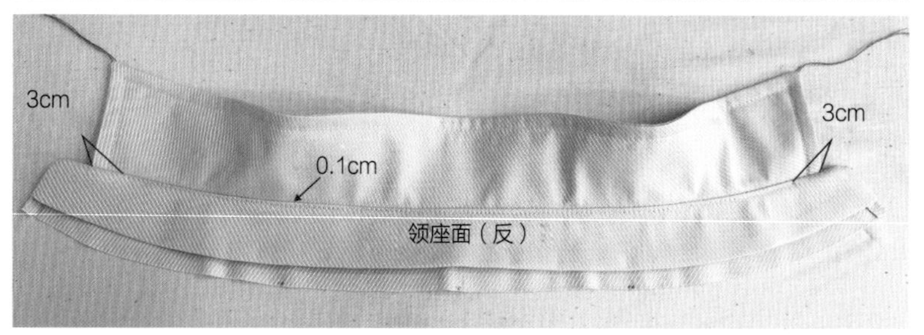

常用领子缝制工艺
（图4-130至图4-153对应视频）

图4-151　修剪并翻烫领子

（9）缉领子明线

首先将领座面盖住领座里缝线，对位点对齐，然后在领、领座缝合明线的一侧连续缉缝0.1cm至领座面的领下口线，这条线到另一侧为止，如图4-153所示。要求两侧接线处缝线不双轨，领座里处的领下口缝线不超过0.3cm。

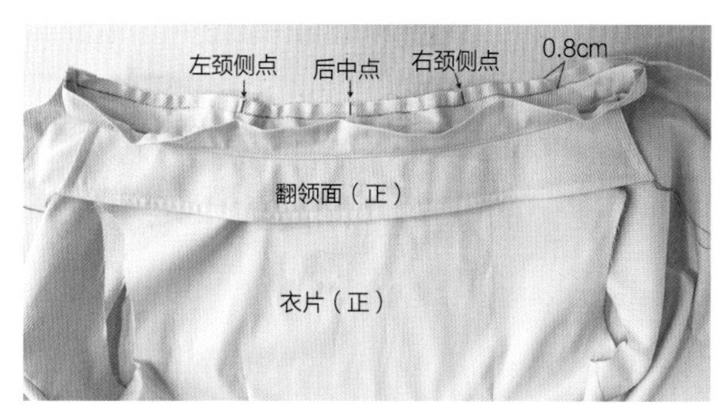

图4-152　缝合领座里与衣片

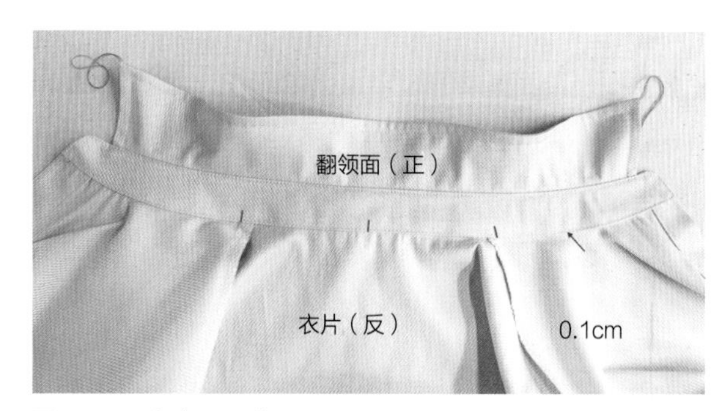

图4-153　缉领子明线

本章小结

本章主要学习五部分内容：省道与褶裥的缝制工艺、常用口袋的缝制工艺、开衩的缝制工艺、拉链的缝制工艺、常用领子的缝制工艺。了解了褶裥、口袋、领子的分类、设计说明、款式造型等，掌握了省道与褶裥、常用口袋、开衩、拉链及常用领子的缝制工艺，能为成衣组合缝制打下坚实的基础。

思考题

1.简述常用口袋种类及其缝制操作方法。

2.简述常用领子种类及其缝制操作方法。

作业

1.设计一款带褶裥的包袋，并缝制出来。

2.设计一款带拉链的包袋，需包含两种不同的口袋，并缝制出来。

第五章

成品服装的缝制工艺

课题名称：成品服装的缝制工艺

课题内容：裙子的缝制工艺

裤子的缝制工艺

衬衫的缝制工艺

课时安排：24课时

教学目标：1. 了解不同裙子、裤子、衬衫的款式设计、结构设计和缝制工艺流程。

2. 掌握常用手缝、机缝的操作方法并熟练运用。

教学方法：采用传统与现代（多媒体教学）相结合的教学方法。

教学要求：通过理论知识讲解，现场示范操作，要求学生了解和掌握常见服装的缝制工艺。

服装范畴的成品概念是指完成的某件服装款式，即通过必要的工艺过程将材料加工成一件完整的、可以穿着的服装产品。成品与成衣的概念是服装学科完全不同的两个专业概念，切不可混淆。

成品服装的缝制工艺水平直接关系着服装品质的优劣。成品服装缝制工艺水平的高低主要取决于服装技术管理，主要包括服装缝制设备的先进程度与专业程度、操作技术工人的专业娴熟程度与设备使用水平、工厂与缝制车间的环境问题等。简单地说就是两个要素，即服装工业人的要素与服装工业物的要素。人的要素就是指服装企业管理人员的业务管理水平要素与制作技术工人的专业水平要素；物的要素就是指缝制服装流水线设备的专业性与全面性，即制衣环境要素，也包括材料的易用性等。

在整个服装产品构成的过程中，成品服装缝制工艺是一个非常具有技术挑战性的环节，由此，企业往往只能以技术优劣的程度进行技术结果考核，即成品服装缝制工艺的品质。这是由于服装缝制工艺本身就是一个很具体的实践操作环节，是一个技术经验积累过程的结果。所以，要想制作出高品质工艺的成品服装就必须要重视技术工人专业技能的培养，要特别注重技术工人的制衣技术经验的积累，要尽量保持技术缝制工人队伍工作的长期性与可持续性。这就需要企业管理人员在管理意识层面重视技术工人队伍的建设，要有效地培养技术工人对新设备的熟悉与使用。特别是在高科技智能化的今天，新设备大量地出现，包括新型智能化制衣设备的使用等，这些都需要不断地提升技术工人的专业技能水平。

本章主要对裙子成品、裤子成品、衬衫成品的缝制工艺进行了专业的讲解，重点包括典型款式成品结构的图解说明、排料技巧的图解说明、裁剪工艺的图解说明、工艺制作步骤以及整烫工艺的详细介绍。在本章中，均以典型款式的成品服装缝制工艺进行讲解。

第一节　裙子的缝制工艺

裙装结构相对简单，但造型多样。裙装的穿着方式同样也是多种多样。不同的地域、不同的国家、不同的民族，裙装的风格、造型、着装方式也不尽相同，或飘逸、浪漫，或端庄、干练，总能充分展现女性的优美体态。裙子适用范围广，成为广为穿用的衣物。裙装从整体结构上分为半裙装和连衣裙，从外部形态上分为喇叭裙、半截裙、拖地裙等，从腰部形态上分为装腰裙、高腰裙、连腰裙、低腰裙等，从长度上分为超短裙（迷你裙）、短裙、中长裙、长裙、拖地长裙。另外还可以从制作方法、着装方式和用途等不同的角度加以分类。

本节内容主要介绍节裙与直筒裙的缝制工艺。

一、节裙的缝制工艺

节裙，又称接裙、层裙、塔裙，指裙体以多层次的横向裁片抽褶相连，外形如塔状的裙子。根据塔的层面分布，可分为规则节裙与不规则节裙。在不规则节裙中，可以根据需要变化各个塔层的宽度，如宽—窄—宽、窄—宽—窄、窄—宽—更宽等组合形式。节裙可以有直料与直料、直料与横料、直料与斜料的拼接等，但一般以直料与直料的拼接为主，形成逐渐放大、上窄下宽的塔式造型。此外还有异色的拼接以及采用花边、荷叶边及覆盖、重叠等形式做成的节裙。

下面以三节裙为例进行缝制工艺讲解。

（一）节裙款式设计

1.款式说明

该款女裙外形为A型裙，腰带为松紧腰，裙身有三层拼接，拼接处抽碎褶，上层宽度最小，下层宽度最大，裙长过膝。节裙多适用于休闲的场合，可与T恤衫、衬衫等搭配一起穿着。

2.平面款式图

节裙平面款式图如图5-1所示。

（二）节裙纸样设计

1.制图规格

节裙制图规格以165/69号型为例，如表5-1所示。

表5-1 节裙尺寸规格设计 单位：cm

部位	腰围（W）	臀围（H）	裙长
尺寸	94	100	81

2.结构制图

节裙平面结构制图如图5-2所示。

3.节裙工业样板制作

节裙工业样板图如图5-3所示。

图5-1 节裙款式图

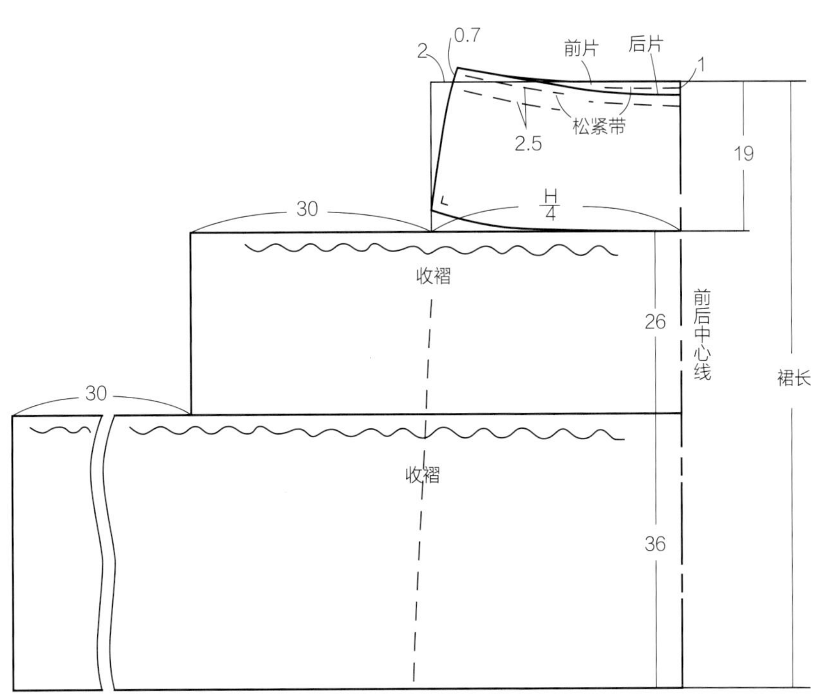

图5-2 节裙平面结构制图

4. 节裙排料

节裙的排料图如图5-4所示。

（三）节裙缝制前准备

1. 材料

节裙的制作材料主要包括面料和辅料，如图5-5所示。

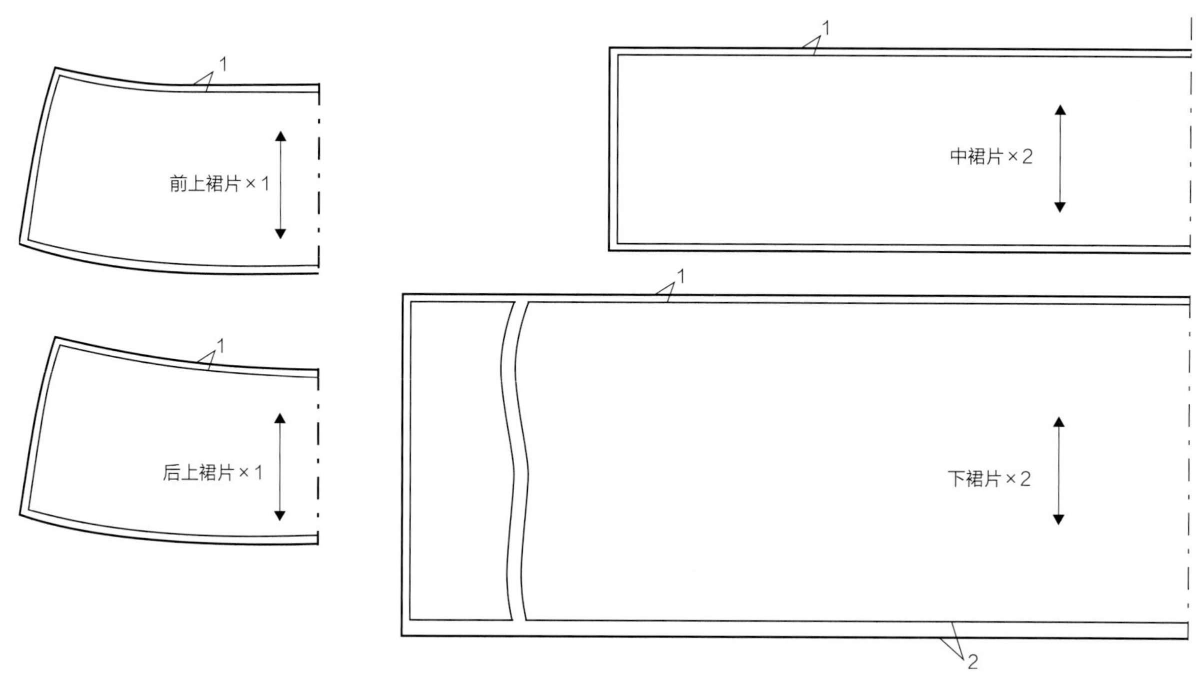

图5-3 节裙工业样板图

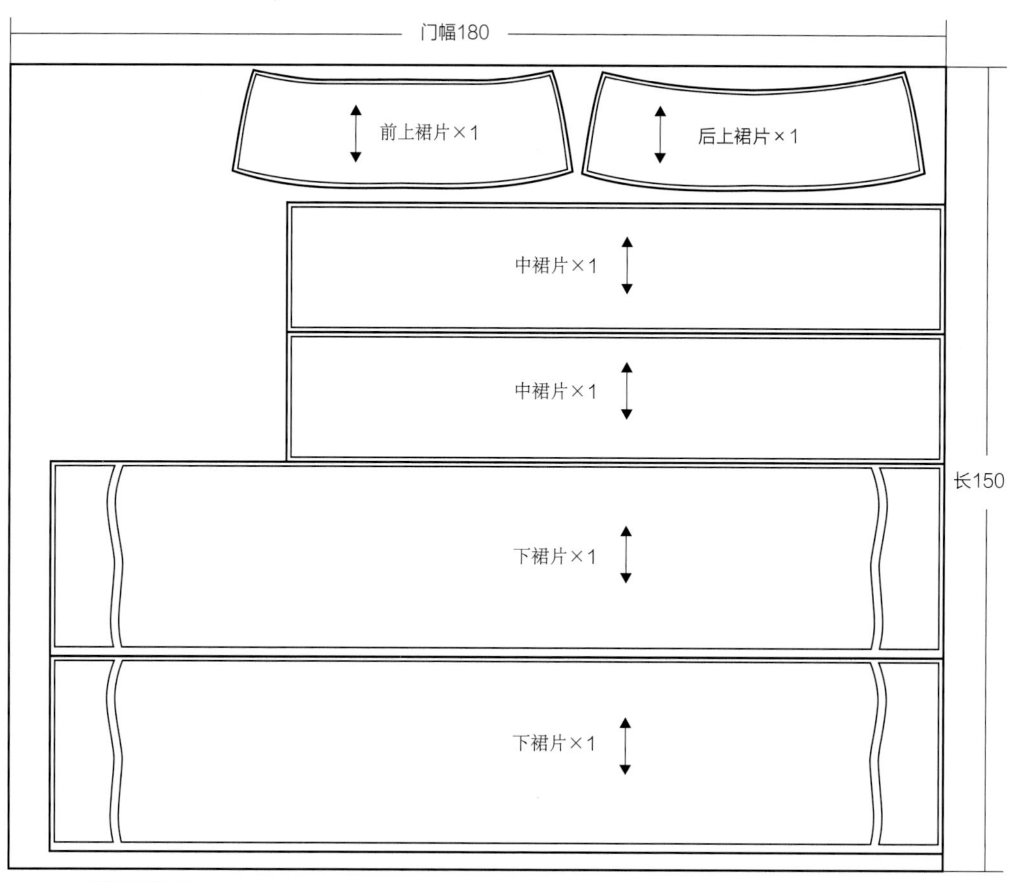

图5-4 节裙排料图

（1）面料

节裙面料可选用全棉、雪纺等面料，门幅长150cm，用料为170cm。

（2）辅料

无纺布黏合衬适量；松紧带1条，宽2.5cm，长68cm；缝纫线1卷。

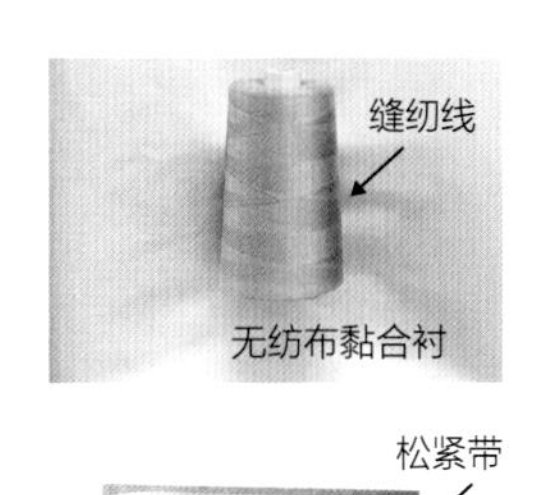

图5-5　节裙制作材料

2. 裁剪

在进行裁剪前，需要对面料进行整烫预缩。根据排料图，首先用划粉按照节裙工业样板外轮廓进行描边，然后沿着划粉的描边线用裁缝剪将裁片剪下，注意裁剪时裁片边缘要光滑，不能出现毛边或锯齿形。节裙裁片有上裙片2片，中裙片2片，下裙片2片，如图5-6所示。

3. 做记号

在裙片前中心线、裙腰、裙摆折边位置用划粉做记号或打线丁，如图5-7所示。

（四）节裙缝制工艺步骤

1. 裁片整烫、锁边

上裙片裙腰烫衬，衬宽6cm，如图5-8所示。裁片在缝制过程中锁边。

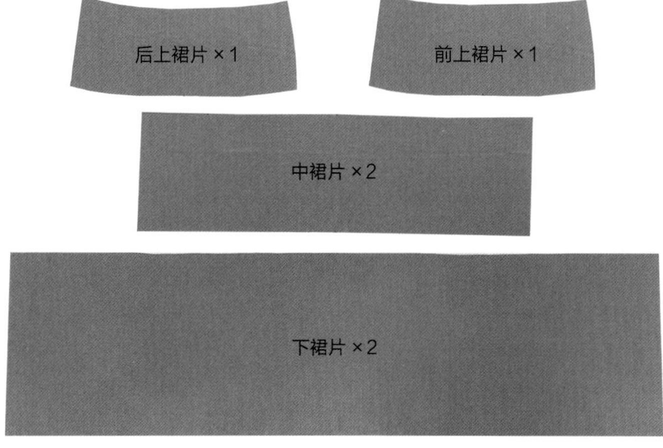

图5-6　节裙裁片

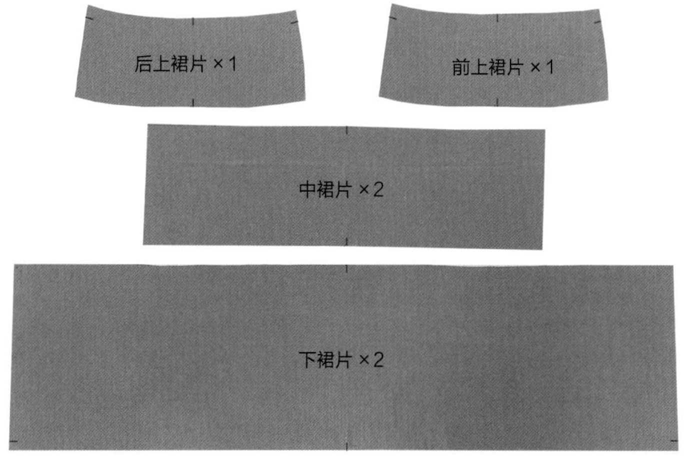

图5-7　做记号

2.裙片缝合

（1）裙片抽碎褶

将中裙片与下裙片上口抽碎褶，如图5-9所示。抽碎褶的具体缝制工艺步骤参考第四章第一节中“碎褶的缝制工艺”。

（2）缝合上中下裙片

将上裙片、中裙片、下裙片拼接处缉缝1cm，如图5-10所示。

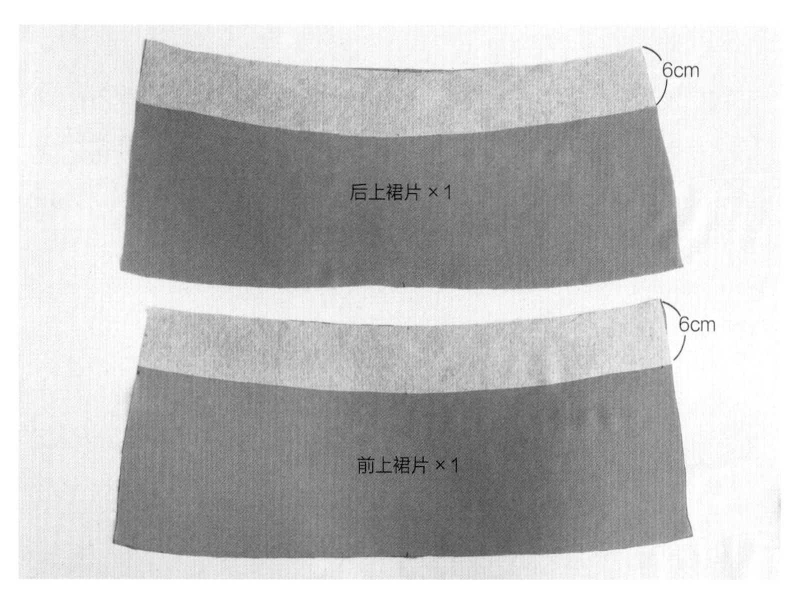

图5-8　烫衬

图5-9　裙片抽碎褶

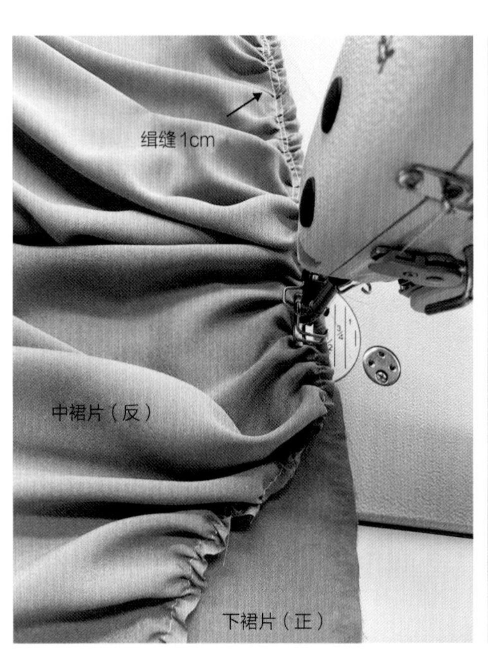

图5-10　缝合裙片

图5-11　锁边

（3）锁边

裙片反面朝上，在裙片拼接处锁边，如图5-11所示。

3.侧缝缝合

（1）缉缝侧缝

将拼接好的裙片正面相对，侧缝对齐，缉缝1cm，如图5-12所示。

（2）侧缝锁边并熨烫

首先将裙片正面朝上，两侧侧缝锁边，然后用熨斗将侧缝倒向一侧，烫平、烫实，如图5-13所示。

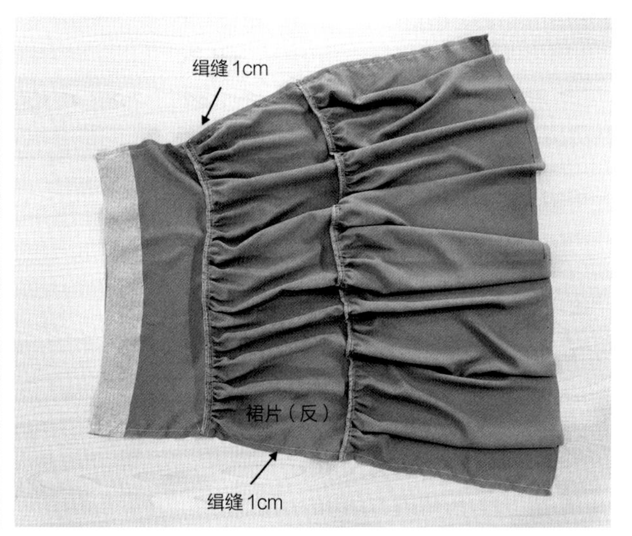

图5-12　缉缝侧缝

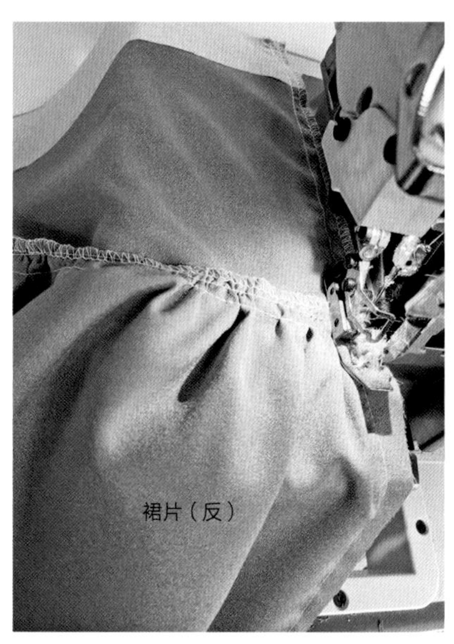

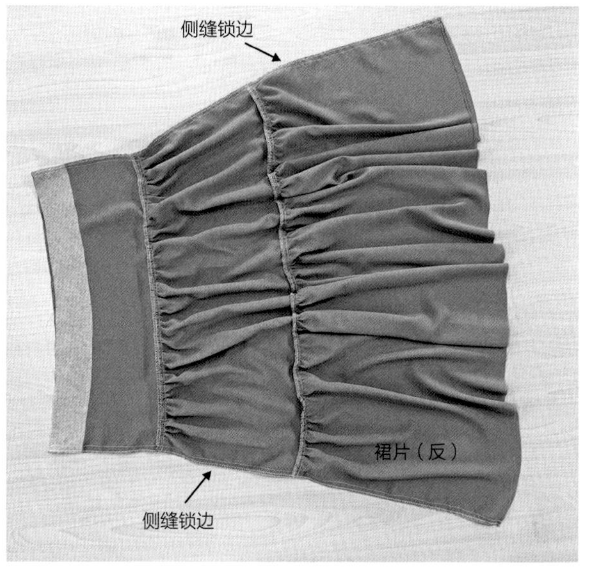

图5-13　侧缝锁边

4. 绱裙腰

（1）缝合松紧带

将松紧带两端重叠1cm并来回缉缝固定，如图5-14所示。

（2）裙腰锁边

裙子正面朝上，裙腰口锁边一圈，如图5-15所示。

（3）做裙腰

将松紧带对齐裙腰记号处，在两边侧缝处缉缝固定松紧带，如图5-16（1）所示；在裙腰口缉缝1cm，缝合时拉直松紧带，如图5-16（2）所示。

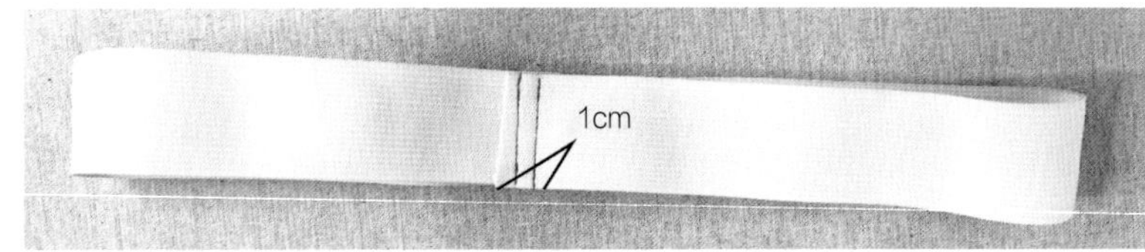

图5-14 缝合松紧带

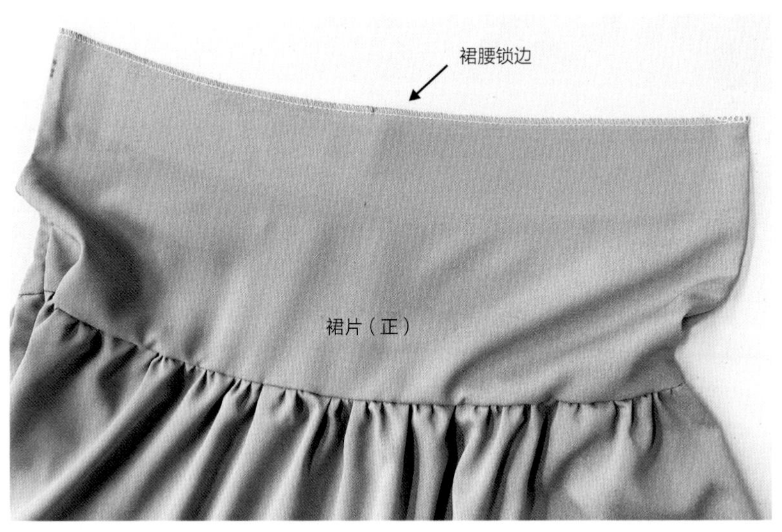

图5-15 裙腰锁边

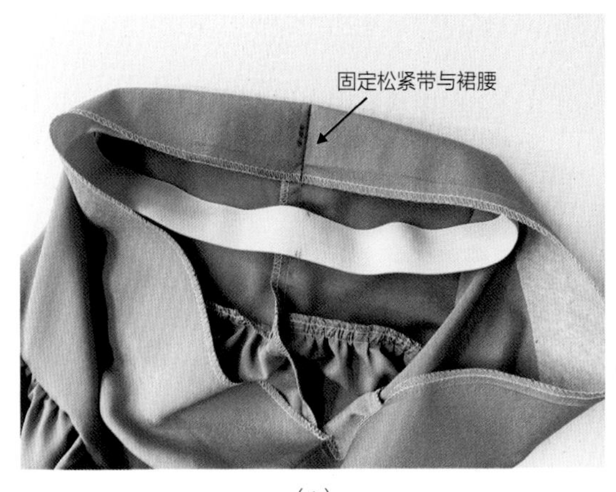

（1）

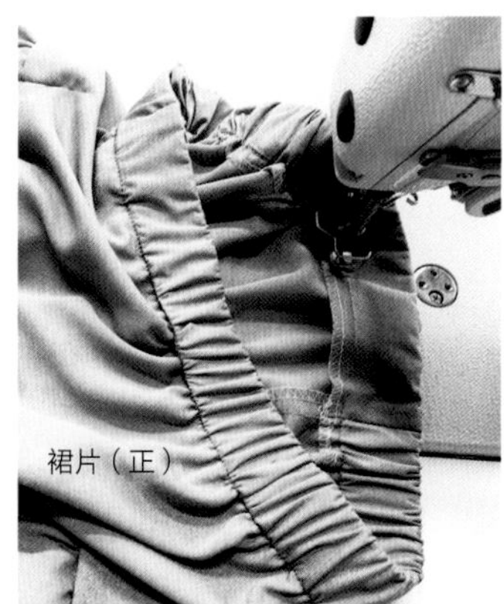

（2）

图5-16 绱腰

裙腰完成图如图5-17所示。

5.裙摆卷边

首先用熨斗扣烫裙摆折边，先折烫1cm，再折烫1cm，然后自侧缝底边开始，沿着折边处缉缝0.1cm，最后熨烫底摆，烫平、烫实，如图5-18所示。

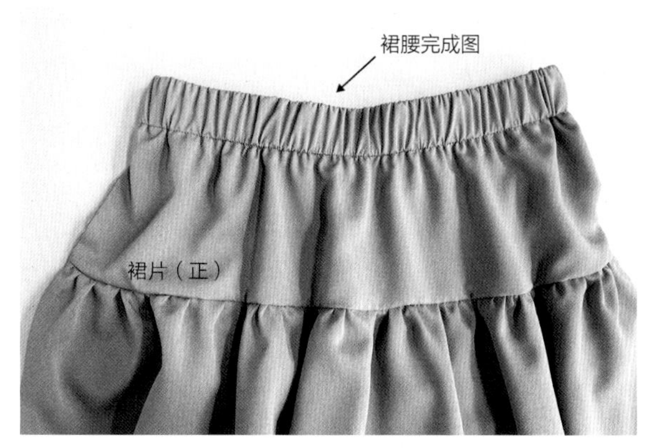

图5-17 裙腰完成图

6.节裙整烫工艺

整烫前，先将裙子的线头、划粉印记、污渍等清理干净。节裙整烫工艺流程：烫底摆→烫裙身拼接处→烫侧缝→烫腰带。在熨烫时，熨斗需直上直下进行熨烫，避免裙片变形，正面熨烫时需加盖烫布，防止变色和产生“极光”。节裙成品如图5-19所示。

二、直筒裙的缝制工艺

直筒裙，又称筒裙、直裙、直统裙，是指从

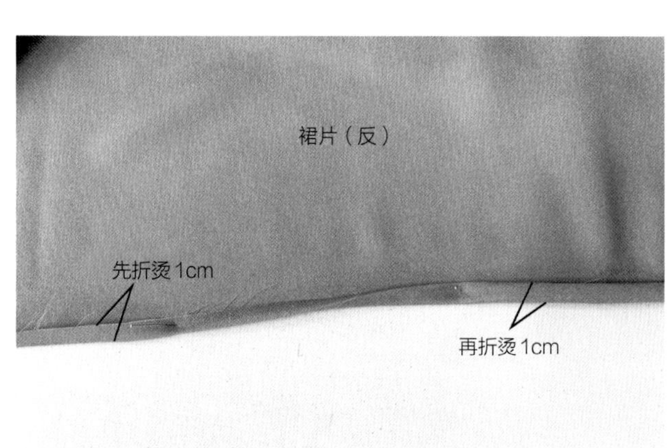

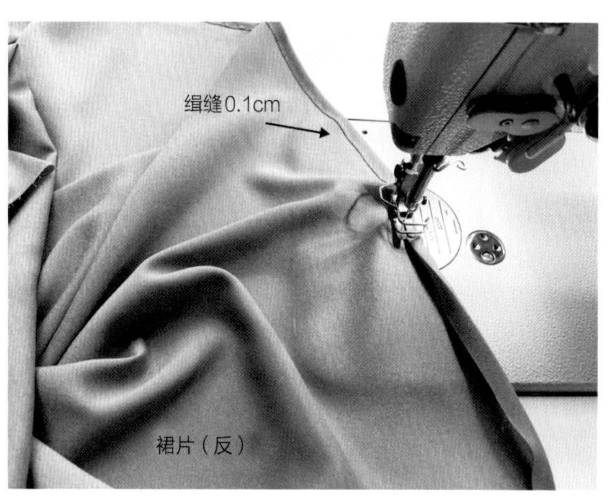

图5-18 裙摆卷边

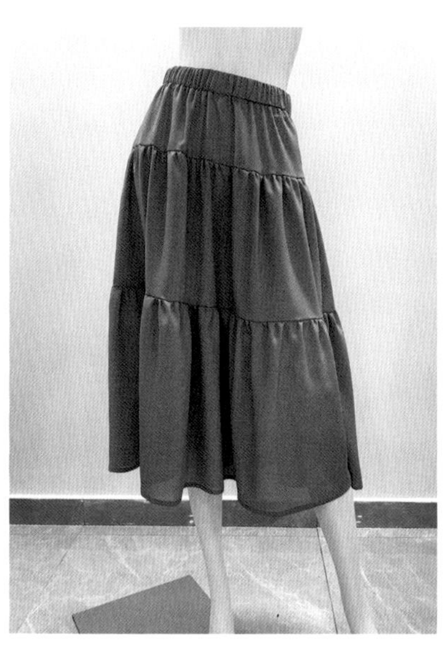
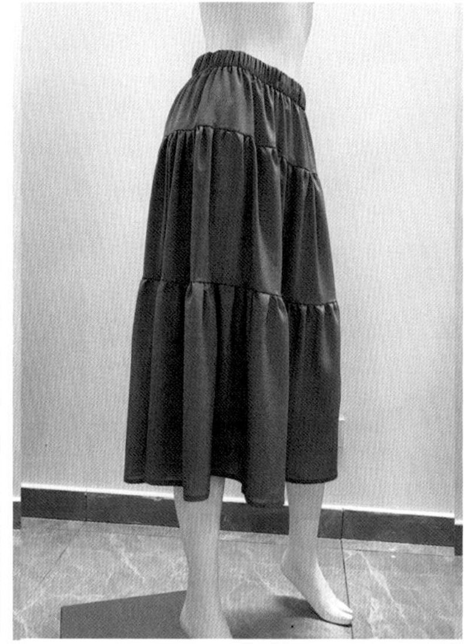
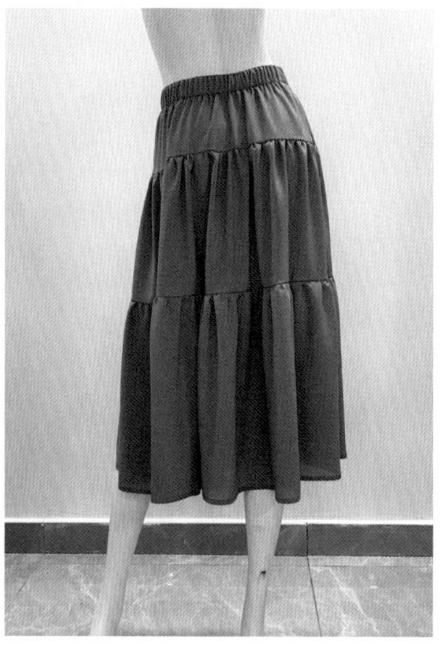
图5-19 节裙成品展示

裙腰开始自然垂落的筒状或管状裙。直筒裙是裙类中最基本的裙种，它的外形特征是裙身平直，在腰部收省使腰部紧窄贴身，臀部微松，裙摆与臀围之间呈直线，裙身的外观线条优美流畅。常见的直筒裙有西装裙、夹克裙、旗袍裙、围裹裙等。由于造型简洁，一直被广泛采用，并逐步发展变化出许多直裙类的裙子。在保持裙子的臀围与裙摆宽窄几乎相等的直形外形轮廓的前提下，可通过分割、开衩、开襟、褶裥等处理方式丰富直裙的结构变化，如各式褶裥直裙、多片式直裙等。

下面以后开衩直筒裙为例进行缝制工艺讲解。

（一）直筒裙款式设计

1. 款式说明

该款女裙外形合体直身，绱直型腰带。前、后裙片各四个省道，后中绱隐形拉链，后裙摆开衩，腰带门、里襟处缝裙钩一对。直筒裙多适用于较正式的场合或作为上班服饰。

2. 平面款式图

直筒裙款式图如图5-20所示。

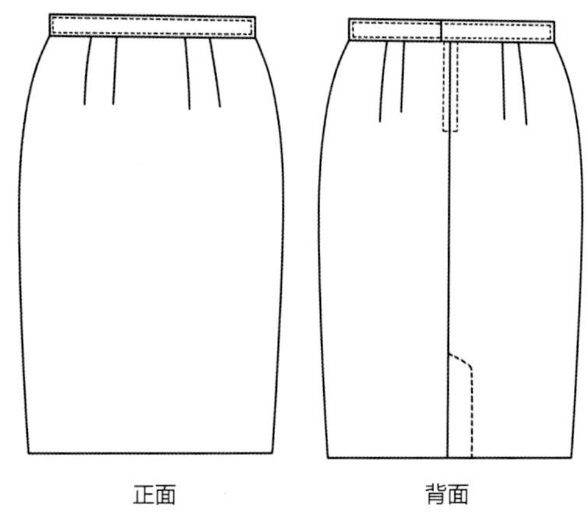

图5-20　直筒裙款式图

（二）直筒裙纸样设计

1. 制图规格

直筒裙制图规格以160/68号型为例，如表5-2所示。

表5-2　直筒裙尺寸规格设计　　单位：cm

部位	腰围（W）	臀围（H）	裙长	腰带宽	后衩高	后衩宽
尺寸	70	94	60	3	20	4

2. 结构制图

直筒裙平面结构制图如图5-21所示。

3. 直筒裙工业样板制作

直筒裙工业样板图如图5-22所示。

4. 直筒裙排料

直筒裙排料图如图5-23所示。

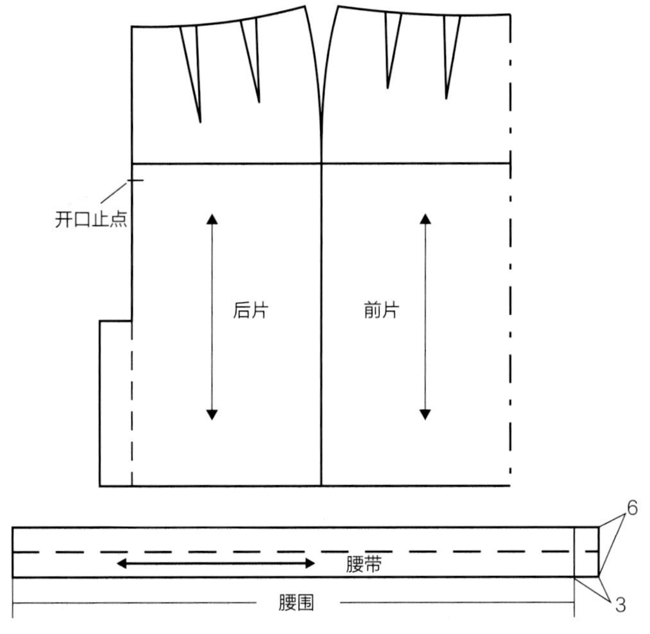

图5-21　直筒裙平面结构制图

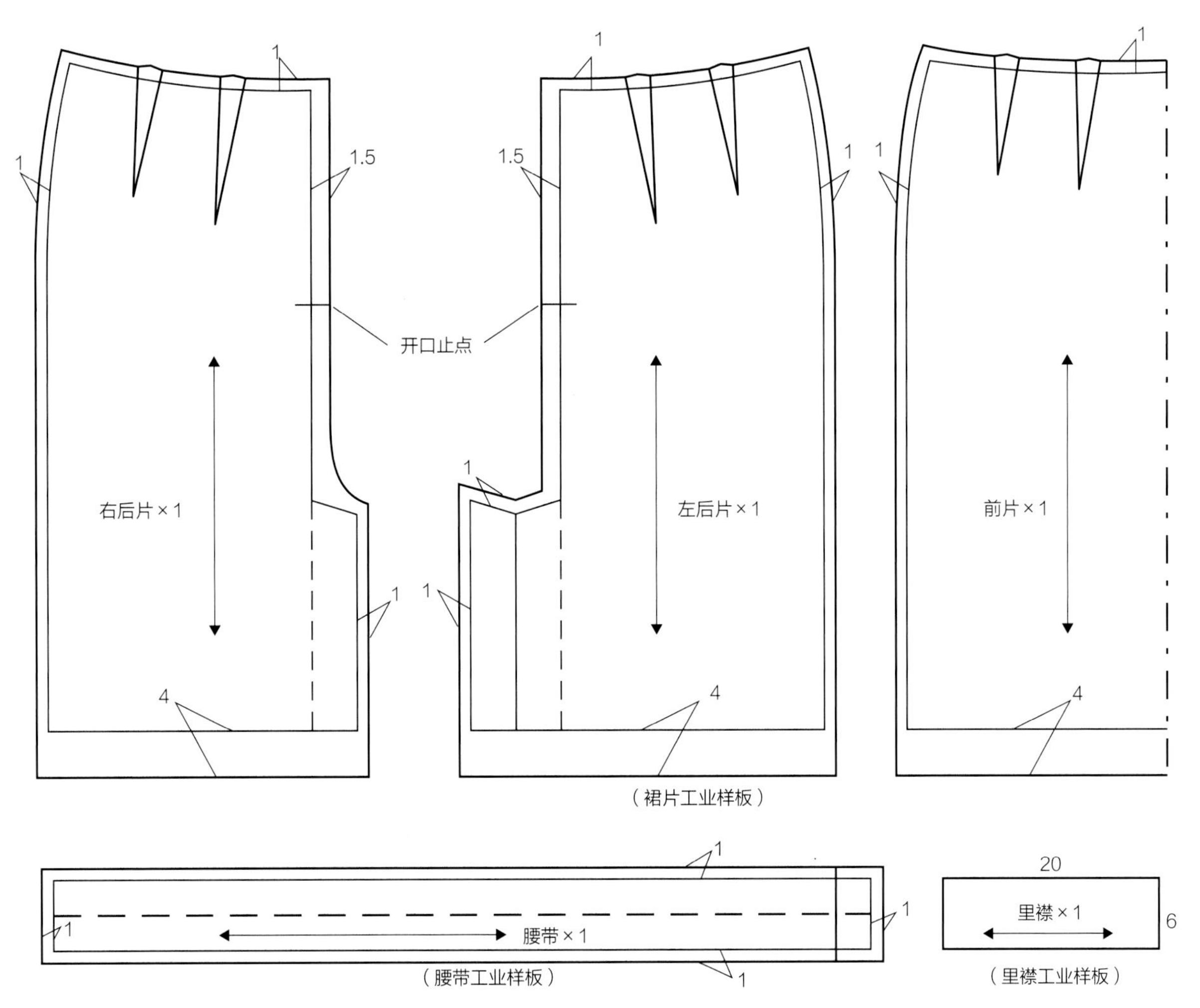

图5-22　直筒裙工业样板图

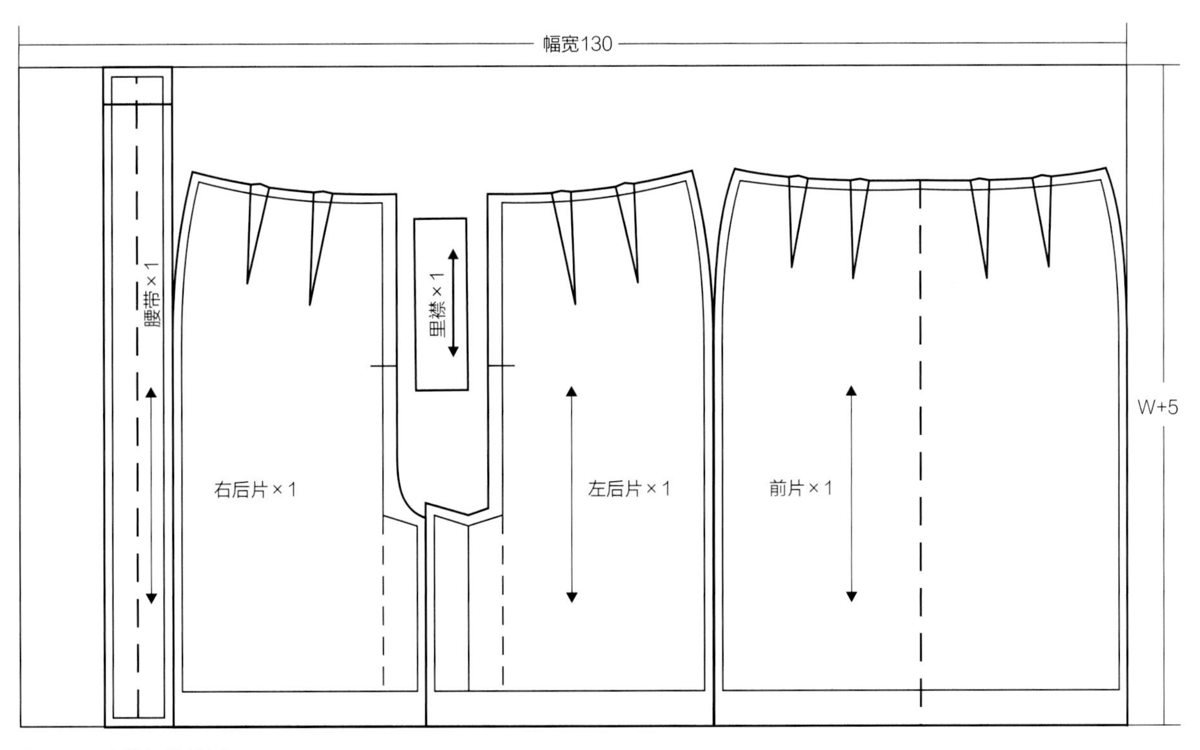

图5-23　直筒裙排料图

（三）直筒裙缝制前准备

1.材料

直筒裙的制作材料主要包括面料和辅料，如图5-24所示。

（1）面料

直筒裙面料可选用全棉面料、毛料等，门幅长130cm，用料为100cm。

（2）辅料

无纺布黏合衬适量；隐形拉链1条或明拉链1条，长35cm；裙钩1对；缝纫线1卷。

图5-24　直筒裙制作材料

2.裁剪

在进行裁剪前，需要对面料进行整烫预缩。根据排料图，用划粉按照直筒裙工业样板外轮廓进行描边，然后沿着划粉的描边线用裁缝剪将裁片剪下，注意裁剪时裁片边缘要光滑，不能出现毛边或锯齿形。直筒裙裁片有前裙片1片，后裙片2片，腰带1片，里襟1片，如图5-25所示。

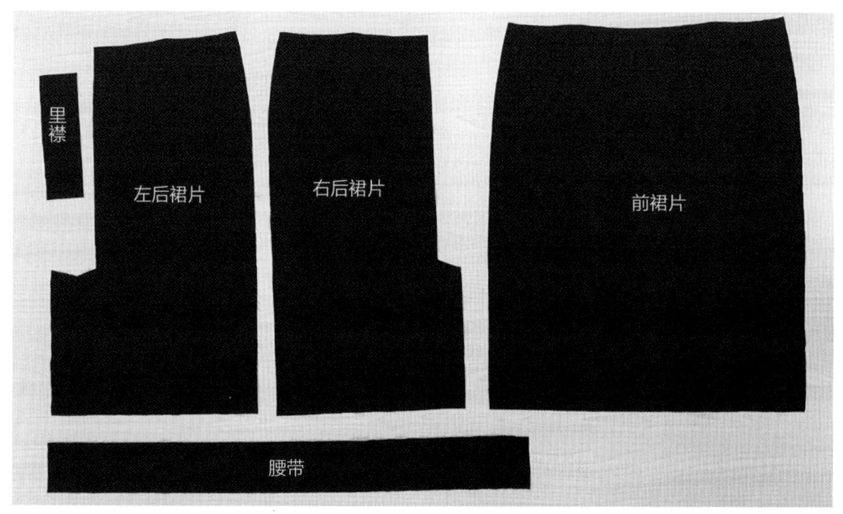

图5-25　直筒裙裁片

3.做记号

在前、后裙片省道、拉链止口、后开衩和裙摆折边位置用划粉做记号或打线丁，如图5-26所示。

图5-26　做记号

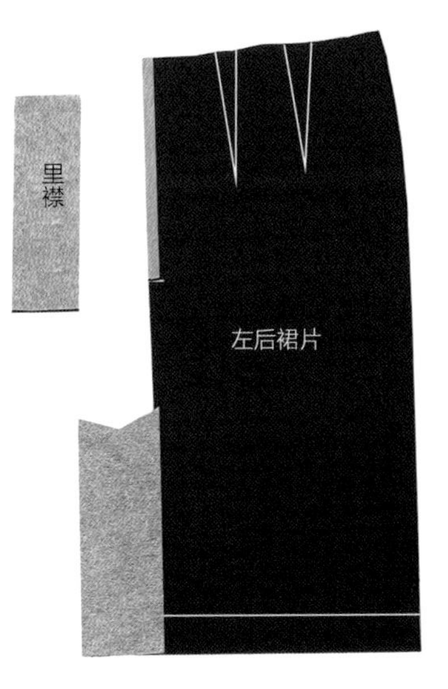

腰带

图5-27 烫衬

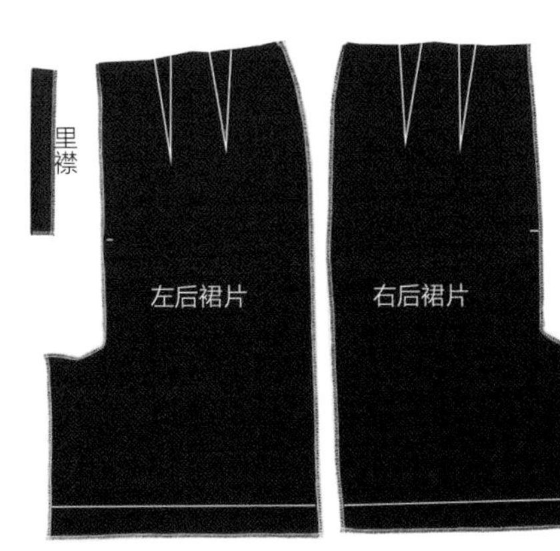

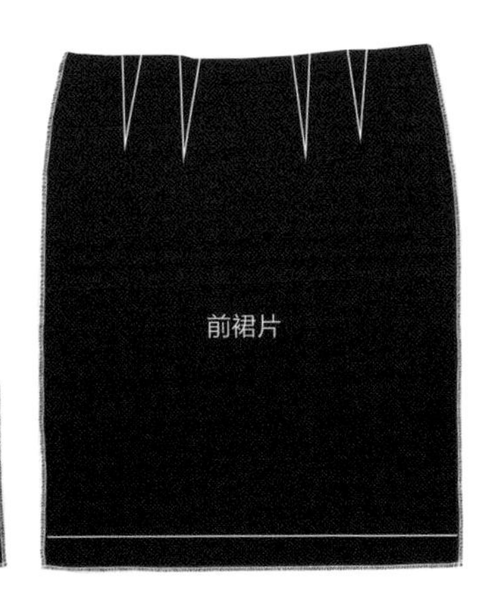

图5-28 锁边

（四）直筒裙缝制工艺步骤

直筒裙缝制具体制作过程如下。

1.裁片整烫、锁边

（1）烫衬

后片绱拉链部位、后开衩部位、里襟、腰带反面烫衬，如图5-27所示。

（2）锁边

前后裙片的侧缝和下摆、后裙片的开衩锁边，如图5-28所示。

2.收腰省

首先在前、后裙片反面按照省的对位记号对折缉缝省道，腰口处需缝倒回针，省尖处留3cm左右的线头并打结，防止松散，然后将前裙片腰省倒向前中线、后裙片腰省倒向后中线进行熨烫，将腰省熨烫平整、服帖，如图5-29所示。具体缝制工艺步骤参考第四章第一节中“锥形省的缝制工艺”。

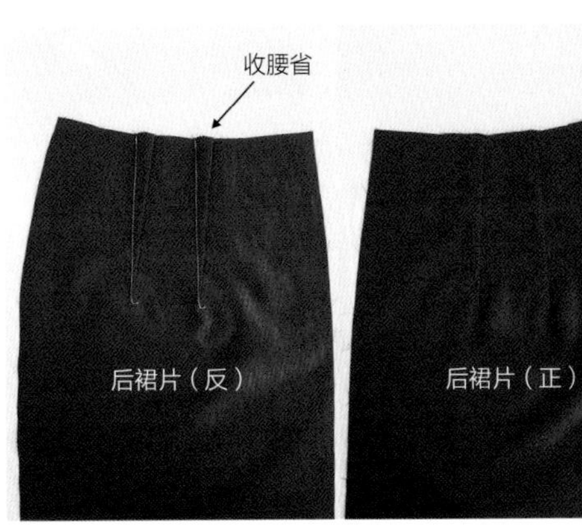

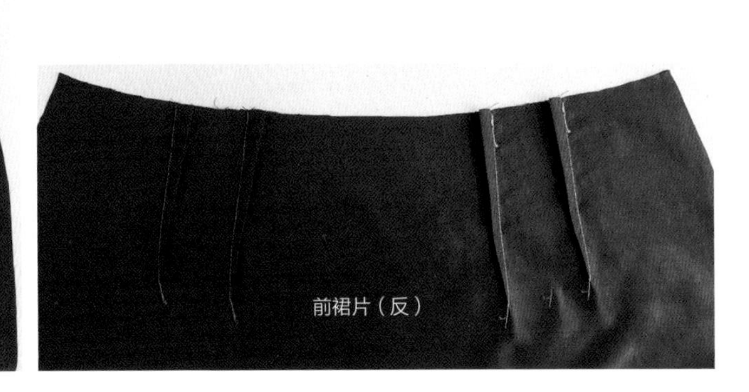

图5-29 收腰省

3. 做裙后开衩

直筒裙后开衩具体缝制工艺步骤参考第四章第三节中“直筒裙下摆后开衩缝制工艺”，如图5-30所示。

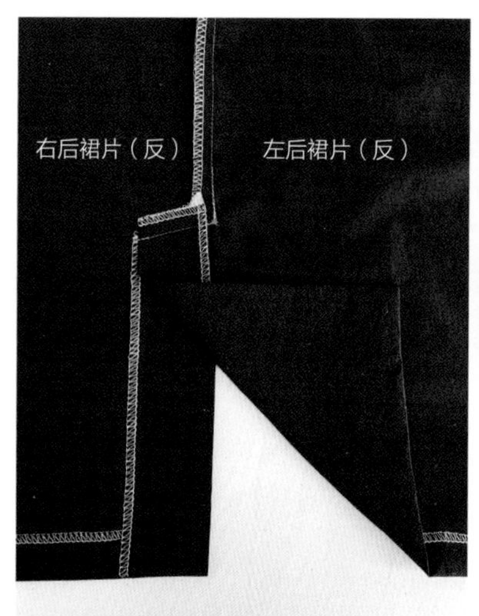

图5-30 做裙后开衩

4. 绱拉链

直筒裙拉链可以绱明拉链或隐形拉链。

（1）绱明拉链

具体缝制工艺步骤参考第四章第四节中“裙子明拉链缝制工艺”，如图5-31所示。

（2）绱隐形拉链

具体缝制工艺步骤参考第四章第四节中“隐形拉链缝制工艺”。

5. 缝合侧缝

（1）缉缝侧缝

将前后裙片正面相对，侧缝对齐，缉缝1cm缝份，如图5-32所示。

（2）熨烫

用熨斗将侧缝分开烫，需烫平、烫实，如图

图5-31 明拉链完成图

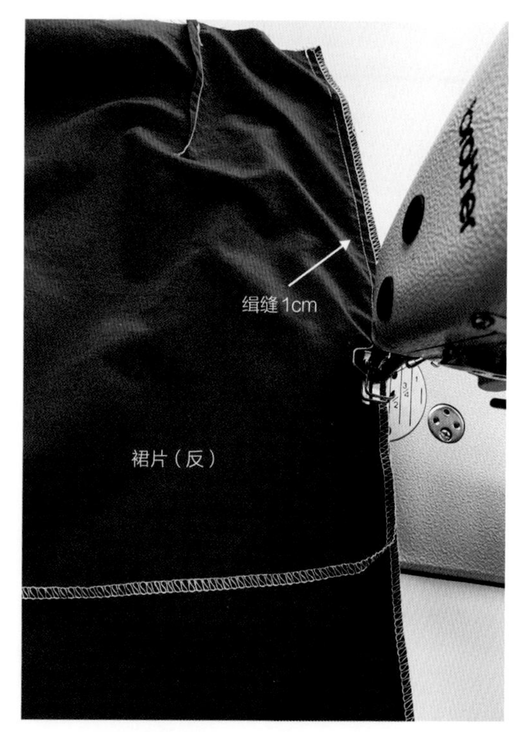

图5-32 缉缝侧缝

5-33所示。

6. 绱腰

（1）做裙腰

首先将腰反面扣烫腰面下口1cm缝份折光，然后沿着腰带中线折烫成双层，并烫平、烫实，最后将腰带两端缉缝1cm缝份封口，如图5-34所示。

（2）绱腰

首先将腰里正面与裙片反面相对，腰带3cm标记位置对准左后裙片腰口，缉缝1cm缝份，起止位置倒回针，然后将腰带翻至正面，放平，在腰面缉0.1cm明线，如图5-35所示。

图5-33 分烫侧缝

裙子缝制工艺
（图5-34、图5-35对应视频）

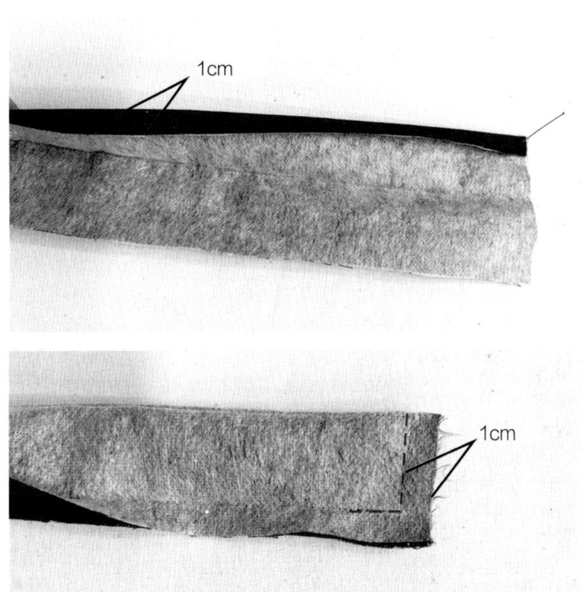

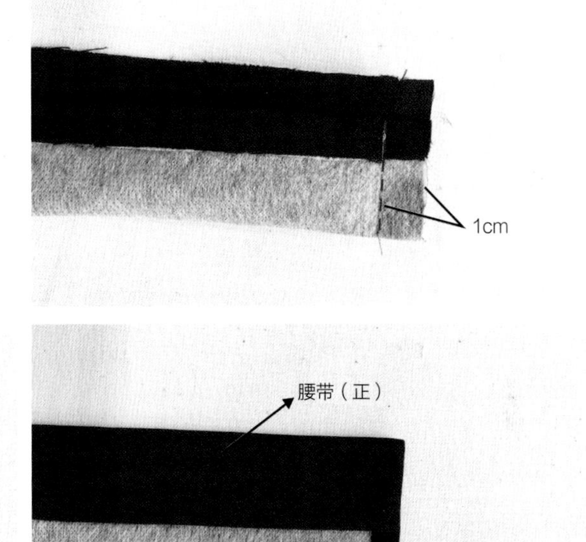

图5-34 做裙腰

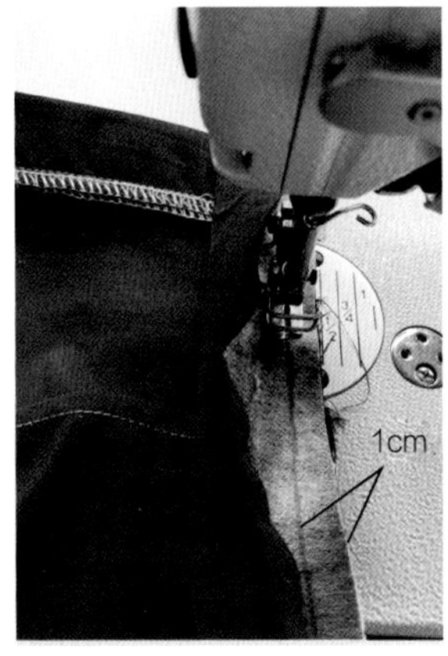

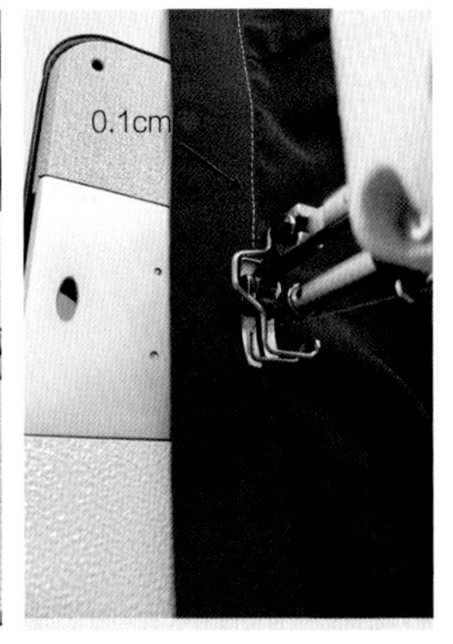

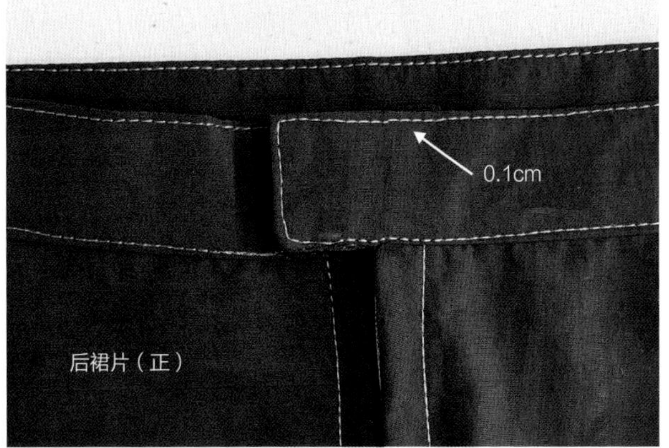

图5-35 绱腰

（3）固定裙钩

在后腰门襟腰带和里襟腰带对应处手缝固定一对裙钩，如图5-36所示。

7.裙摆卷边

首先用熨斗扣烫裙摆折边，折边宽4cm，用手针疏缝，暂时固定折边，然后用三角针法将裙摆折边与裙身缲牢，针距0.8至1cm，要求线迹松紧适宜，裙底边正面不露出针迹，最后拆除疏缝线，并熨烫底摆，烫平、烫实，如图5-37所示。

8.筒裙整烫工艺

直筒裙整烫工艺同节裙整烫工艺。直筒裙成品如图5-38所示。

图5-36　固定裙钩

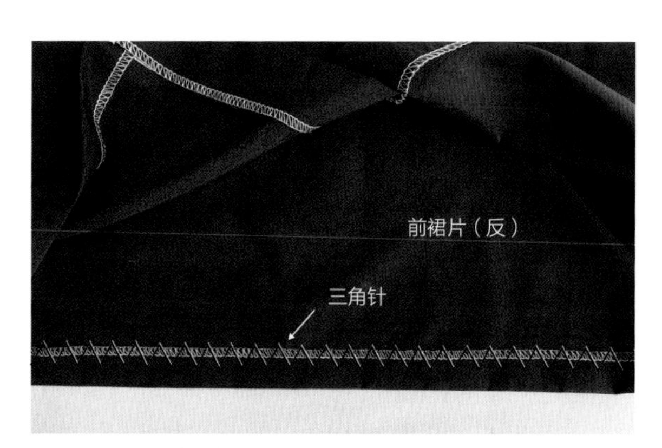

图5-37　裙摆卷边

图5-38　直筒裙成品展示

第二节 裤子的缝制工艺

从历史上看，裤子最早产生于游猎、游牧民族。比如，古代中国北部和西部的胡人、古代西方的波斯人、北欧的日耳曼人都是最先穿裤子的民族，而文化发达的中原地区和古埃及、古希腊、古罗马都没有裤子这种服装样式。自裤子的起源开始，在相当长的时间里裤子一直只是男性穿着，所以在历史上裤子曾是专指男性的下装。随着女性的社会活动增多，裤子能给女性的行动、工作等带来很大的便利。女裤最初出现时是较宽松的西裤，后来造型不断地变化，时装性越来越强，风格也趋于多样化，今天裤子已经成为女性最重要的服装款式之一。自从18世纪末期以来，男裤逐步确立了朴素实用的审美取向，风格逐渐确立并且稳定下来。虽然在每一个时期男裤都有着不同的流行特点，但是这种变化是细微的、缓慢的和保守的。

裤子种类繁多，结构变化多样。按长度分类可分为超短裤（迷你裤）、三角裤、一般短裤、中裤、中长裤、吊脚裤、长裤等；按腰部形态分类可分为连腰裤、装腰裤、高腰裤、低腰裤等；按整体形态分类可分为灯笼裤、马裤、喇叭裤、直筒裤、锥裤、健美裤、裙裤、多袋裤等；按穿着层次分类可分为内裤和外裤。

一、休闲裤的缝制工艺

休闲裤指的是休闲服下装中的裤装，多指在非正式场合以及休闲场所穿着的裤装。休闲裤与正装裤相对而言，更注重穿着舒适性，穿着后显得休闲随意。休闲裤按照款式进行分类主要分为工装裤、束口裤、哈伦裤、喇叭裤、灯笼裤以及阔腿裤六种。按照休闲装穿着场所进行风格分类，主要分为运动休闲风格、商务休闲风格、民族休闲风格以及浪漫休闲风格。休闲裤最大的特点是具有天然舒适的材质、宽松的廓型，呈现出轻便得体、自由放松的着装氛围。

下面以女士松紧腰休闲裤为例进行缝制工艺讲解。

（一）休闲裤款式设计

1. 款式说明

该款休闲裤外形为较宽松的九分裤，绱松紧腰，后裤片左右各有一个贴袋。

2. 平面款式图

休闲裤款式图如图5-39所示。

（二）休闲裤纸样设计

1. 制图规格

休闲裤制图规格以160/68号型为例，如表5-3所示。

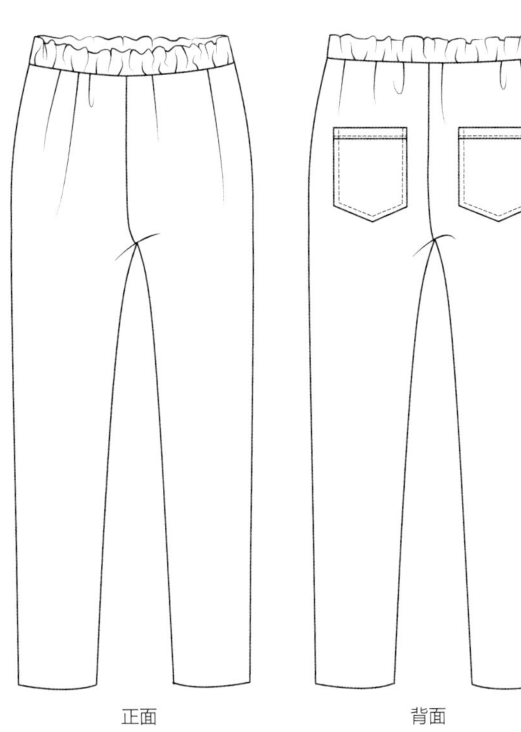

图5-39 休闲裤款式图

表5-3　休闲裤尺寸规格设计　　单位：cm

部位	腰围（W）	臀围（H）	裤长	股上长	腰带宽	裤口宽
尺寸	65	101	85.5	26	3	20

2.结构制图

休闲裤平面结构制图如图5-40所示。

3.休闲裤工业样板制作

休闲裤工业样板图如图5-41所示。

4.休闲裤排料

休闲裤排料图如图5-42所示。

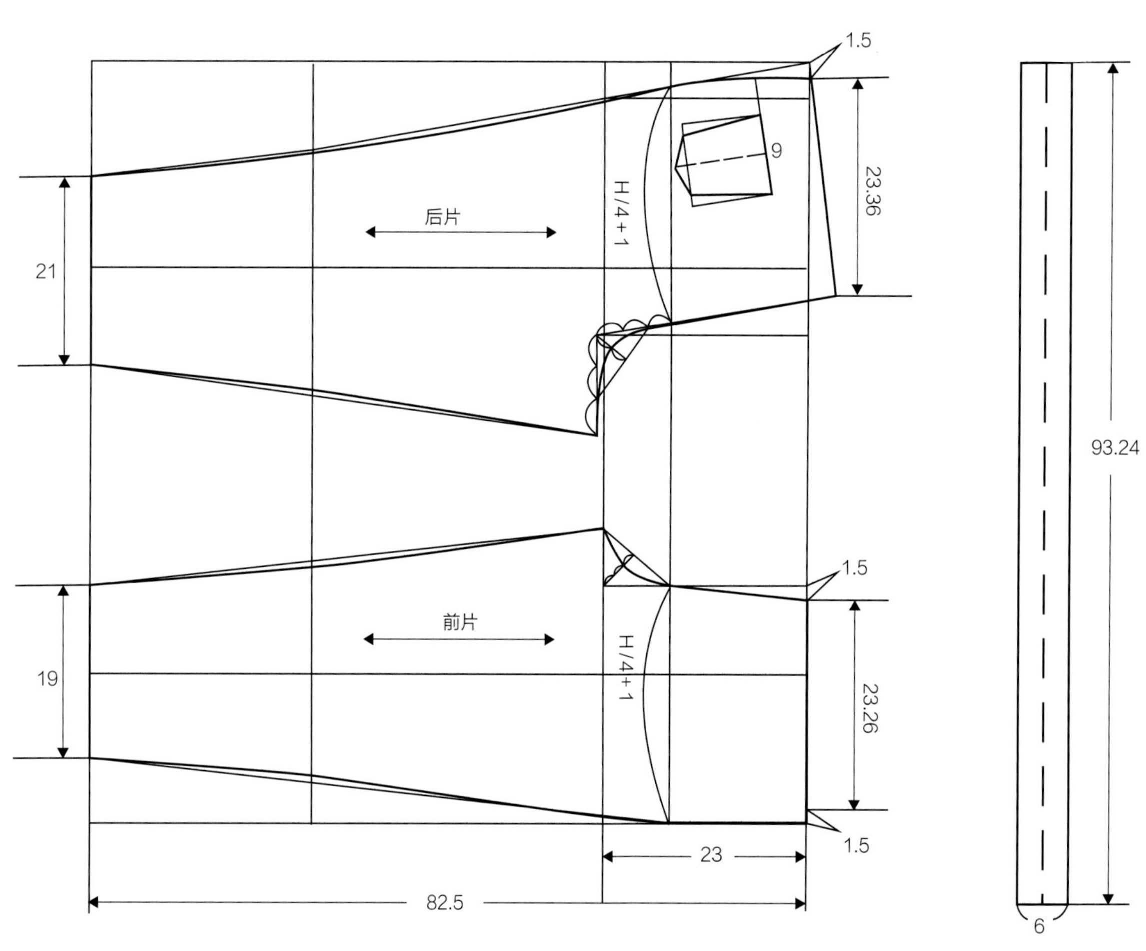

图5-40　休闲裤平面结构制图

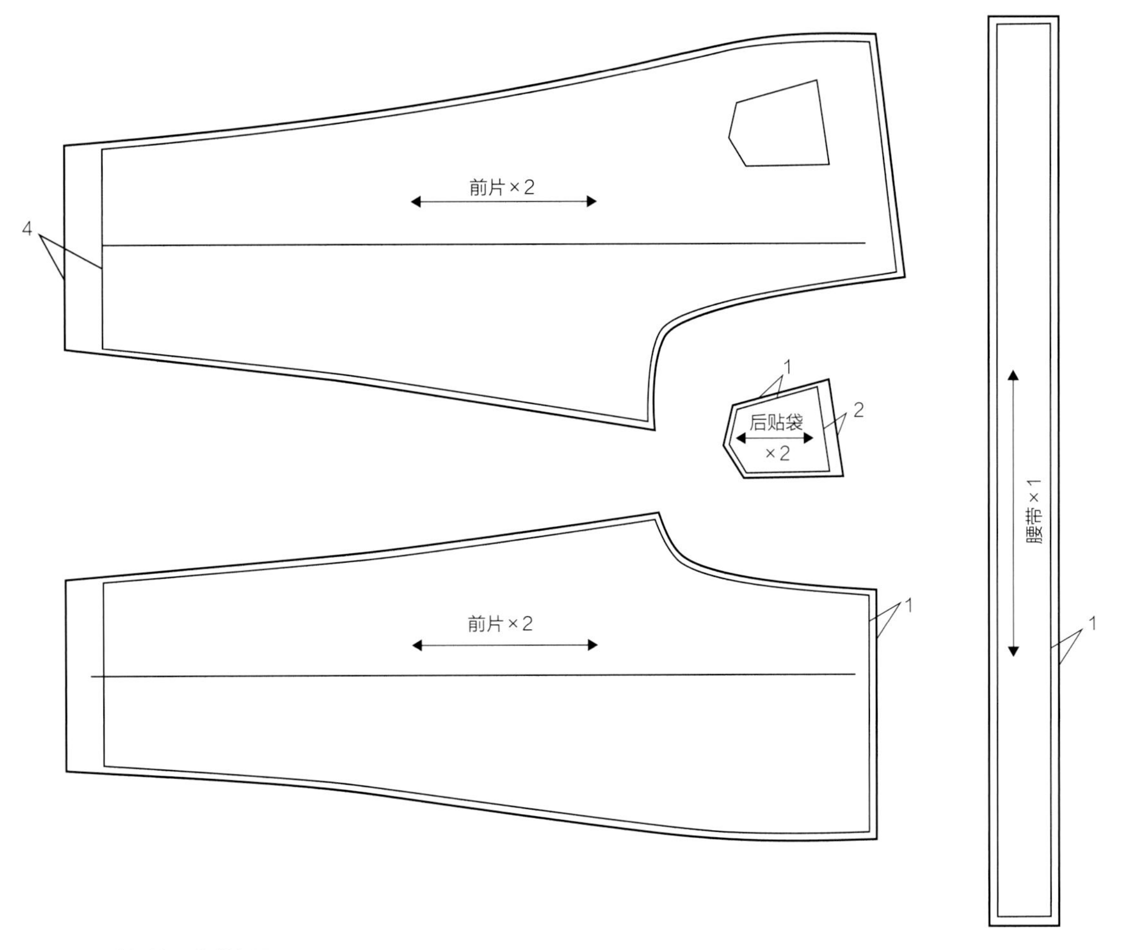

图5-41 休闲裤工业样板图

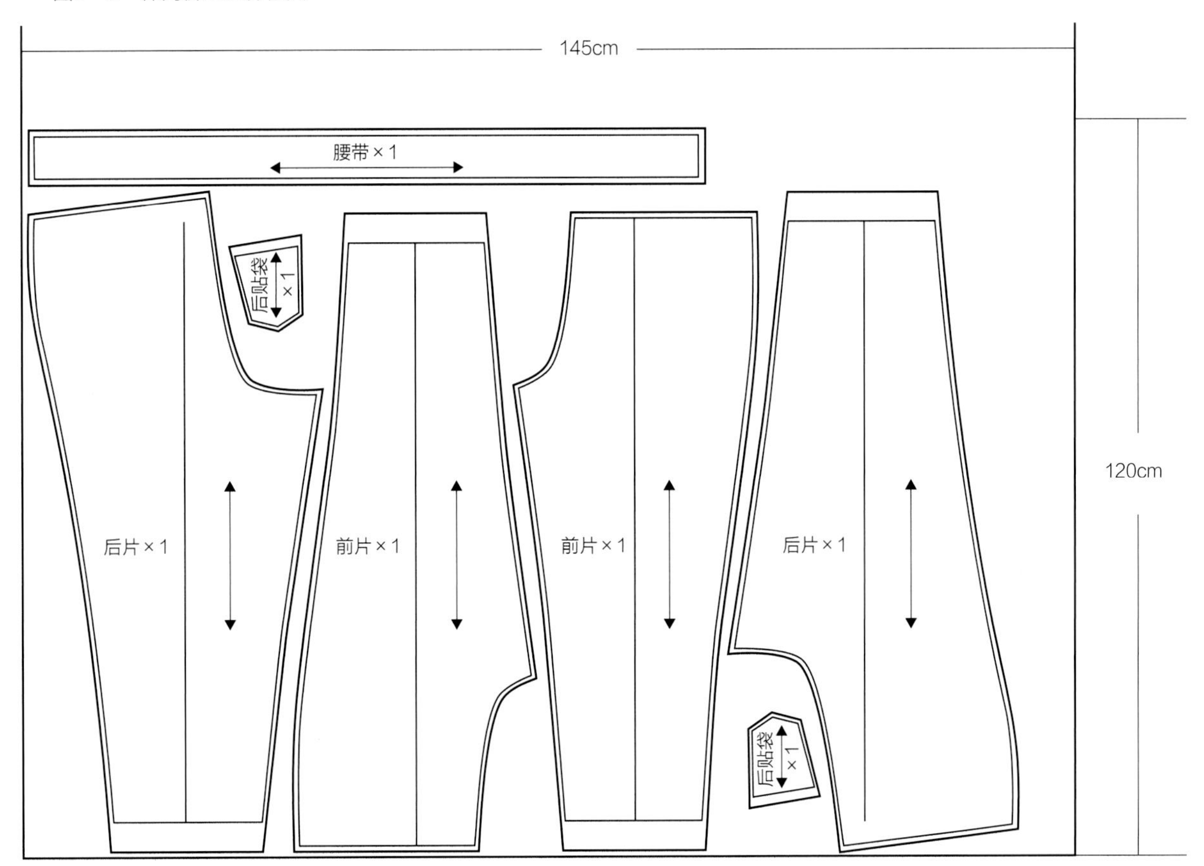

图5-42 休闲裤排料图

（三）休闲裤缝制前准备

1. 材料

休闲裤的制作材料主要包括面料和辅料，如图5–43所示。

（1）面料

休闲裤面料主要选择全棉或混纺面料，门幅长150cm，用料为120cm。

（2）辅料

无纺布黏合衬适量；松紧带1条，长62cm；缝纫线1卷。

2. 裁剪

在进行裁剪前，需要对面料进行整烫预缩。根据排料图，首先用划粉按照休闲裤工业样板外轮廓进行描边，然后沿着划粉的描边线用裁缝剪将裁片剪下，注意裁剪时裁片边缘要光滑，不能出现毛边或锯齿形。休闲裤裁片有前裤片2片，后裤片2片，腰带1片，后贴袋2片，如图5–44所示。

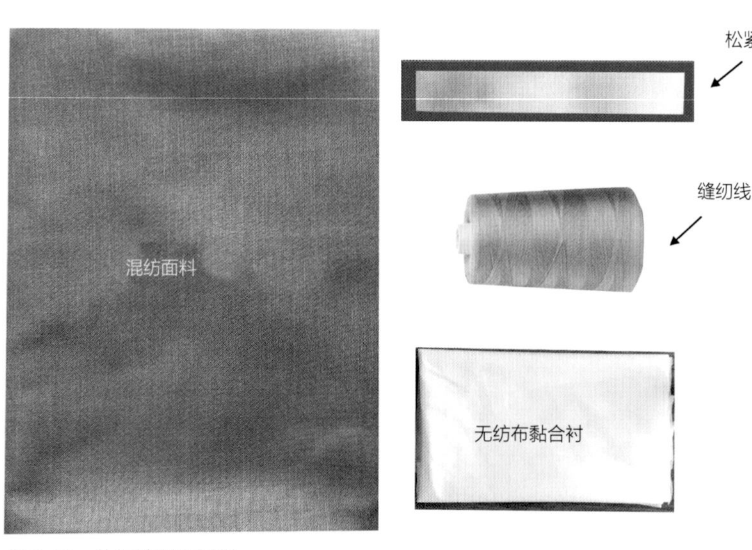

图5–43　休闲裤制作材料

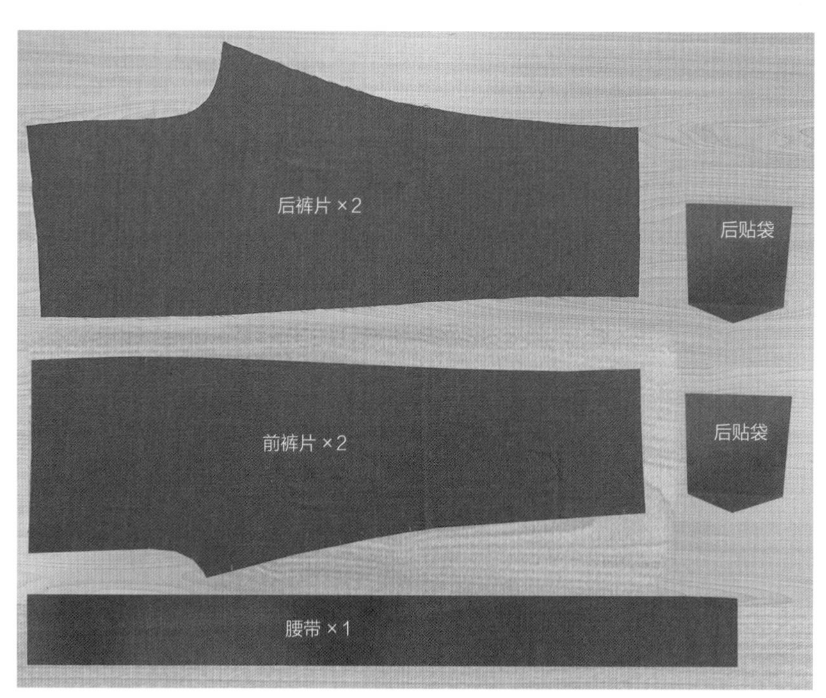

图5–44　休闲裤裁片

3.做记号

在前裤片中裆线与裤口折边位置，后裤片贴袋、中裆线与裤口折边位置用划粉做记号或打线丁，如图5-45所示。

（四）休闲裤缝制工艺步骤

1.裁片整烫、锁边

后贴袋袋口反面、腰带面反面、裤口烫无纺布黏合衬，如图5-46所示。裁片在缝制过程中锁边。

2.绱后贴袋

休闲裤绱后贴袋具体缝制工艺步骤参考第四章第二节中“贴袋缝制工艺”，如图5-47所示。

3.缝合侧缝

首先将前后裤片正面相对，使侧缝对齐，缉

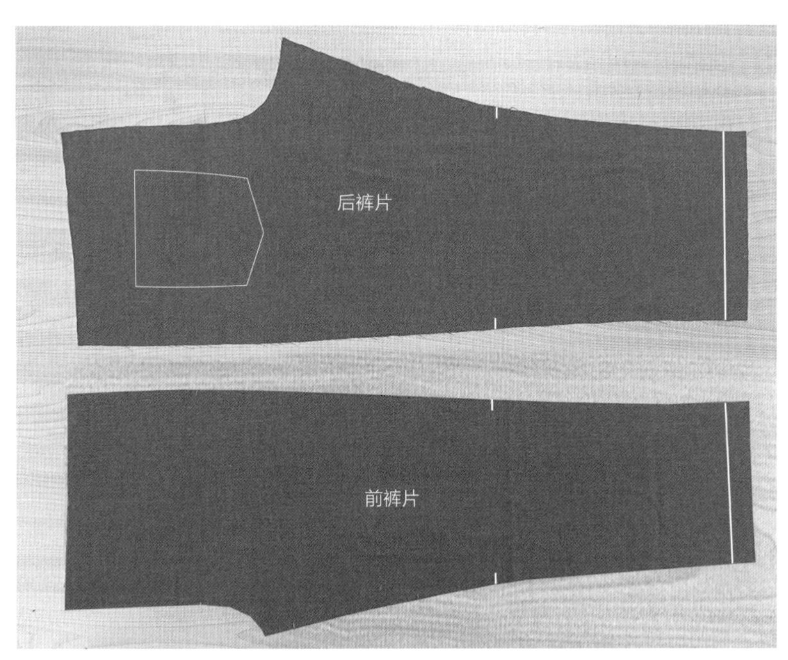

图5-45 做记号

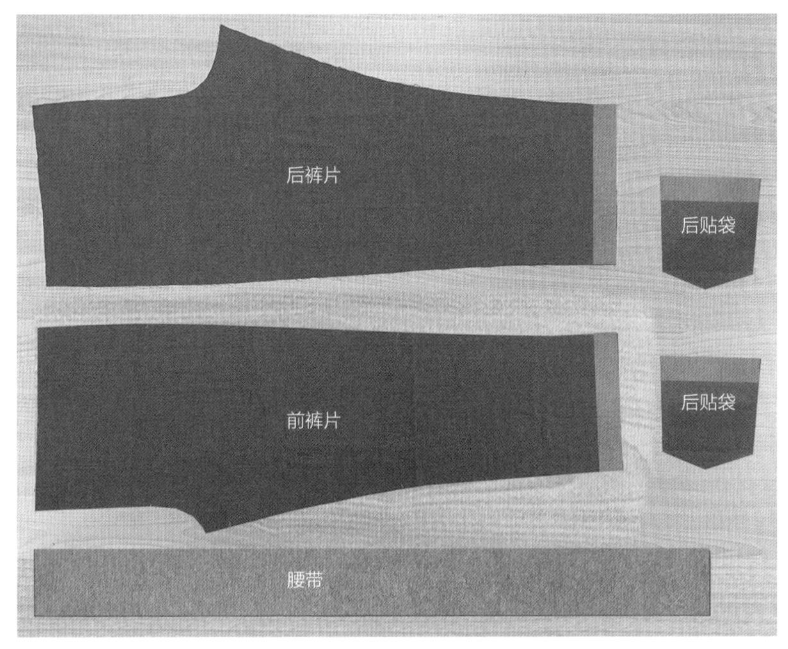

图5-46 烫衬

缝1cm缝份，起止位置缝倒回针，然后将侧缝、裤口锁边，如图5-48所示。

4.缝合裆缝

首先左、右裤片正面相对，裆底缝对齐，缉缝1cm缝份，起止位置缝倒回针，然后将前、后裆缝锁边，如图5-49所示。

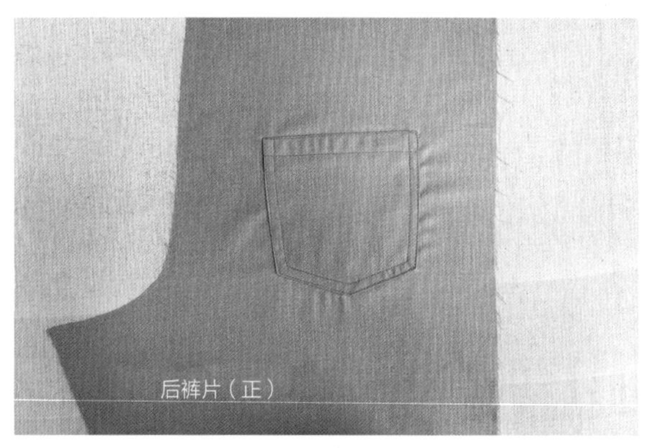

图5-47　绱后贴袋

5.绱裤腰

休闲裤绱松紧裤腰具体缝制工艺步骤参考本章节裙“绱裙腰”的缝制工艺，如图5-50所示。

6.裤脚口卷边

裤脚口卷边同节裙裙摆卷边，如图5-51所示。

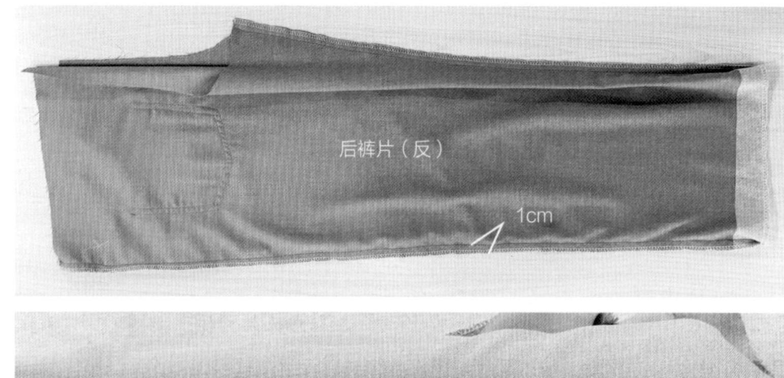

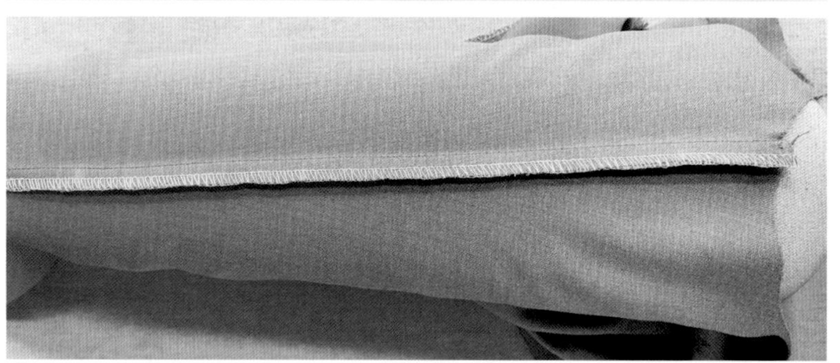

图5-48　缝合侧缝

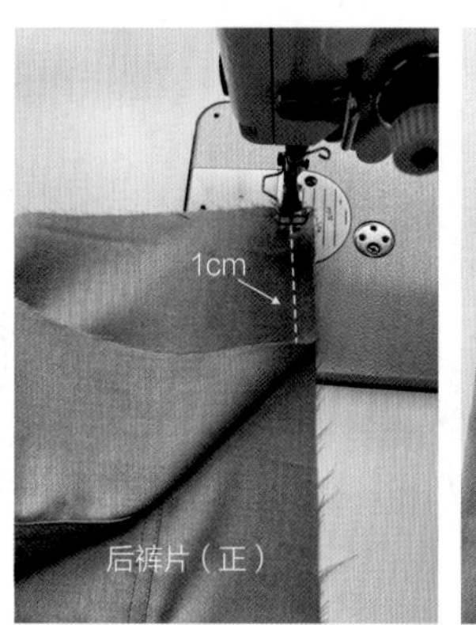

图5-49　缝合裆缝

7. 休闲裤整烫工艺

休闲裤整烫工艺流程：烫腰带→烫后贴袋→烫裤脚口→烫侧缝。在熨烫时，熨斗需直上直下进行熨烫，避免裤片变形，裤脚口、后嵌线袋、斜插袋、腰带部位需烫实、烫平，裤身表面无折皱、后斜省平整，正面熨烫时需加盖烫布，防止变色和产生“极光”。休闲裤成品展示如图5-52所示。

图5-50　绱裤腰

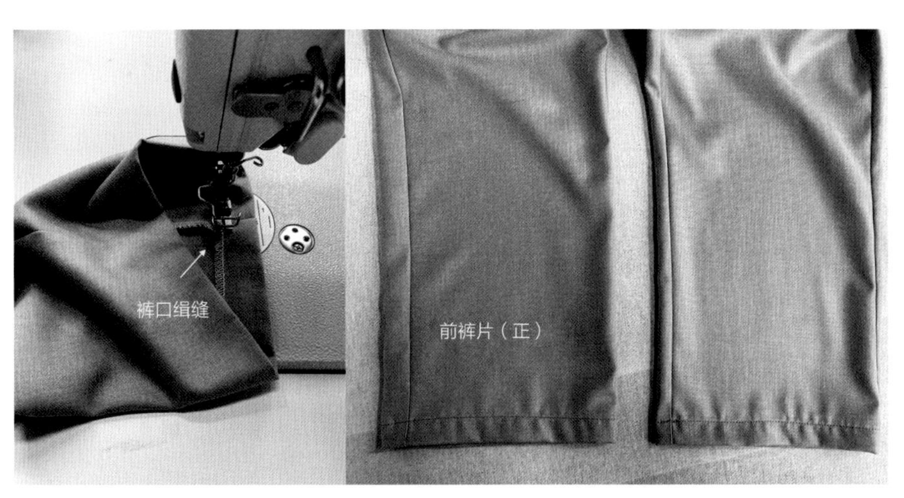

图5-51　裤脚口卷边

图5-52　休闲裤成品展示

二、女西裤的缝制工艺

西裤是正装裤，主要与西装上衣配套穿着，显示出合体、庄重的风格特征。西裤主要在办公室及社交场合穿着，有很强的实用性，按款式进行分类主要分为西装直筒裤和西装小脚裤。西装直筒裤也称为筒裤，脚口较大，与膝盖处同宽，裤管挺直，有整齐稳重之感。在正式场合穿着的直筒裤颜色较为单一，多以蓝、黑、灰为主。西装小脚裤指裤管在往下走的过程中逐渐呈收紧状的裤型，从腰部到裤脚尺寸逐渐缩小，裤脚尺寸一般参考鞋口尺寸。西裤作为一种下装形式，要求造型完美、裤线挺拔、肥瘦适体、外观平整，其裁剪与缝制工艺历来是最高档的裤装设计与工艺形式。

西裤作为西装的组成部分，发展到21世纪的今天，从最初传承历史气息，演绎刚硬挺拔、严谨细致的老绅士风格，逐渐演变成低调端庄、舒适轻松的年轻时尚风格。下面以一款女西裤为例进行缝制工艺讲解。

（一）女西裤款式设计

1. 款式说明

该款女西裤外形为较合体的直筒裤，绱直型腰带，门襟处钉裤钩。前裤片各有一个褶裥，两侧各有一个斜插袋，后裤片左右各有一个单嵌线口袋、各收一个斜腰省，前片绱门襟拉链。

2. 平面款式图

女西裤款式图如图5-53所示。

（二）女西裤纸样设计

1. 制图规格

女西裤制图规格以160/68号型为例，如表5-4所示。

图5-53　女西裤款式图

表5-4　女西裤尺寸规格设计　　单位：cm

部位	腰围（W）	臀围（H）	裤长	股上长	腰带宽	裤口宽
尺寸	70	94	95	26	4	20

2.结构制图

女西裤平面结构制图如图5-54所示，其他部件结构图如图5-55所示。

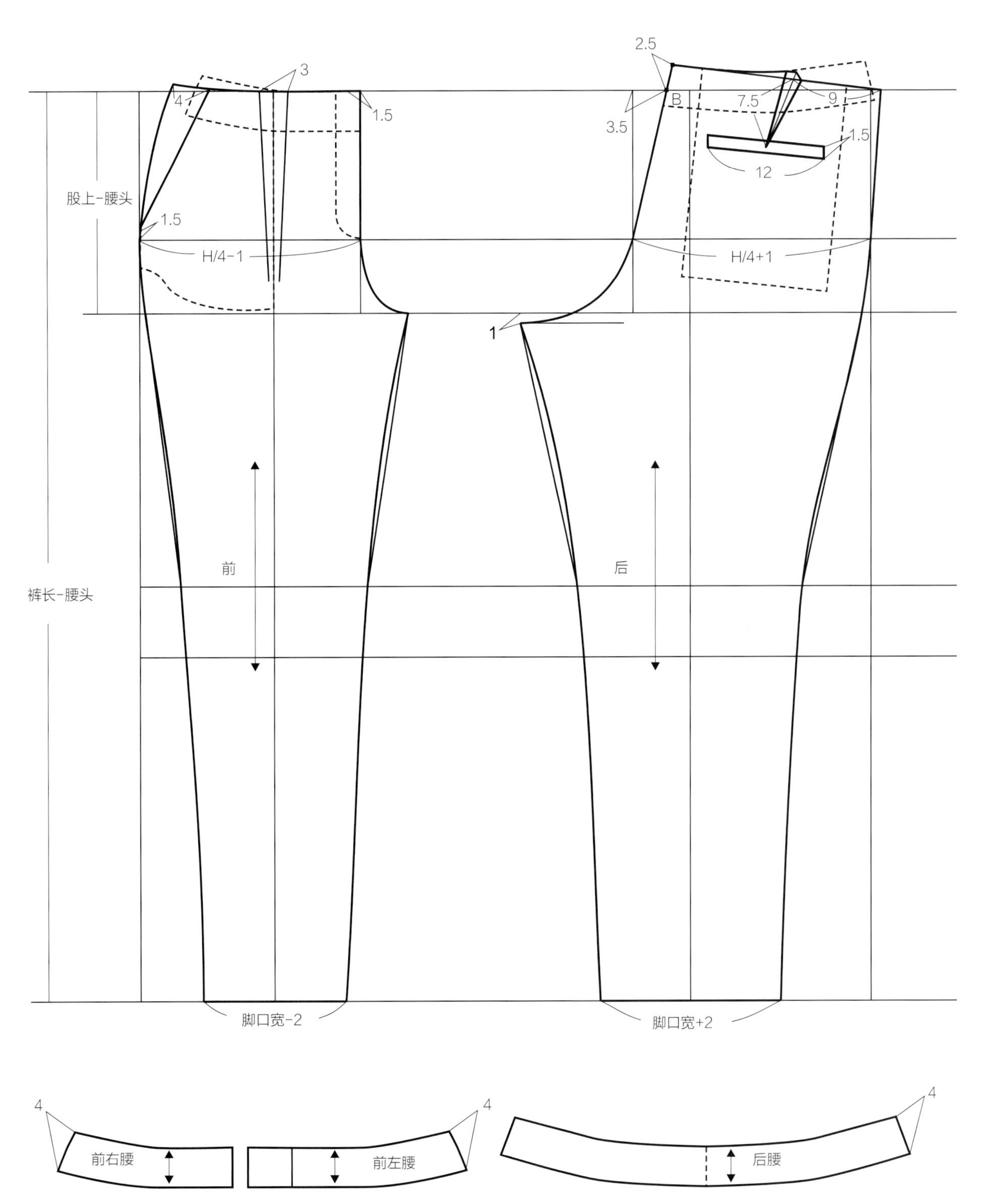

图5-54 女西裤平面结构制图

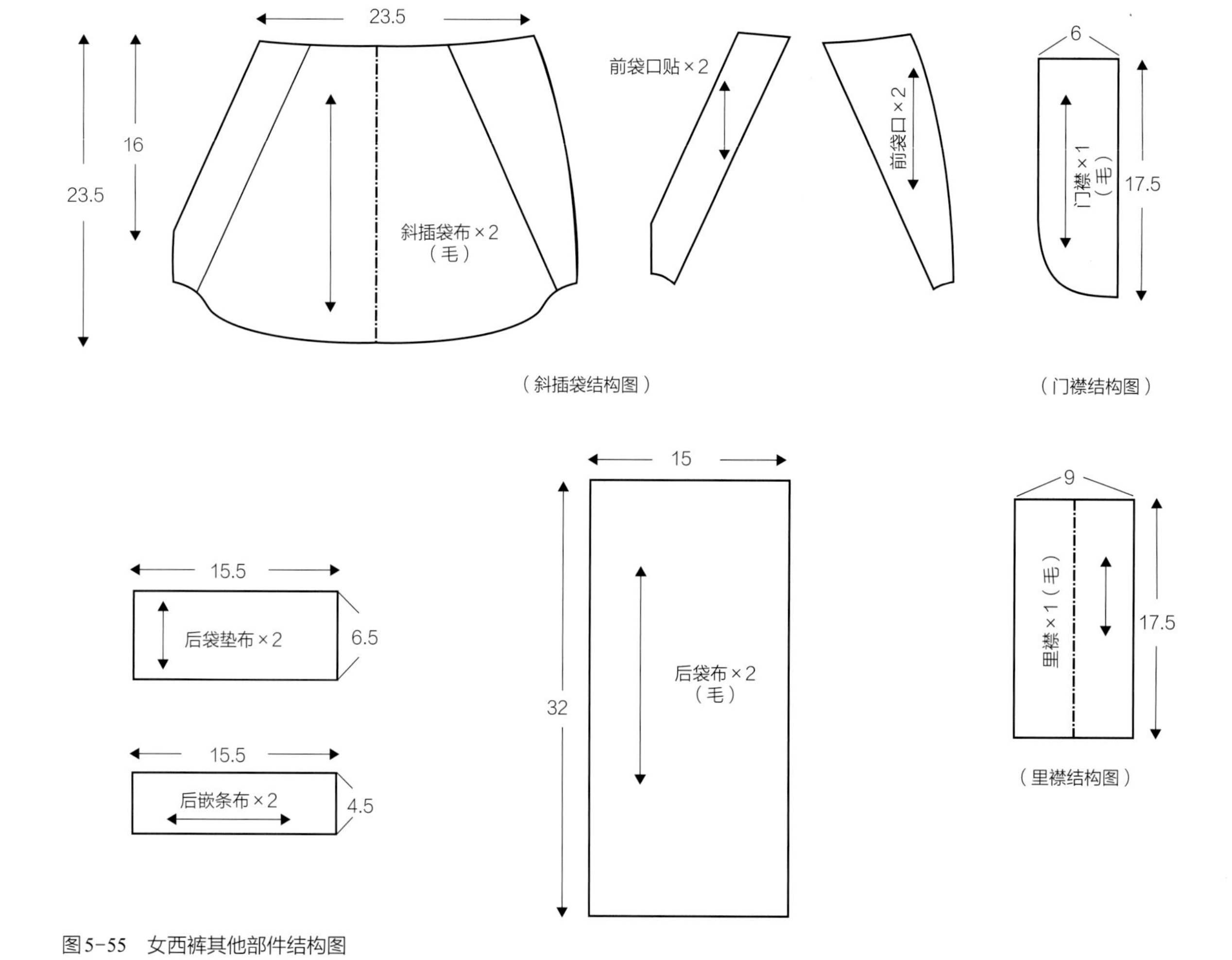

图5-55　女西裤其他部件结构图

3. 女西裤工业样板制作

女西裤工业样板图如图5-56所示。

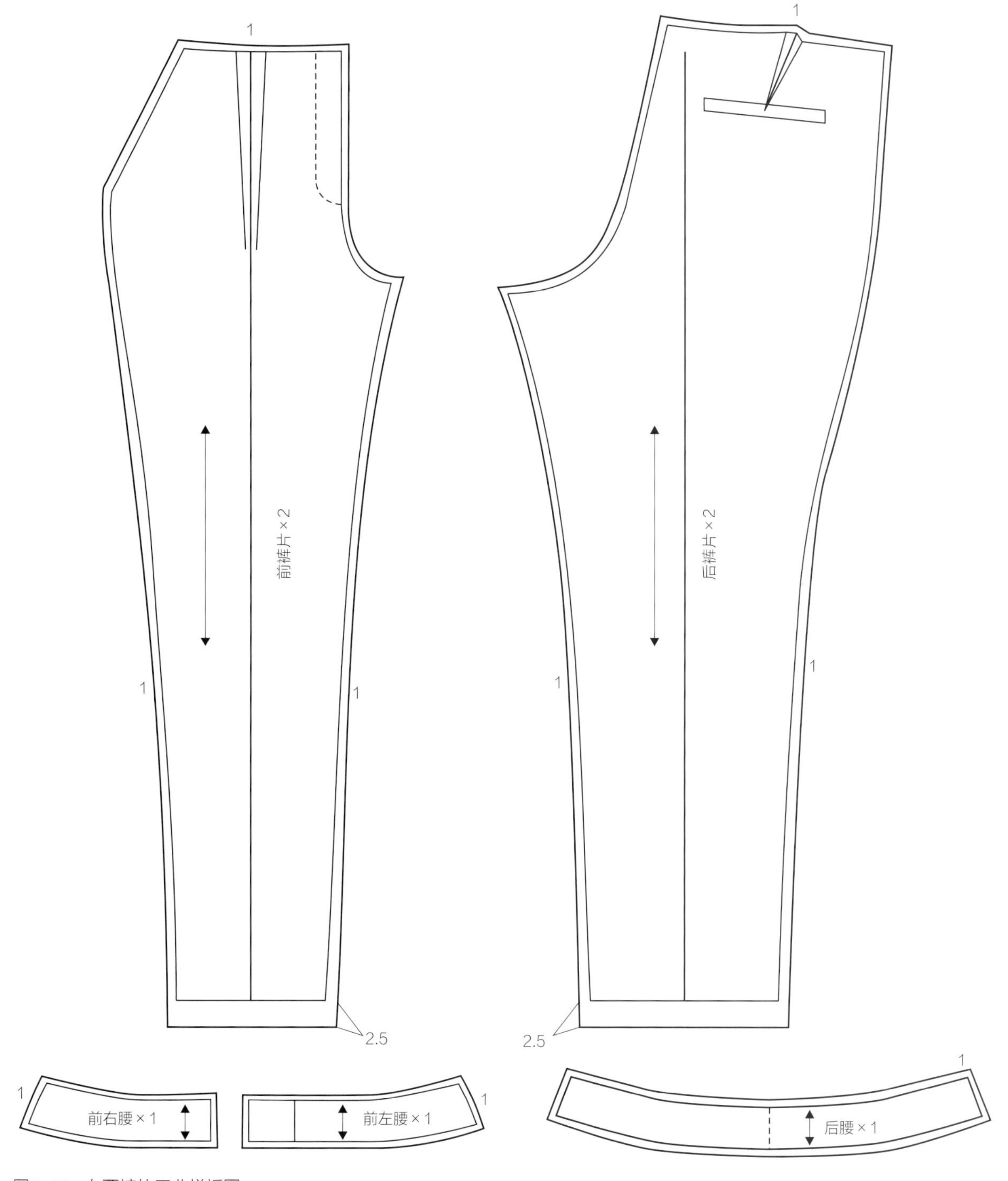

图5-56　女西裤的工业样板图

4. 女西裤排料

女西裤排料图如图5-57所示。

（三）女西裤缝制前准备

1. 材料

女西裤的制作材料主要包括面料和辅料，如图5-58所示。

（1）面料

女西裤面料可选用毛料、毛涤混纺等面料，门幅长150cm，用料为100cm；袋布选用全棉面料，尺寸为46cm×32cm。

（2）辅料

无纺布黏合衬适量；拉链1条，长20cm；裤

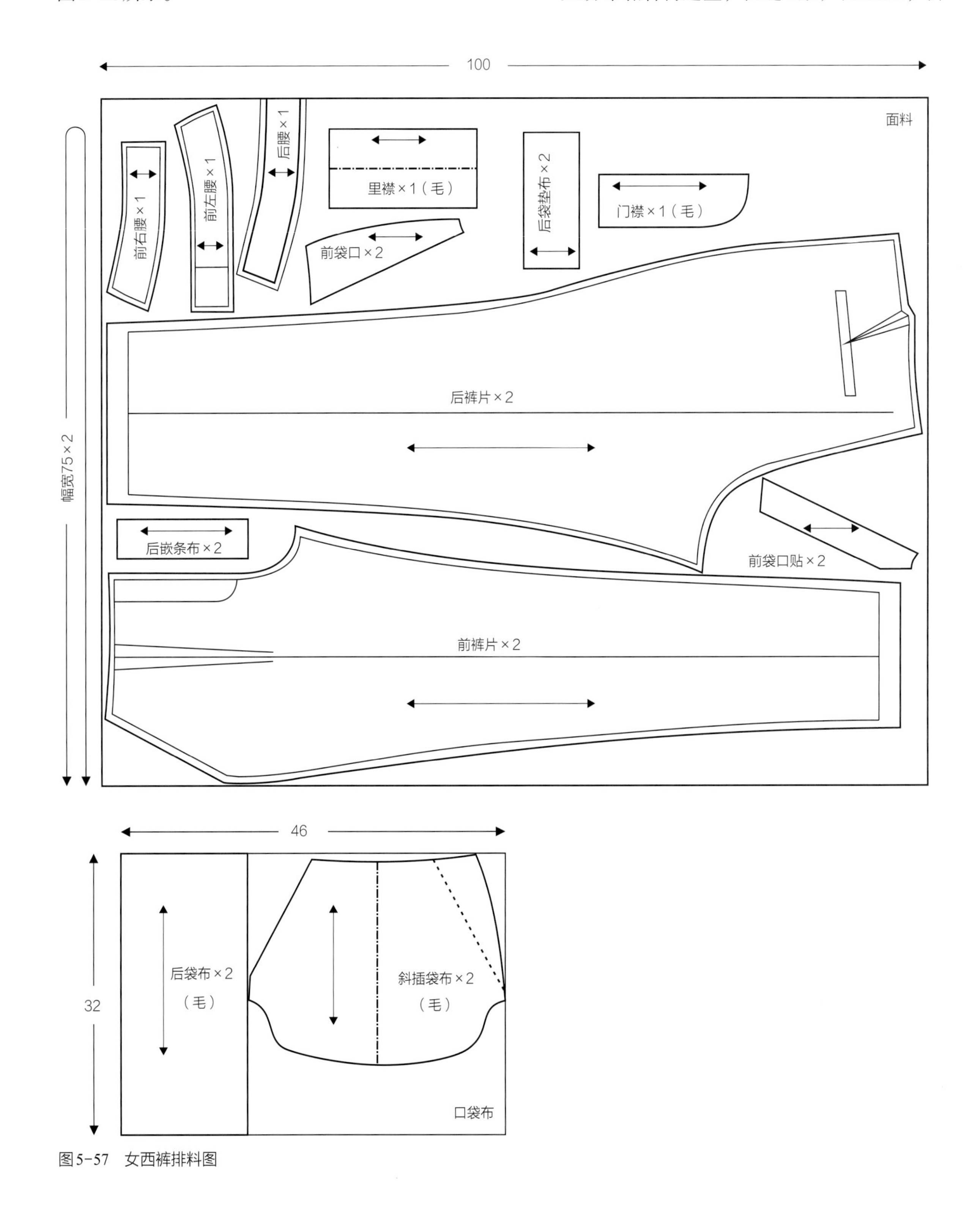

图5-57　女西裤排料图

钩1对；缝纫线1卷。

2. 裁剪

女西裤裁片有前裤片2片，后裤片2片，腰带（后腰、前左腰、前右腰）6片，门襟1片，里襟1片，后嵌条布2片，后袋垫布2片，前袋口2片，前袋口贴2片，斜插袋布2片，后袋布2片，如图5-59所示。

3. 做记号

在前裤片褶裥、拉链止口、中裆线与裤口折边，后裤片省道、中裆线与裤口折边位置用划

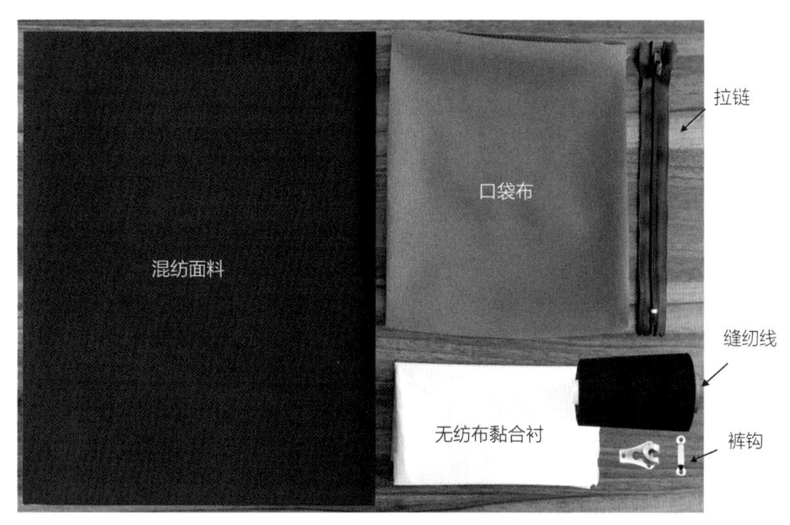

图5-58 女西裤制作材料

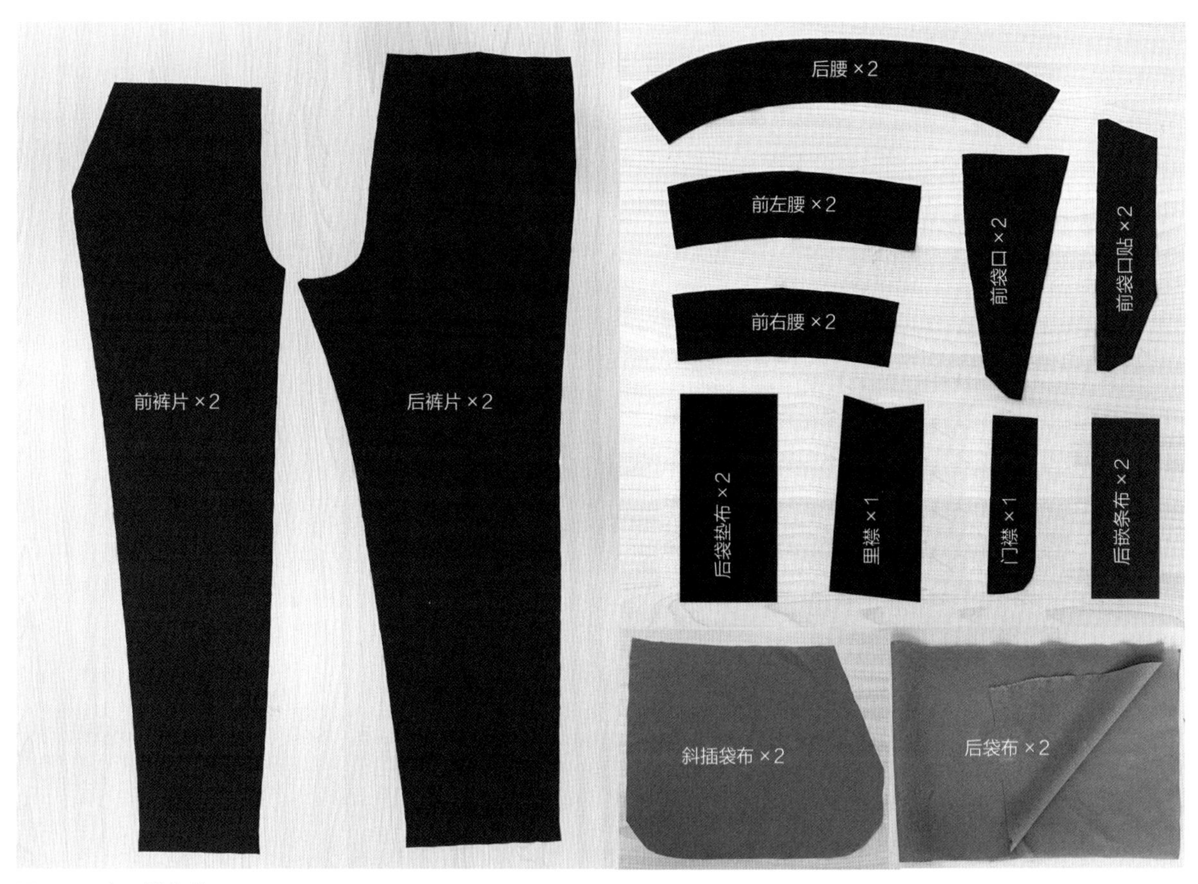

图5-59 女西裤裁片

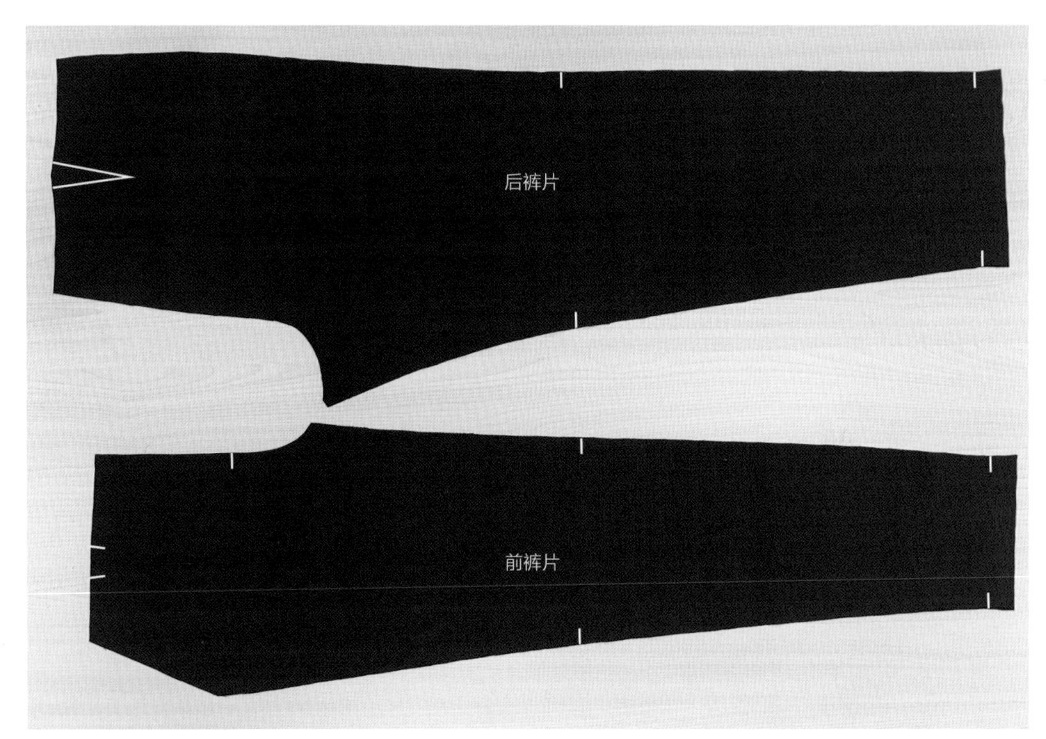

图5-60 做记号

粉做记号或打线丁，如图5-60所示。

（四）女西裤缝制工艺步骤

1.裁片整烫、锁边

（1）烫衬

门襟、里襟、后嵌条布、后腰、前左腰、前右腰反面烫衬，后裤片袋口收完腰省后再烫衬，如图5-61所示。

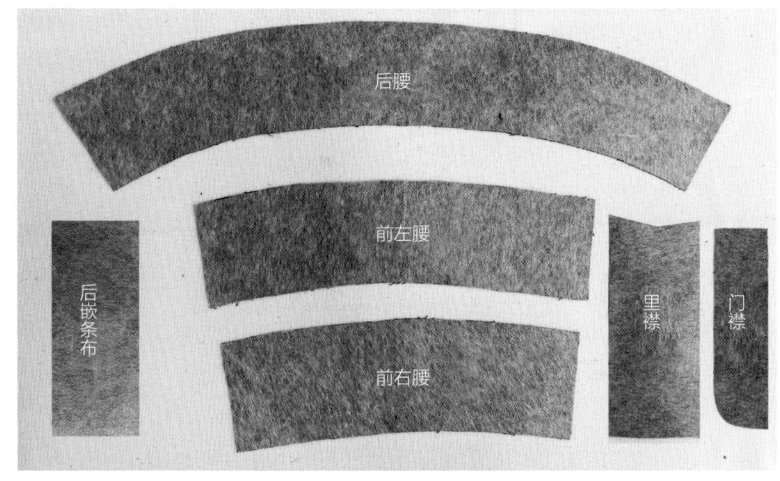

图5-61 烫衬

（2）锁边

里襟、门襟、前袋口、前袋口贴、后嵌条布、后袋垫布锁边，其余部位在缝制过程中锁边，如图5-62所示。

图5-62 锁边

2. 绱斜插袋

（1）前裤片收褶裥

前裤片正面朝上，对齐褶裥记号位置，褶裥倒向侧缝，在腰口处缉缝0.8cm，暂时固定褶裥，如图5-63所示。

（2）装斜插袋

女西裤装斜插袋具体缝制步骤参考第四章第二节“斜插袋的缝制工艺”，如图5-64所示。

3. 绱前门襟拉链

女西裤绱前门襟拉链步骤详见第四章第四节“裤子拉链缝制工艺”，如图5-65所示。

图5-63　前裤片收褶裥

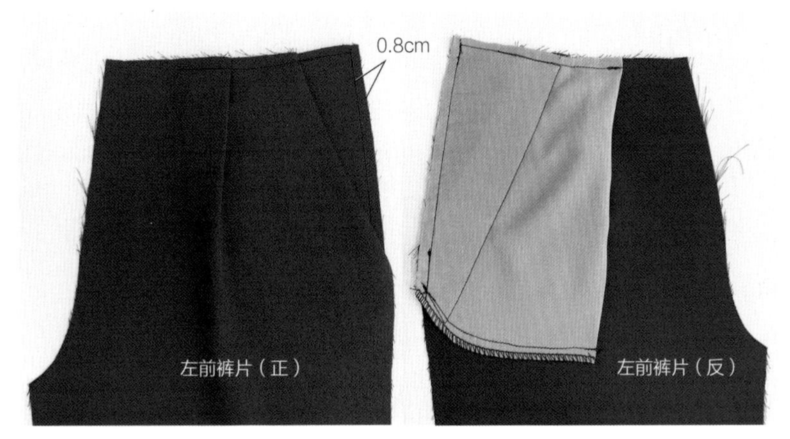

图5-64　装斜插袋

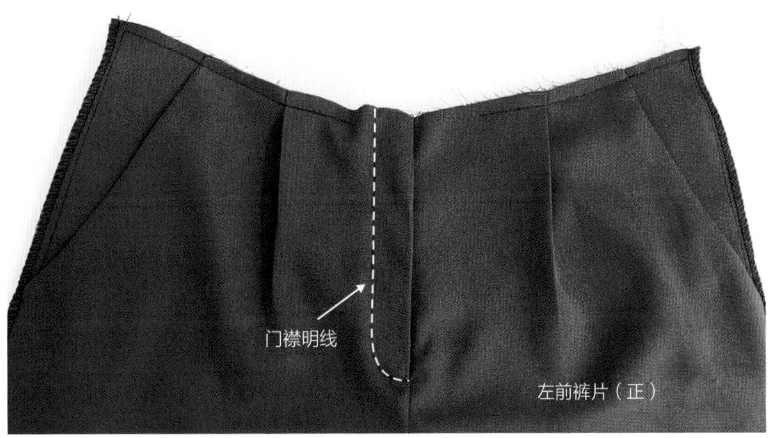

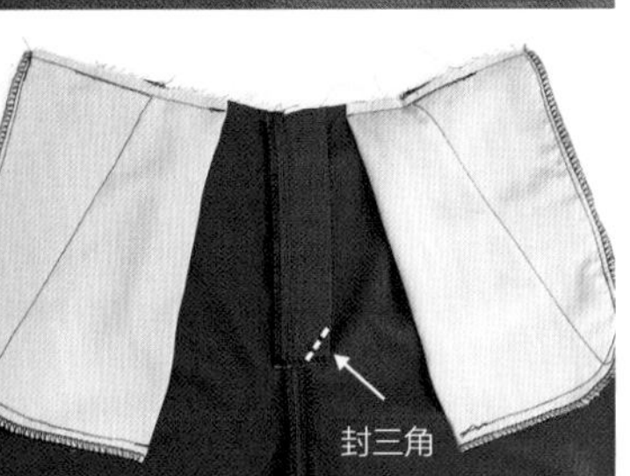

图5-65　绱前门襟拉链

4. 制作后单嵌线挖袋

（1）后裤片收省

首先省道倒向裆弯处熨烫，然后在裤片反面后袋位置烫黏合衬，如图5-66所示。

（2）开后袋

女西裤单嵌线挖袋具体缝制步骤参考第四章第二节“单嵌线开袋的缝制工艺”，如图5-67所示。

5. 缝合侧缝

首先缝合前后裤片侧缝，然后将前后裤片正面相对，使侧缝对齐，缉缝1cm缝份，起止位置缝倒回针，最后将侧缝烫分开缝，如图5-68所示。

6. 缝合内裆缝

将前后裤片正面相对，内裆缝对齐，缉缝1cm缝份，起

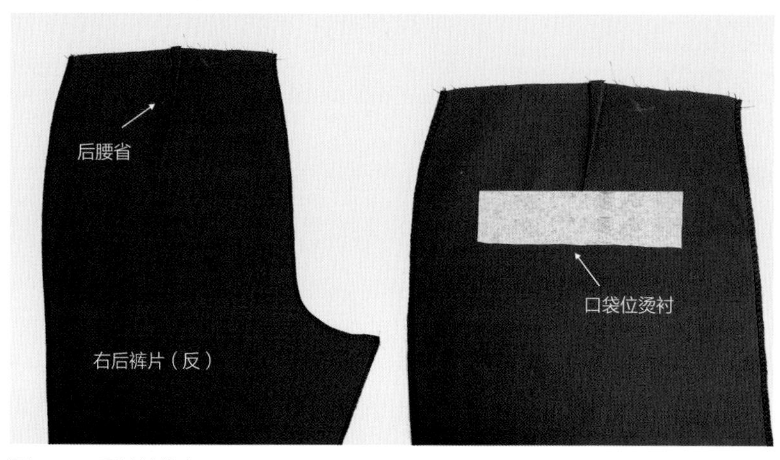

图5-66　后裤片收省

图5-67　单嵌线挖袋

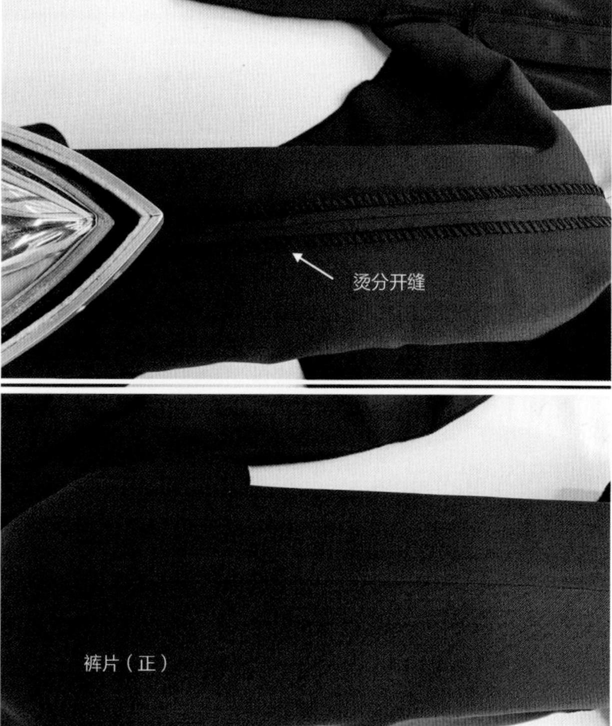

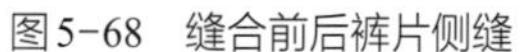
图5-68　缝合前后裤片侧缝

止位置缝倒回针，并将内裆缝烫分开缝，要求两条下裆缝平直且不能出现长短差异，如图5-69所示。

7. 绱腰

（1）扣烫腰面

后腰面、前左腰面、前右腰面的反面烫衬，并根据实样画出实样线，将腰面下口向反面扣烫1cm缝份，如图5-70所示。

（2）缝合后腰面、前左腰面、前右腰面

将三块腰面正面相对，按照实样线对位记号缉缝1cm，起止位置倒回针，并烫分开缝，如图5-71所示。

（3）缝合后腰里、前左腰里、前右腰里

缝合方法同腰面，如图5-72所示。

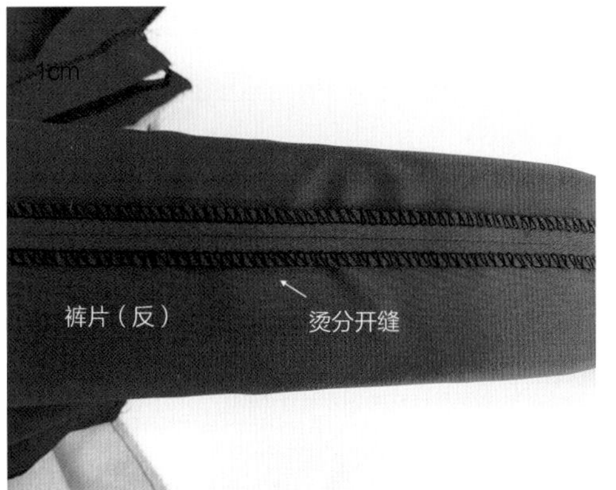

图5-69　缝合内裆缝

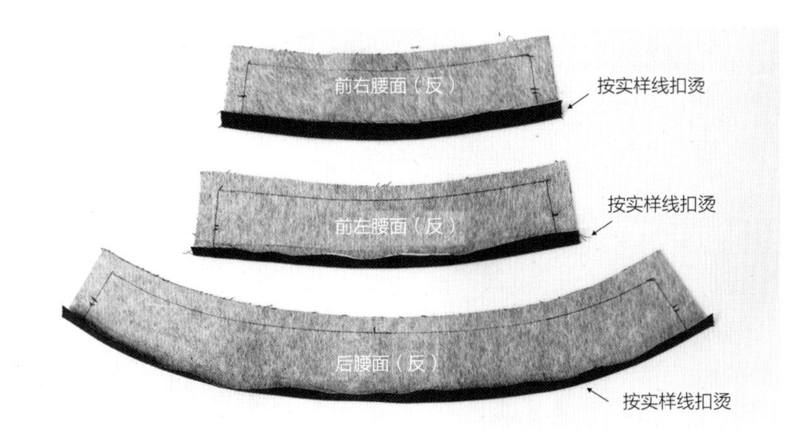

图5-70　扣烫腰面

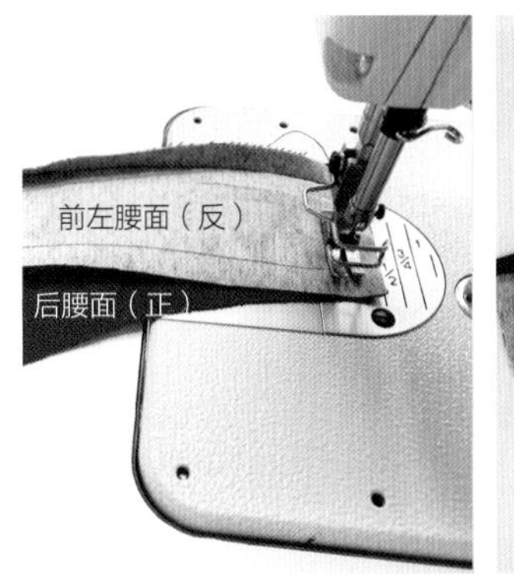

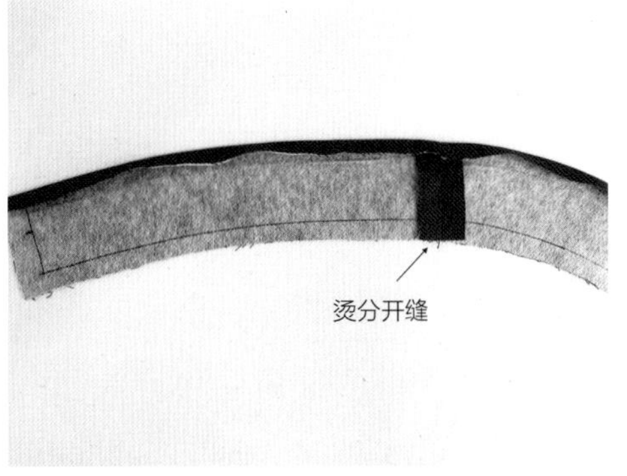

图5-71　缝合腰面

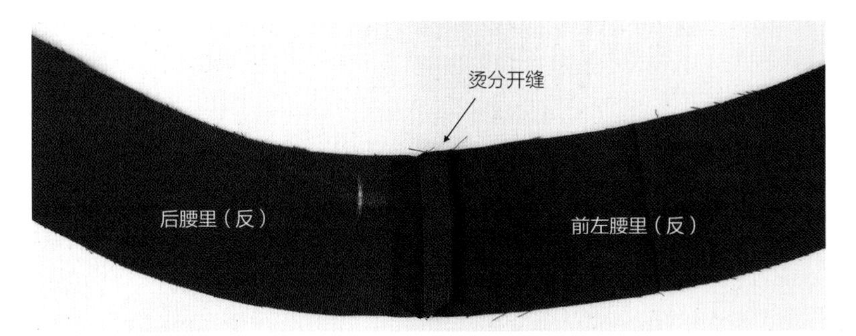

图5-72　缝合腰里

（4）缝合腰面、腰里

将腰面和腰里正面相对，按照实样线先从上口反面缉缝，起止位置倒回针，并修剪缝份为0.6cm，如图5-73所示。

（5）熨烫

打开腰面、腰里，缝份倒向腰里，在腰里正面压缉0.1cm止口，并对折熨烫，腰面不露出止口，如图5-74所示。

（6）固定腰里与裤片

首先在门襟、里襟处画1cm定位口，将腰里正面与右前裤片反面对齐，对齐记号位置从里襟开始缉缝1cm缝份固定，起止位置缝倒回针，然后将多余的拉链头剪掉，如图5-75所示。

（7）封腰带

将腰面和腰里正面相对，左右腰带止口反向折转并缉合，缝份1cm，起止位置缝倒回针，修剪缝份至0.6cm，然后翻至正面，熨烫平整，如图5-76所示。

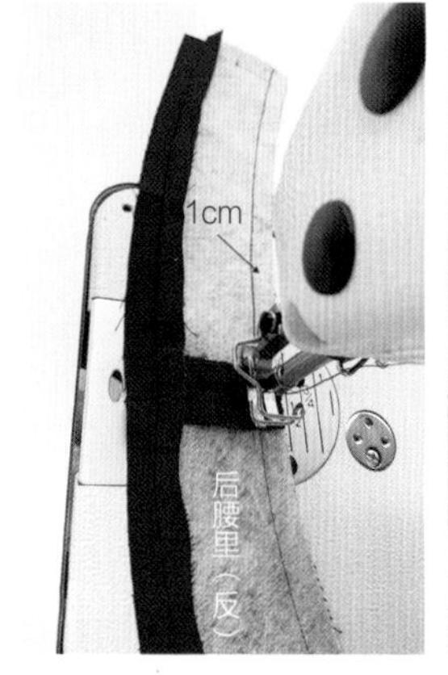

图5-73　缝合腰面、腰里

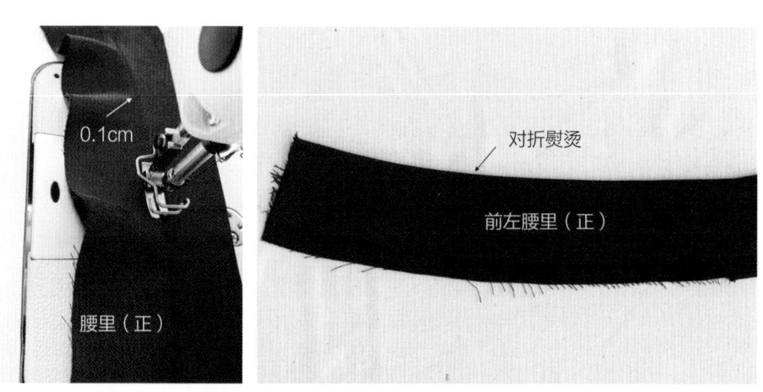

图5-74　熨烫

图5-75　固定腰里与裤片

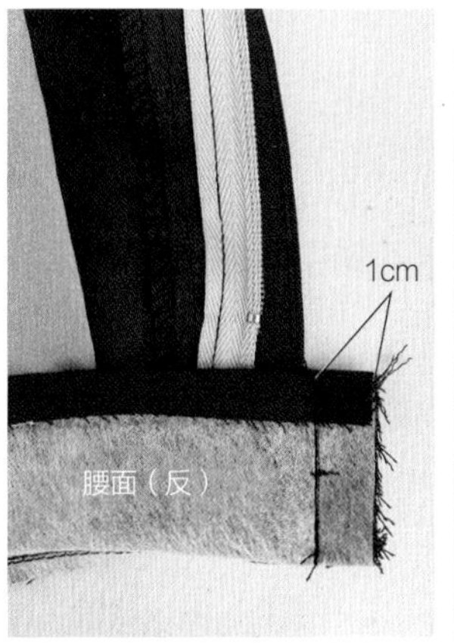

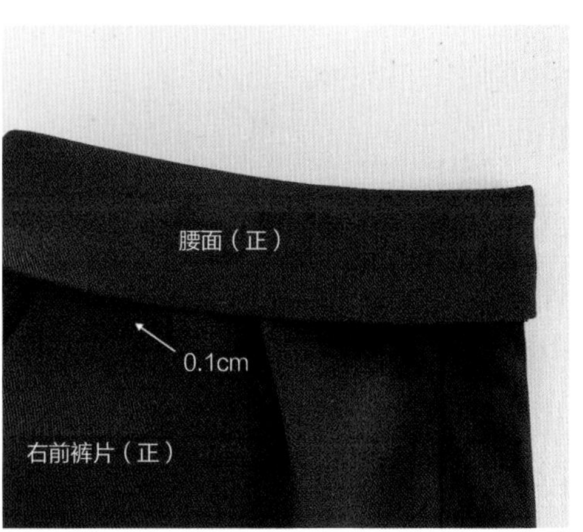

图5-76　封腰带

（8）固定腰面

首先从门襟方向向里襟方向疏缝固定腰面，然后沿腰面缉缝0.1cm明线，如图5-77所示。

（9）钉裤钩

在裤腰门襟腰带和里襟腰带对应处手缝固定一对裤钩，缝制工艺可参考裙钩缝制工艺，如图5-78所示。

8.缲裤脚口折边

首先将裤脚口贴边沿标记线折转并熨烫，然后缝三角针固定裤口贴边，如图5-79所示。

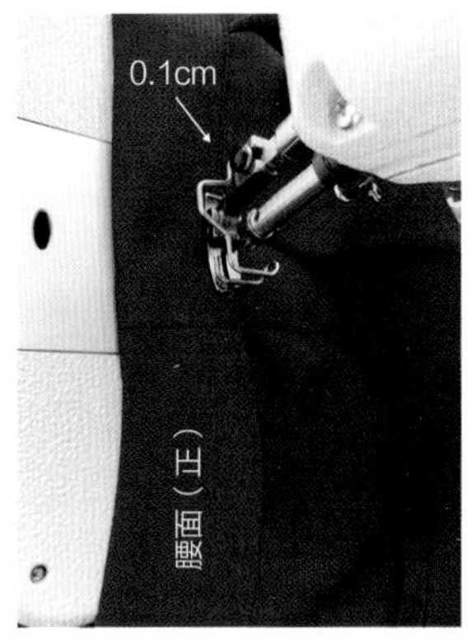

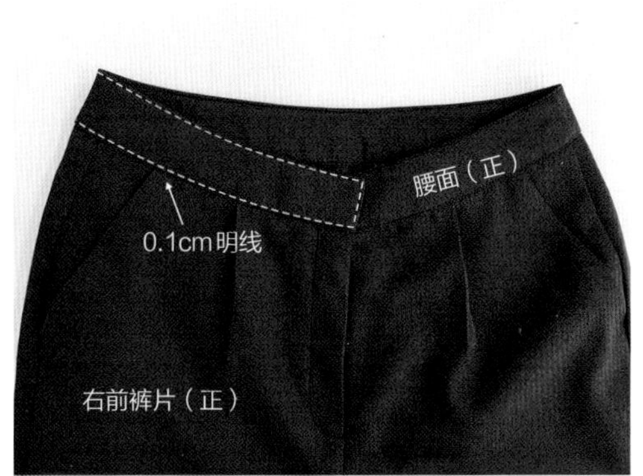

图5-77　固定腰面

裤子缝制工艺
（图5-68至图5-77对应视频）

图5-78　钉裤钩

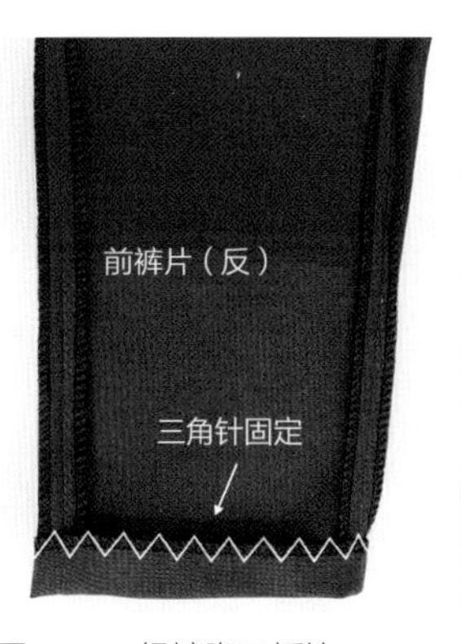

图5-79　缲裤脚口折边

9.女西裤整烫工艺

整烫前，先将裤子的线头、划粉印记、污渍等清理干净。女西裤整烫工艺流程：烫腰带→烫斜插袋→烫后斜省→烫后嵌线袋→烫裤脚口→烫侧缝。在熨烫时，熨斗需直上直下进行熨烫，避免裤片变形，裤脚口、后嵌线袋、斜插袋、腰带部位需烫实、烫平，裤身表面无褶皱、后斜省平整，正面熨烫时需加盖烫布，防止变色和产生“极光”。女西裤成品展示如图5-80所示。

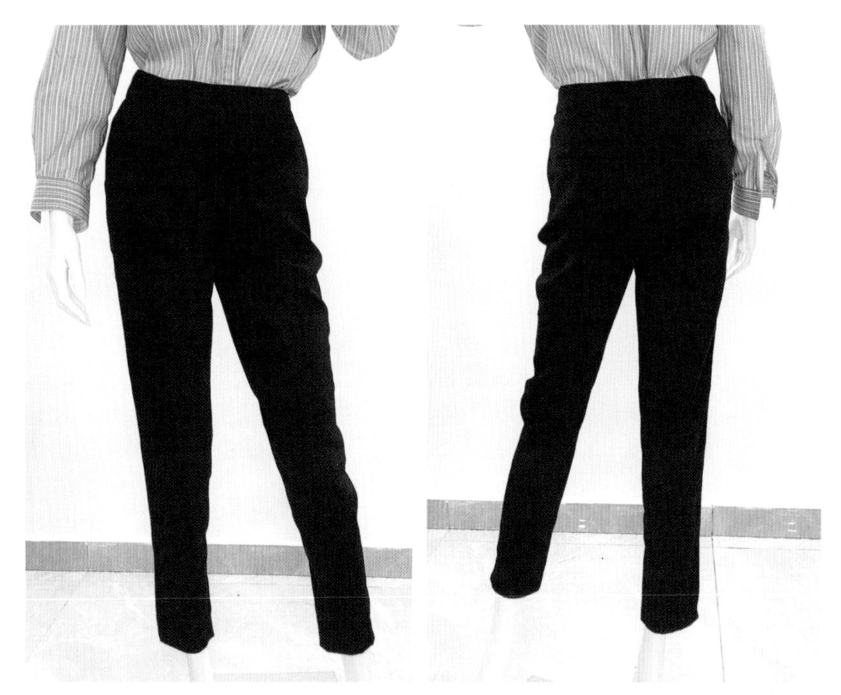

图5-80　女西裤成品展示

第三节　衬衫的缝制工艺

衬衫的雏形出现于奴隶社会，公元前16世纪的古埃及已出现了早期意义上的衬衫，是无领、袖的束腰衣，形制较为宽松，在日常穿着中作为内衣、外衣均可。14世纪诺曼底人穿的衬衫已经有领和袖头，此时衬衫是作为外衣来穿着的。衬衫最初多为男用，20世纪50年代逐渐被女子采用，现已成为常用服装之一。对于传统衬衫来说，区分性别最典型的标志是左右门襟的搭合方式，女衬衫是右门襟压左门襟穿着，男衬衫则反之。

在所有的服装品类当中，衬衫是最为常见和常用的，一年四季均可穿着。衬衫本身介乎正装与休闲服之间，既可以作为正装的一部分，出席重要场合，也可以居家穿，迎合了大部分人的生活与工作诉求。传统的衬衫设计对细节的要求精益求精，但随着人们对于个性的追求，衬衫的设计也可以融入更多的创意语言，在原来的基础上进一步满足人们新的需求。

衬衫大致可分为高级衬衫、职业休闲衬衫、休闲居家衬衫这三类。本节主要以立领衬衫、翻领衬衫为例进行缝制工艺讲解。

一、立领衬衫的缝制工艺

立领的雏形最早可追溯至汉代的交领，而传统意义上的立领最初出现在明代初期，此时立领脱离领子与衣襟的一体式结合，由交领衍变成独立的立领。立领的发展彰显了中华传统服饰文化的传承与创新，彰显了中华民族自强不息的创新精神。立领造型简单，实用性强，是指领子的全部或部分包裹在人体颈部的一种结构，亦称旗袍领、唐装领等，其挺拔感很强，具有鲜明的中国特色。一般立领衬衫具有中式风格，端庄典雅。下面以一款中式立领七分袖大襟衬衫为例进行缝制工艺讲解。

（一）立领衬衫款式设计

1.款式说明

该款衬衫整体廓型为X型，较修身，中式立领，左前衣片为斜门襟，后衣身有两个腰省，七分袖。

2.平面款式图

立领衬衫款式图如图5-81所示。

（二）立领衬衫纸样设计

1.制图规格

立领衬衫制图规格以165/88号型为例，如表5-5所示。

表5-5 立领衬衫尺寸规格设计 单位：cm

部位	胸围（B）	腰围（W）	肩宽	袖长	衣长
尺寸	92	82	37	40	55

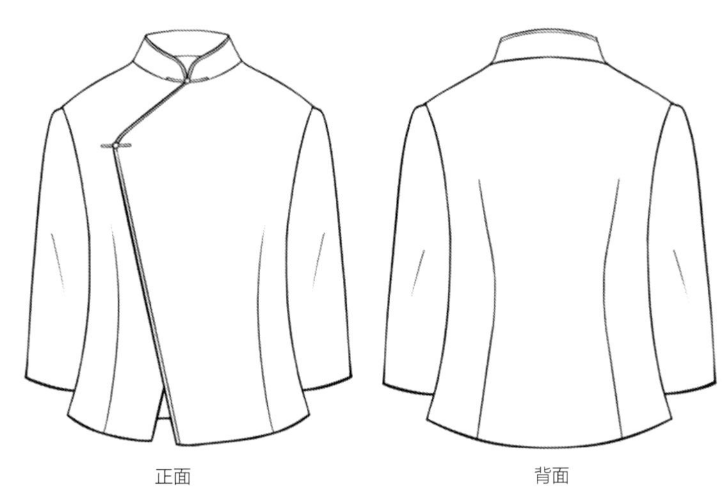

图5-81 立领衬衫款式图

2.结构制图

立领衬衫平面结构制图如图5-82所示。

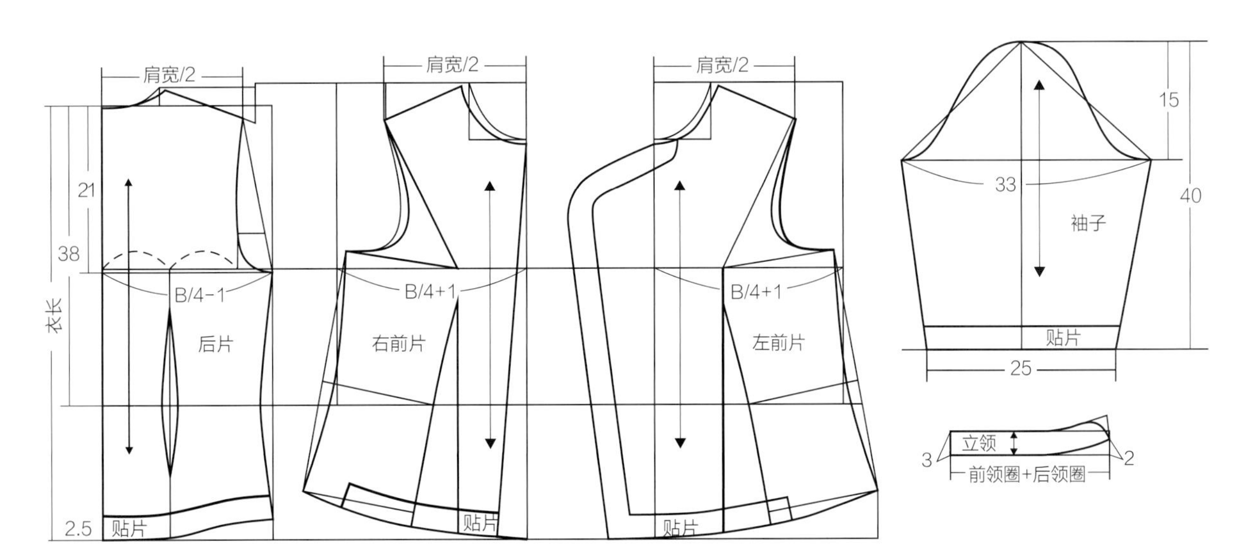

图5-82 立领衬衫平面结构制图

3. 立领衬衫工业样板制作

立领衬衫工业样板图如图5-83所示。

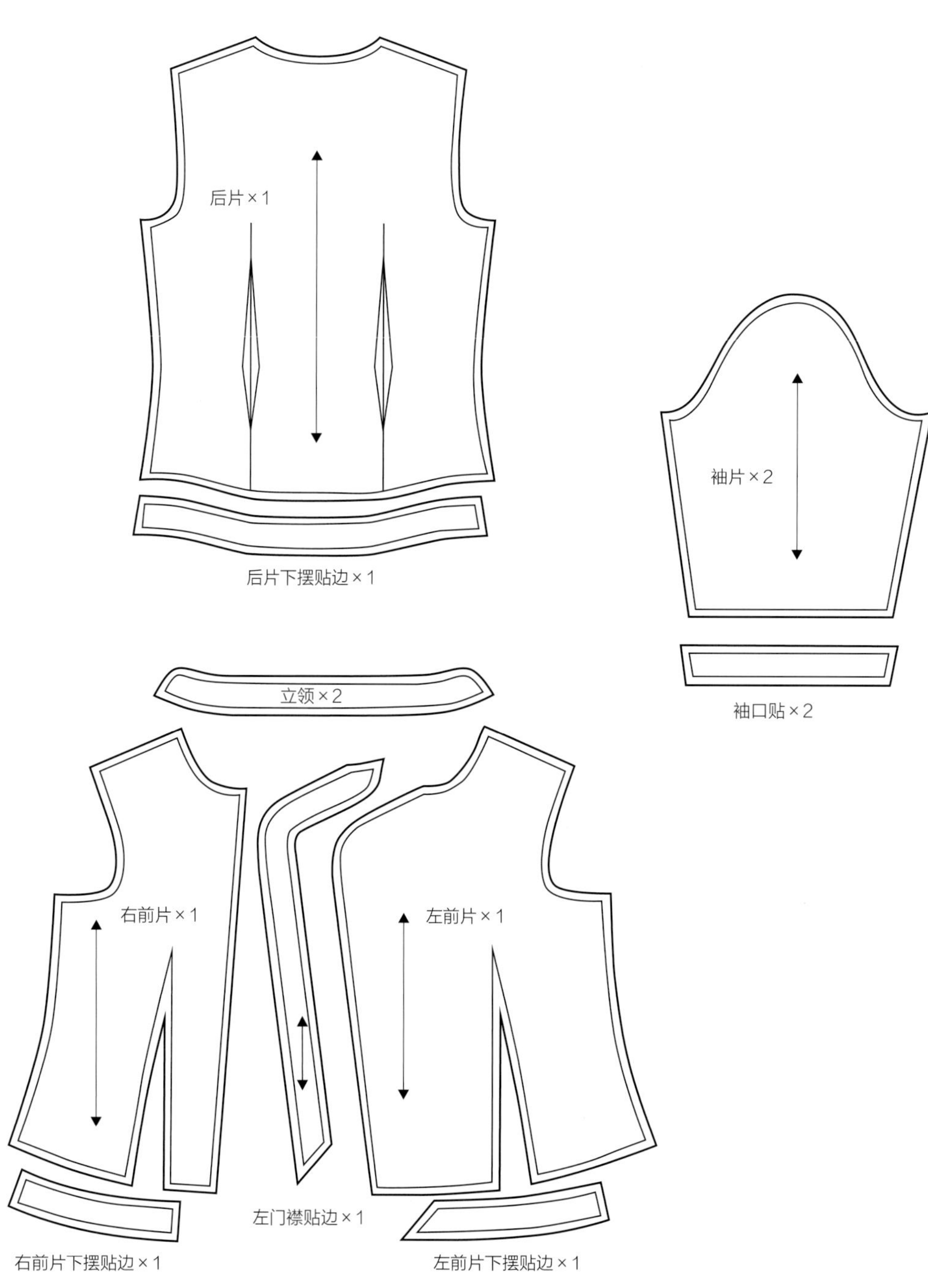

图5-83　立领衬衫工业样板图

4. 立领衬衫排料

立领衬衫排料图如图5-84所示。

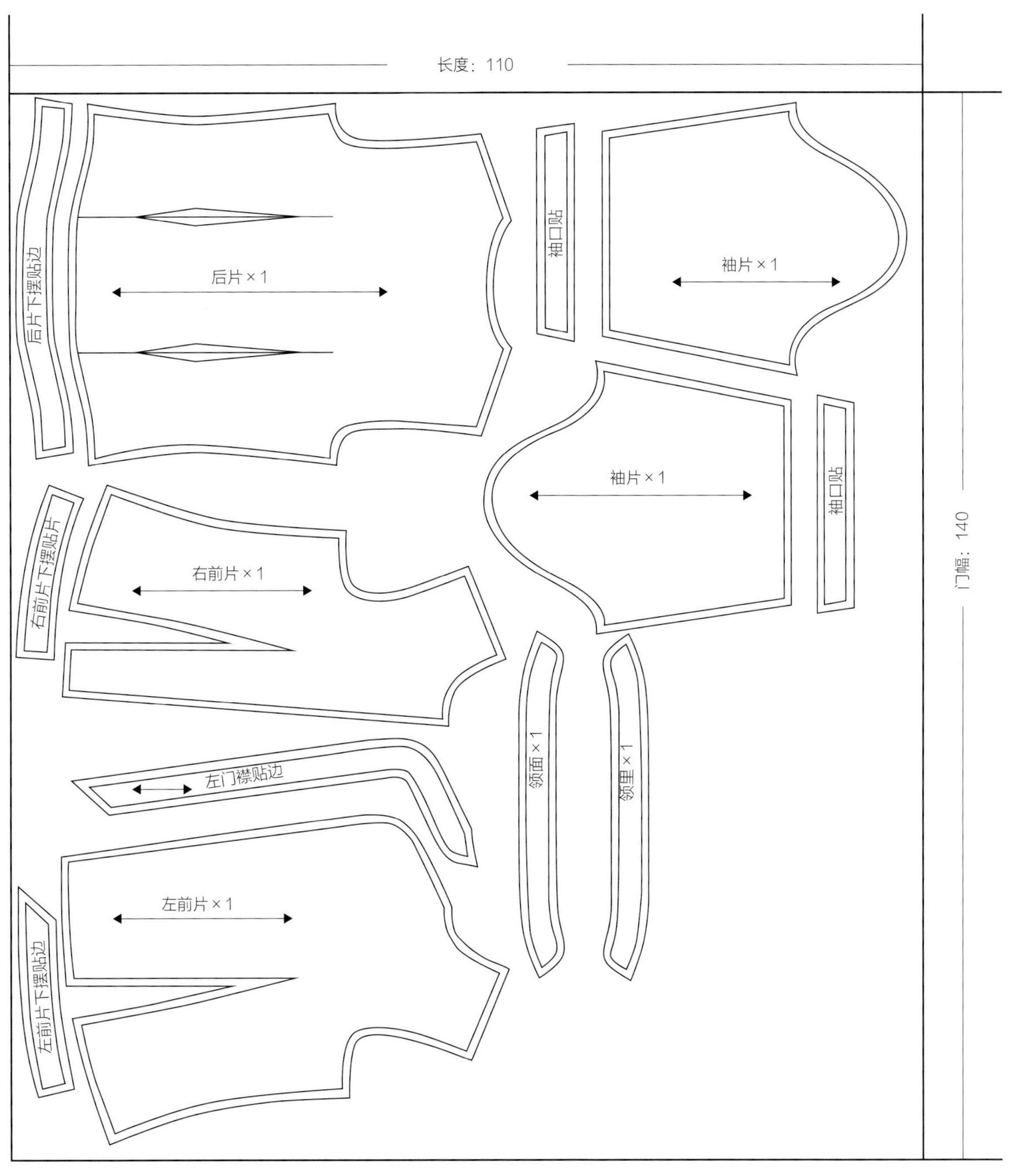

图5-84 立领衬衫排料图

（三）立领衬衫缝制前准备

1.材料

立领衬衫的制作材料主要包括面料和辅料，如图5-85所示。

（1）面料

立领衬衫面料可选用棉、麻或者化纤面料，本款采用全棉面料，门幅长140cm，用料为110cm。

（2）辅料

无纺布黏合衬适量；盘扣2对；缝纫线1卷。

2.裁剪

在进行裁剪前，需要对面料进行整烫预缩。根据排料图，首先用划粉按照立领衬衫工业样板外轮廓进行描边，然后沿着划粉的描边线用裁缝剪将裁片剪下，注意裁剪时裁片边缘要光滑，不能出现毛边或锯齿形。立领衬衫裁片有前衣片2片，后衣片1片，袖片2片，门襟贴边1片，左前片贴边1片，右前片贴边1片，后片贴边1片，袖片贴边2片，立领面1片，立领里1片，如图5-86所示。

3.做记号

前、后衣片省道，袖片对位点，领子对位点位置用划粉做记号或打线丁，如图5-87所示。

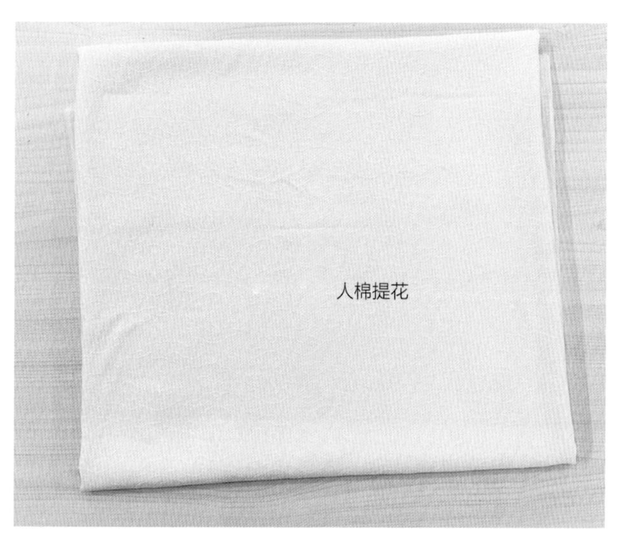

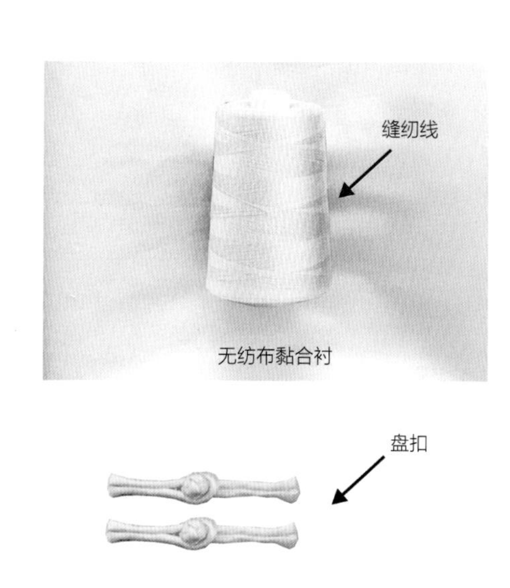

图5-85 立领衬衫制作材料

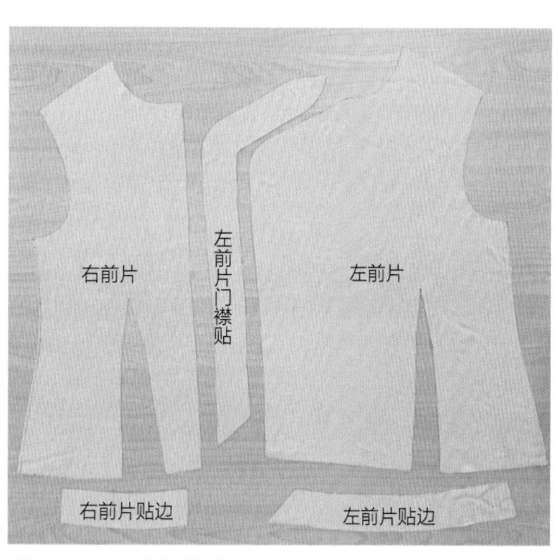

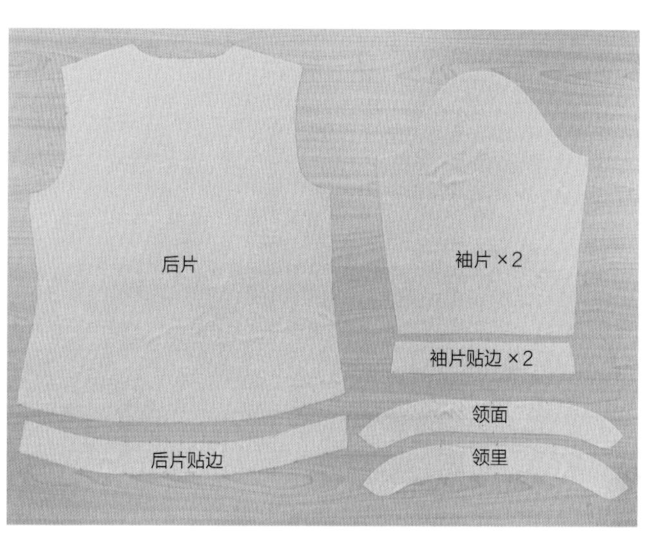

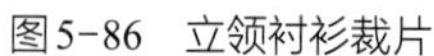
图5-86 立领衬衫裁片

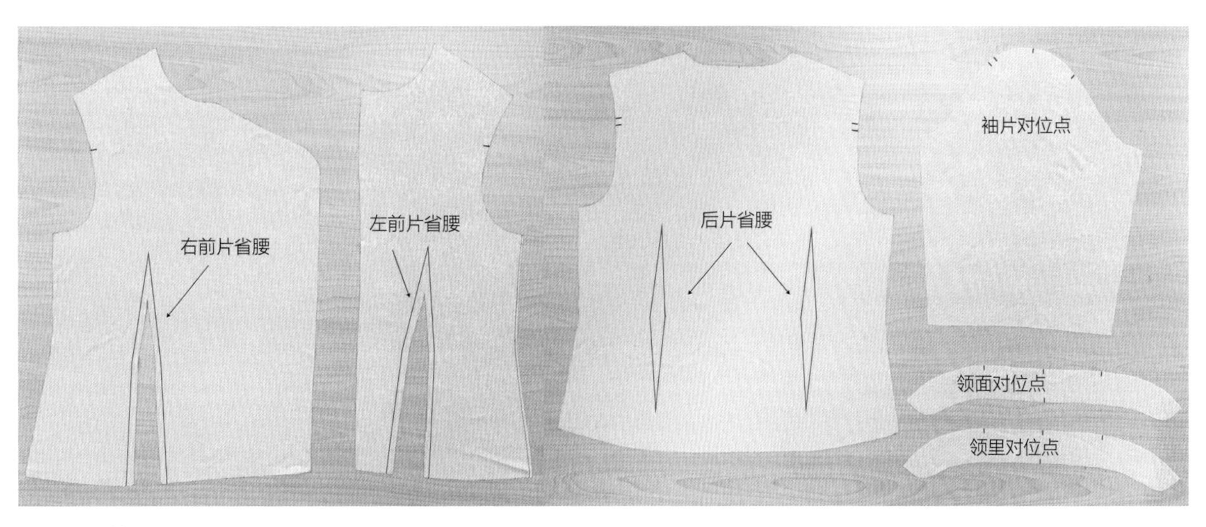

图5-87 做记号

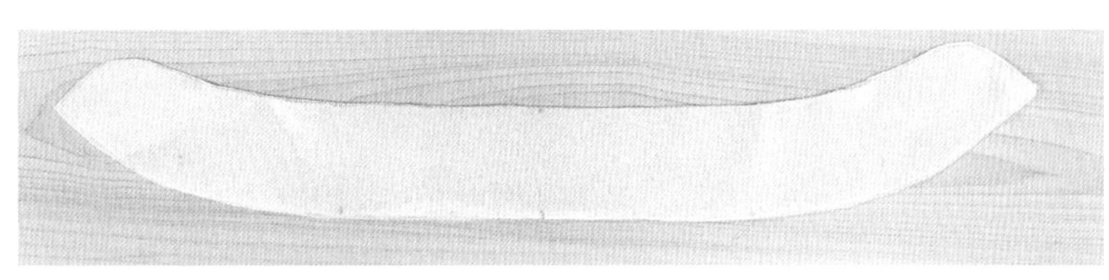
图5-88 烫衬

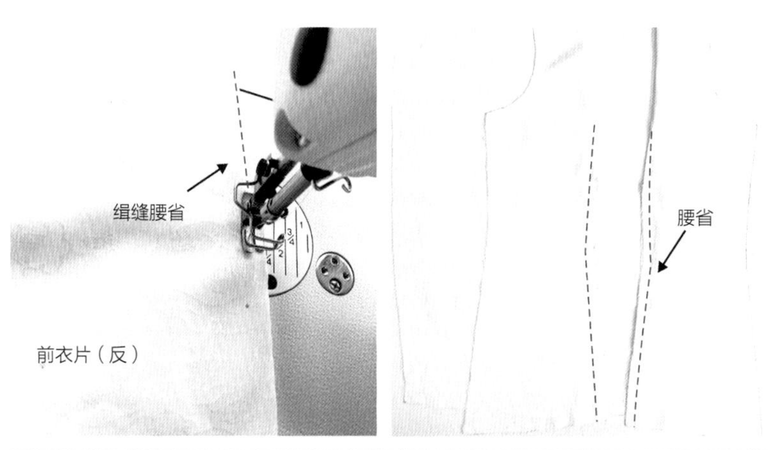

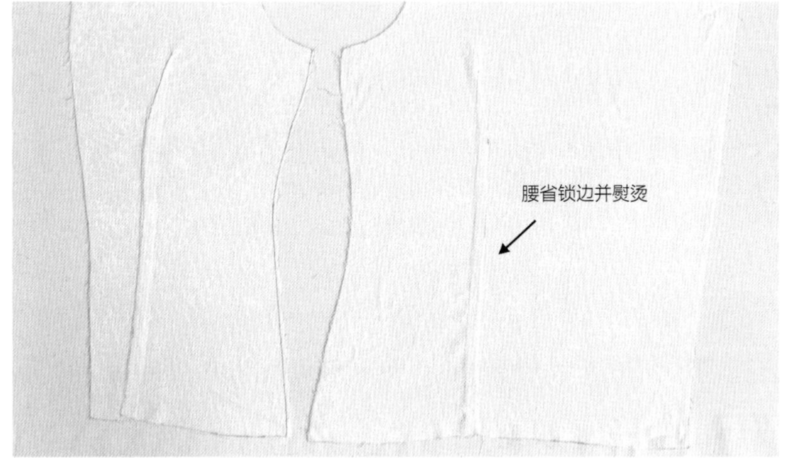

图5-89 前衣片收腰省

（四）立领衬衫缝制工艺步骤

1. 裁片整烫、锁边

立领面反面烫无纺布黏合衬，如图5-88所示。裁片在缝制过程中进行锁边。

2. 前、后衣片收腰省

（1）前衣片收腰省

前衣片反面朝上，对齐腰省位置进行缉缝，前衣片腰省缝合之后进行锁边并熨烫，腰省倒向门襟位置，如图5-89所示。

（2）后衣片收腰省

后衣片收腰省具体缝制工艺步骤参考第四章第一节中“橄榄形省的缝制工艺”，后腰省朝后中熨烫，如图5-90所示。

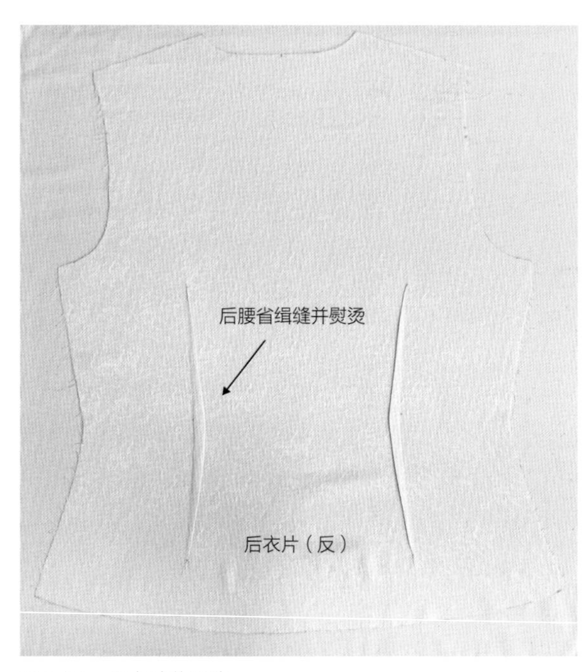

图5-90　后衣片收腰省

3.缝合下摆贴边

将前、后衣片下摆贴边缝合，缉缝1cm缝份，并翻折熨烫平整，如图5-91所示。

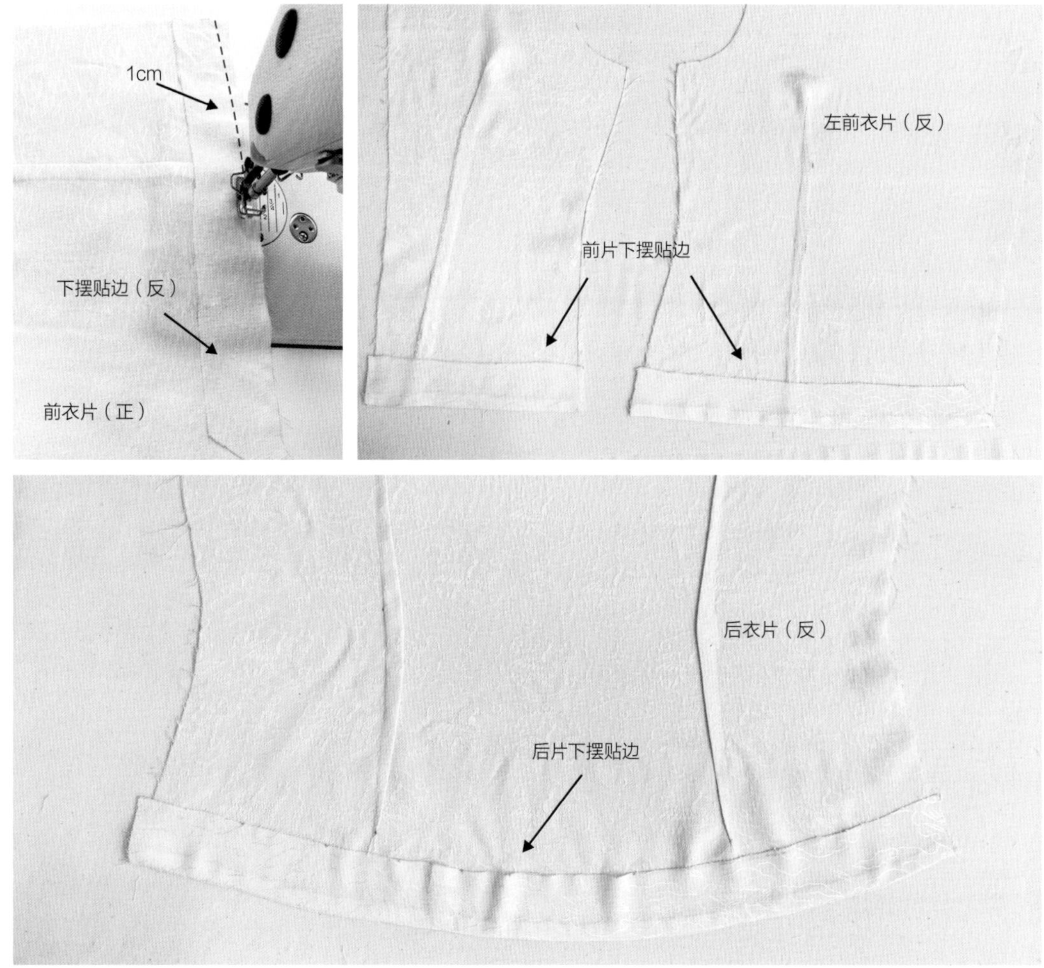

图5-91　缝合下摆贴边

4. 缝合侧缝

将前、后衣片正面相对，下摆贴边打开，对齐前、后侧缝线与贴边线，绢缝1cm缝份，并锁边、熨烫，缝份倒向后衣片，如图5-92所示。

5. 缝合门襟、里襟贴边

（1）门襟贴边与衣片下摆贴边锁边

门襟贴边反面烫衬并锁边，下摆贴边锁边，如图5-93所示。

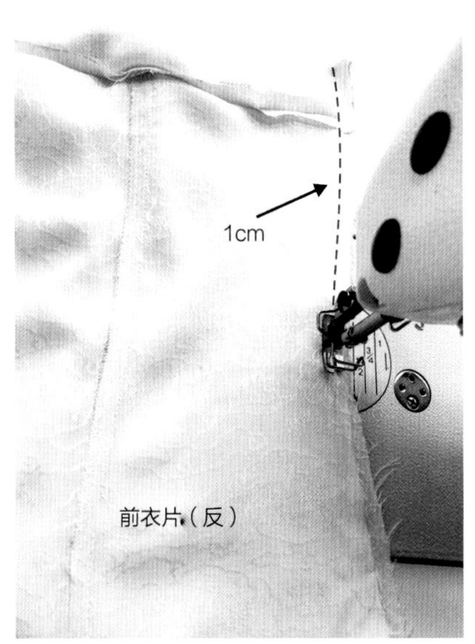

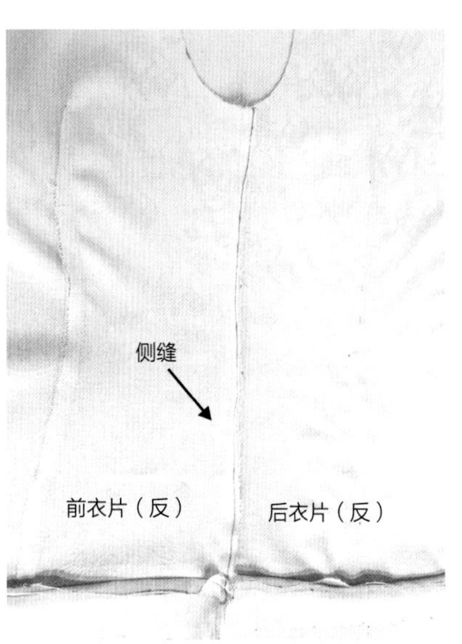

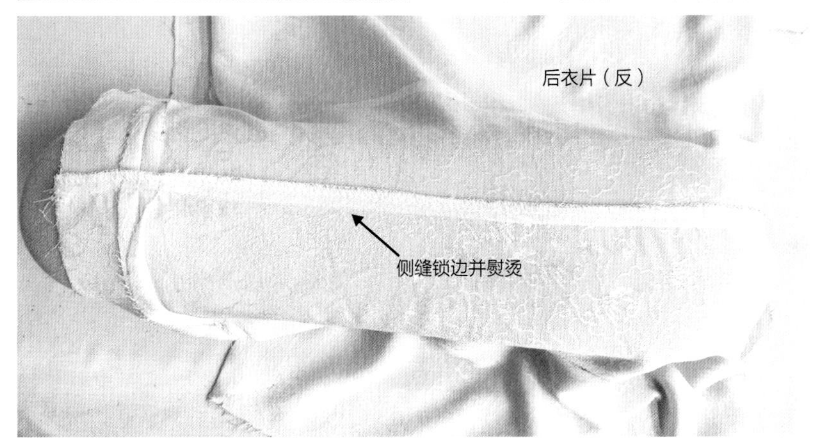

图5-92 缝合侧缝

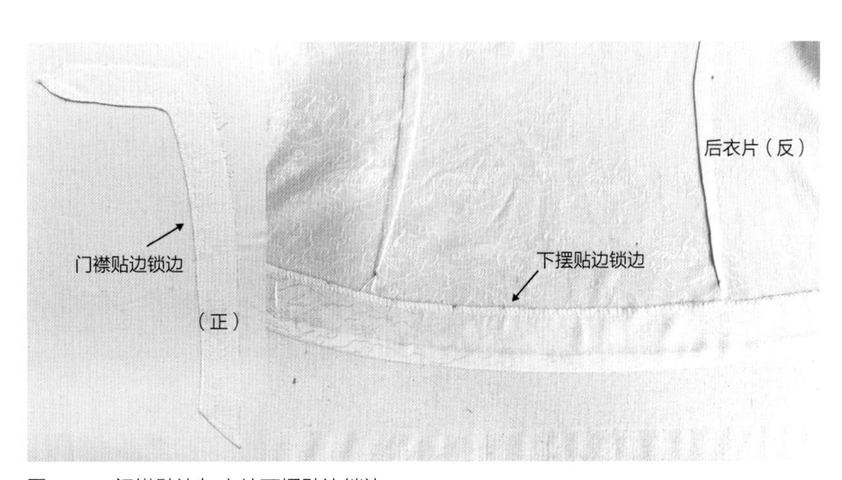

图5-93 门襟贴边与衣片下摆贴边锁边

（2）缉缝门襟贴边与左前衣片

将门襟贴边与左前衣片正面相对，缉缝1cm缝份，下摆贴边处与门襟也需缝合，如图5-94所示。

（3）修剪缝份并翻折熨烫

修剪缝份至0.5cm，将弧线处剪三角刀口，在门襟上压缉0.1cm，缝份倒向门襟，并翻折熨烫，如图5-95所示。

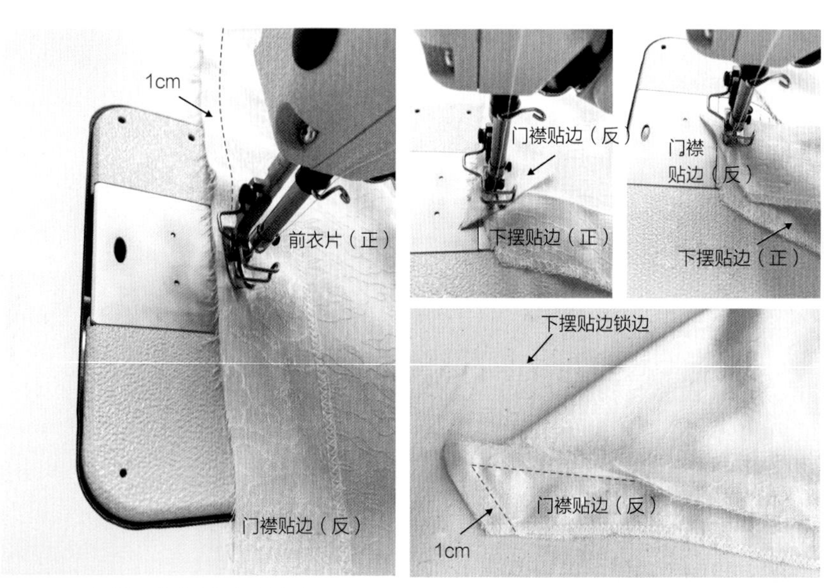

图5-94　缉缝门襟贴边与左前衣片

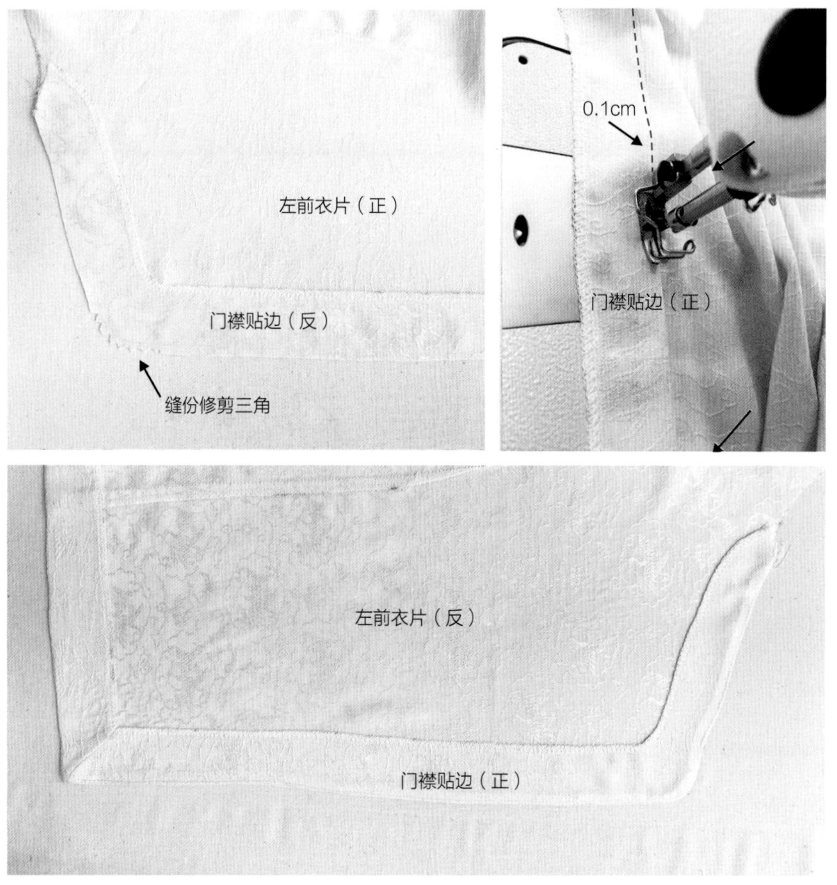

图5-95　修剪缝份并翻折熨烫

（4）缝合右前片里襟与下摆贴边

右前片里襟与下摆贴边缝合方法可参考左前片门襟缝合方法，也可使用更简便的操作方法：右前片正面朝上，里襟处锁边，将下摆贴边处正面相对，沿里襟边缘缉缝1cm，起止位置倒回针，并翻折熨烫，如图5-96所示。

6.缝合肩缝

将前、后衣片正面相对，对齐前、后肩缝线，缉缝1cm缝份，并锁边熨烫，缝份倒向后衣片，如图5-97所示。

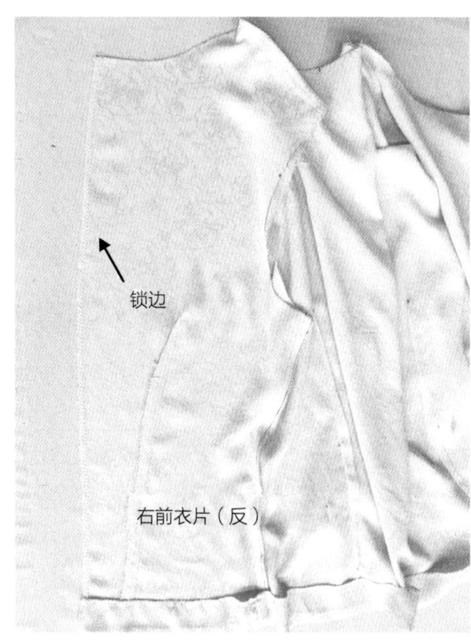

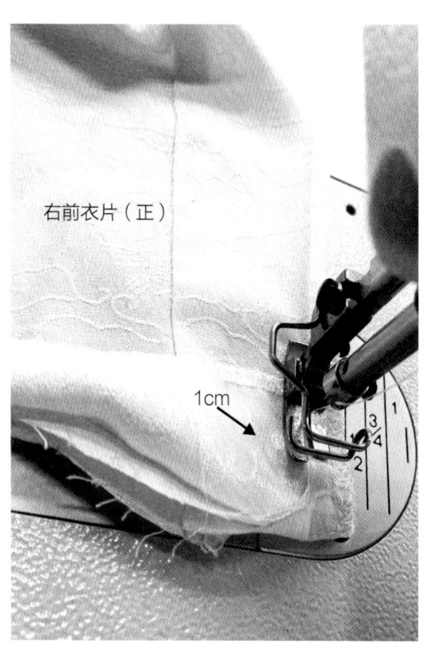

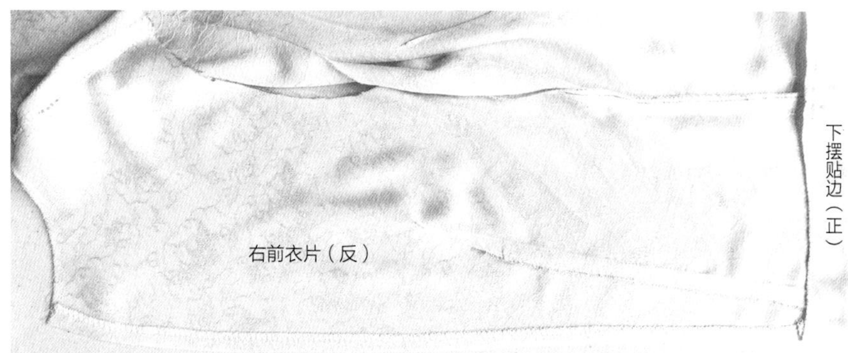

图5-96 缝合右前片里襟与下摆贴边

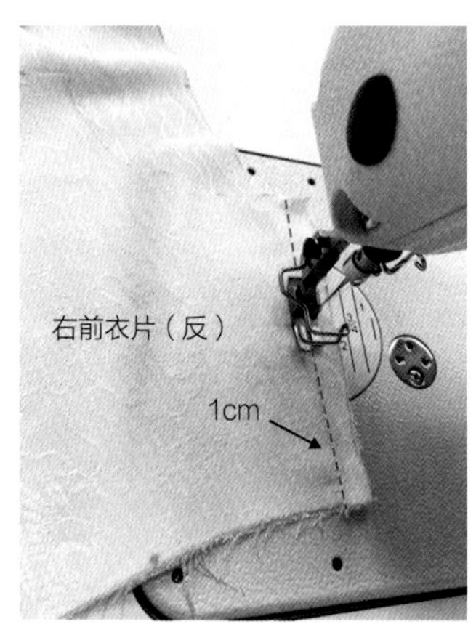

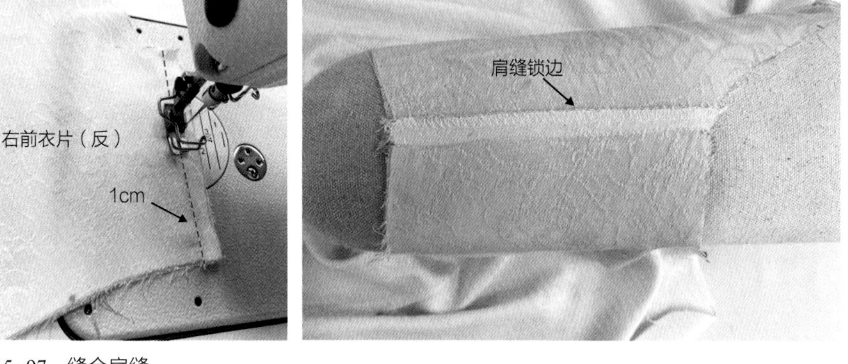

图5-97 缝合肩缝

7.绱立领

具体缝制工艺步骤参考第四章第五节中“立领缝制工艺”，如图5-98所示。

8.固定袖子

（1）缝合袖贴边

将袖子底缝正面相对对齐，缉缝1cm缝份，并烫分开缝，如图5-99所示。

（2）缝合袖子侧缝

将袖子侧缝正面相对对齐，缉缝1cm缝份，并锁边熨烫，如图5-100所示。

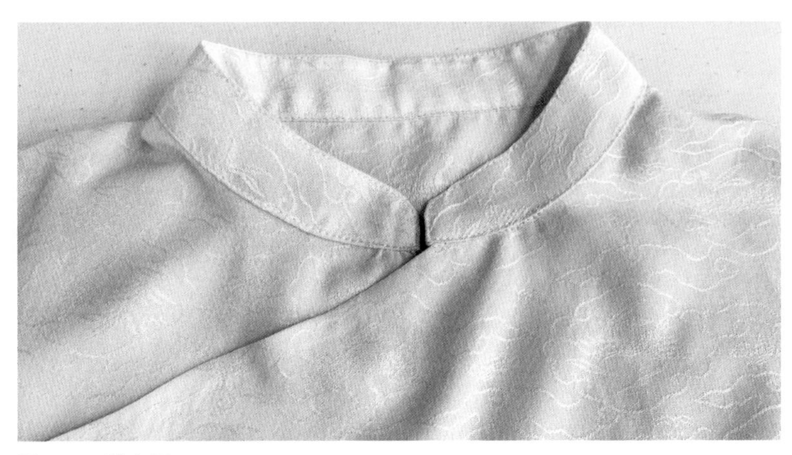

图5-98　绱立领

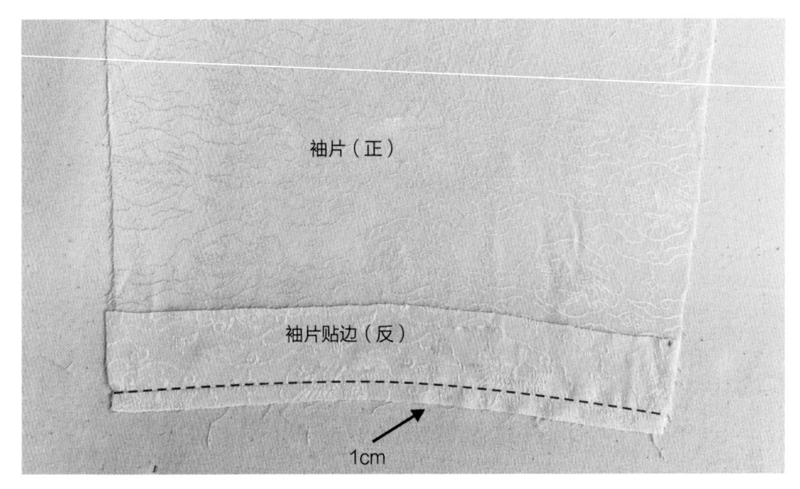

图5-99　缝合袖贴边

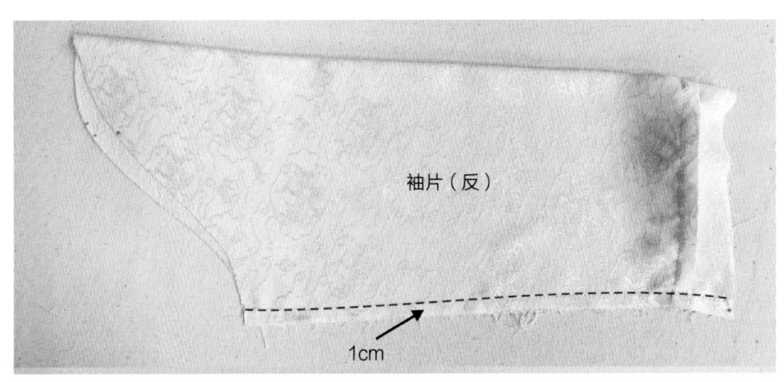

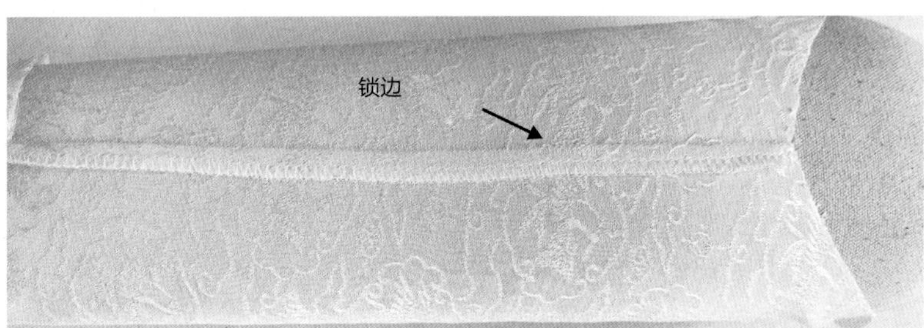

图5-100　缝合袖子侧缝

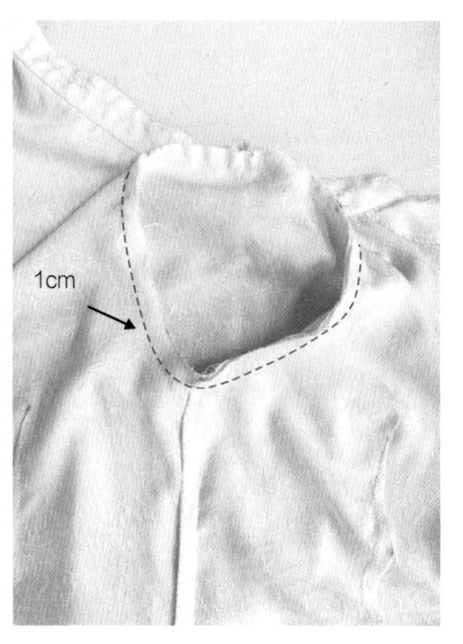

图5-101 绱袖子

（3）绱袖子

袖山高点与衣片的肩点对准、袖底点与衣片的袖窿底点对齐，再对齐衣片的袖窿线和袖片的袖山线，缉缝1cm缝份，起止位置缝倒回针，如图5-101所示。

（4）锁边

将袖片放在上层，用锁边机锁缝袖窿缝合线并熨烫，如图5-102所示。

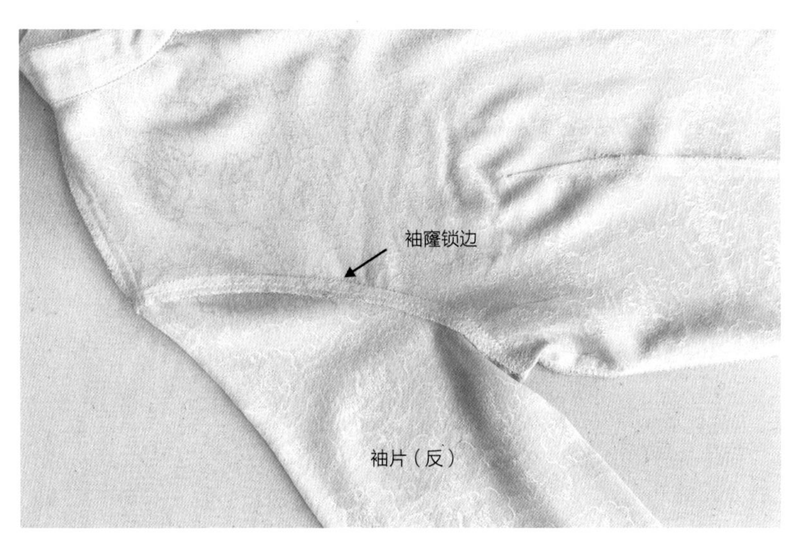

图5-102 锁边

9.袖口、门襟、底摆贴边固定

（1）袖口贴边固定

首先将袖口贴边锁边并熨烫平整，然后用三角针固定，如图5-103所示。

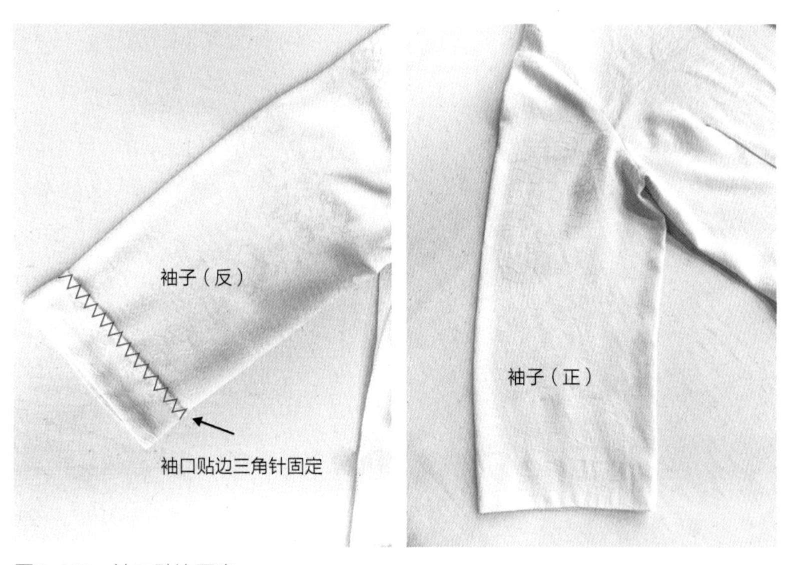

图5-103 袖口贴边固定

（2）门襟与底摆贴边固定

同袖口贴边固定，如图5-104所示。

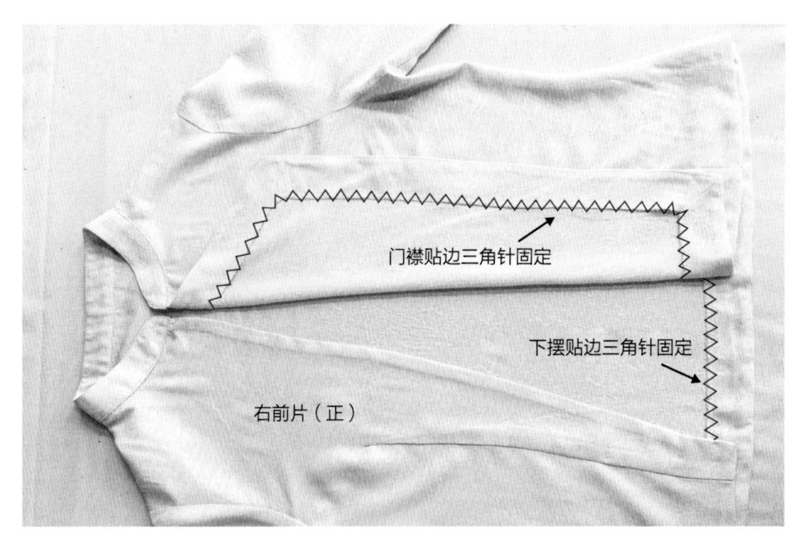

图5-104　门襟与底摆贴边固定

10.钉扣

将盘扣手缝固定在对应的位置，正面看不出缝线，如图5-105所示。

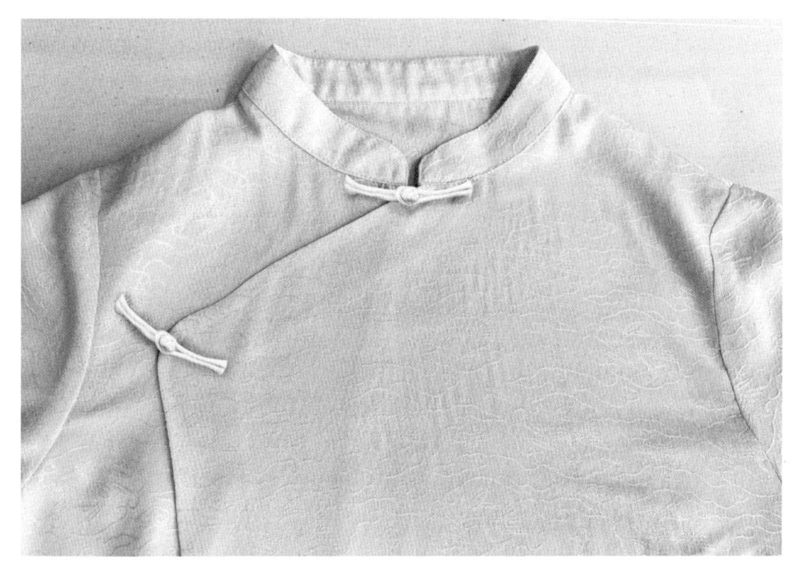

图5-105　钉扣

11.立领衬衫整烫工艺

整烫前，先将衬衫的线头、划粉印记、污渍等清理干净。立领衬衫整烫工艺流程：烫衣领→烫袖子→烫衣身→烫底摆→烫肩缝→烫侧缝。在熨烫时，熨斗需直上直下进行熨烫，避免衬衫变形，衣领、袖衩、底摆部位需烫实、烫平，衣身表面无褶皱，正面熨烫时需加盖烫布，防止变色和产生"极光"。立领衬衫成品展示如图5-106所示。

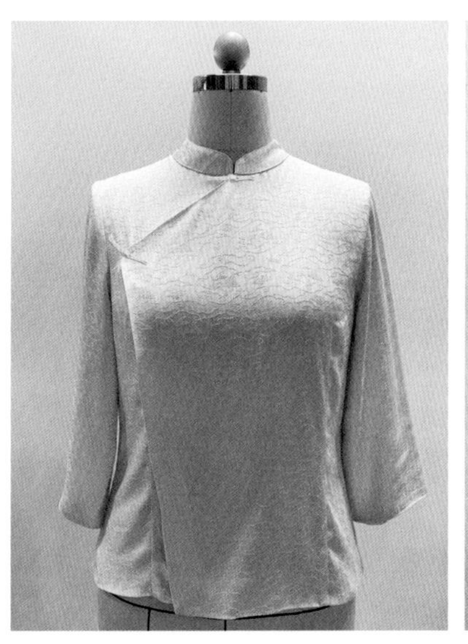

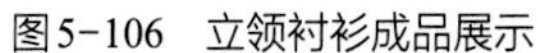

图5-106　立领衬衫成品展示

二、翻领衬衫的缝制工艺

翻领衬衫是一款基本型衬衫。翻领的造型多样，有尖角翻领、圆角翻领等。翻领衬衫搭配裙子或裤子时可当作外穿式上衣，将底摆放在下装里，也可当作内穿式上衣，与西装、马甲搭配，穿着范围比较广。下面以一款有省道的尖角翻领女衬衫为例进行缝制工艺讲解。

（一）翻领衬衫款式设计

1.款式说明

该款衬衫整体廓型为H型，较宽松，尖角翻领，右侧为明门襟，左侧门襟贴边内折车缝固定，前中有6粒纽扣，后背过肩，后片收两个褶裥，长袖，有袖衩，绱袖克夫，圆弧底摆。

2.平面款式图

翻领衬衫款式图如图5-107所示。

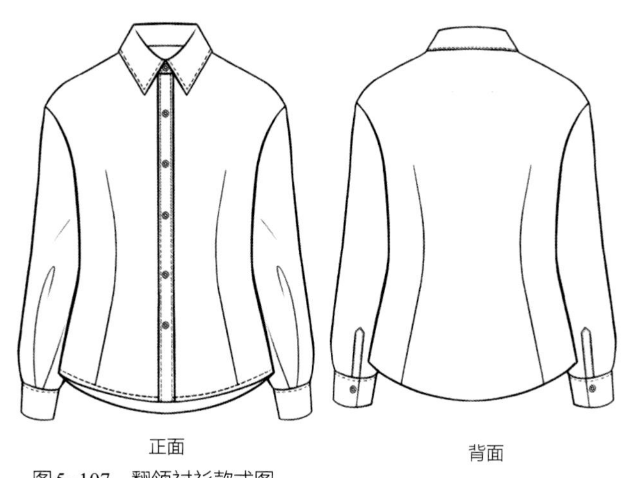

图5-107　翻领衬衫款式图

（二）翻领衬衫纸样设计

1.制图规格

翻领衬衫制图规格以160/84A号型为例，如表5-6所示。

表5-6　翻领衬衫尺寸规格设计　　单位：cm

部位	胸围（B）	腰围（W）	领围（N）	肩宽	衣长	袖长	袖克夫长/宽
尺寸	9 2	78	37	38.5	60	57.5	20/4

2.结构制图

翻领衬衫结构制图如图5-108所示。

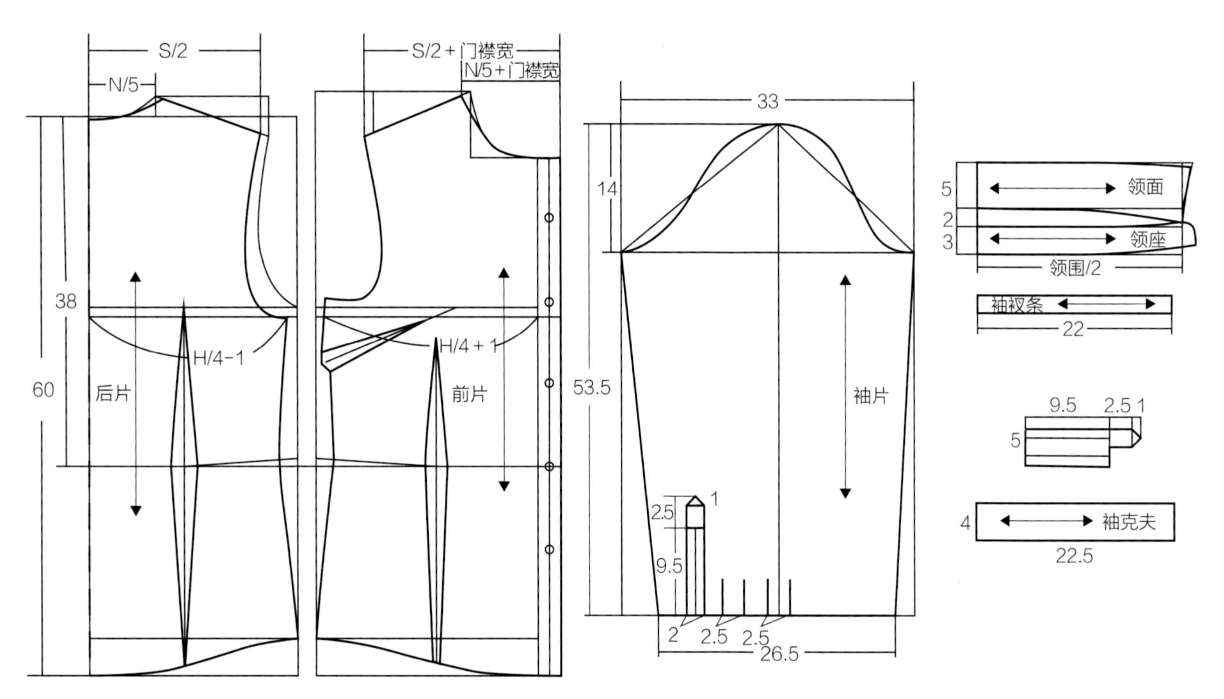

图5-108　翻领衬衫平面结构制图

3. 翻领衬衫工业样板制作

翻领衬衫工业样板图如图5-109所示。

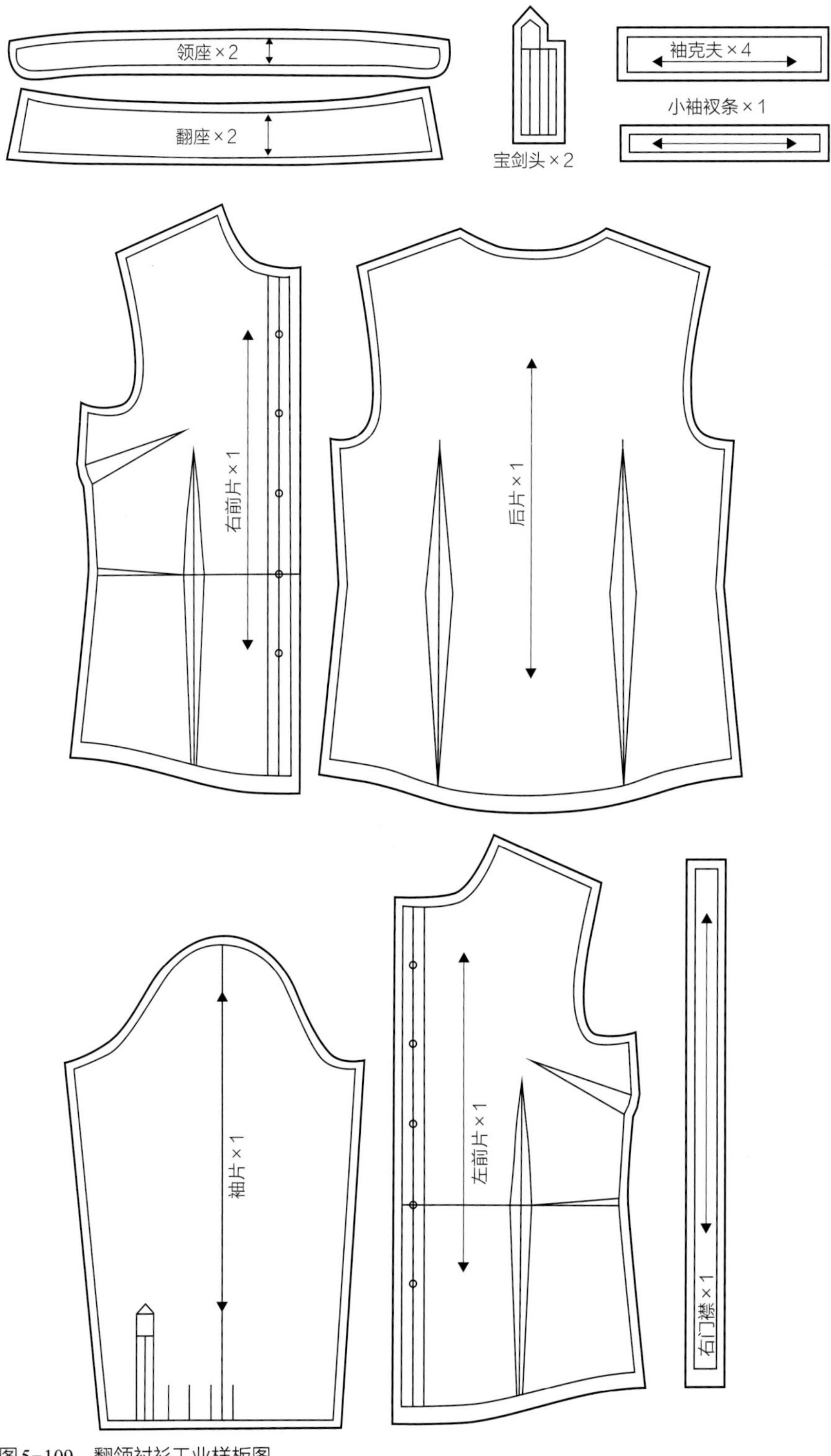

图5-109　翻领衬衫工业样板图

4. 翻领衬衫排料

翻领衬衫排料图如图5-110所示。

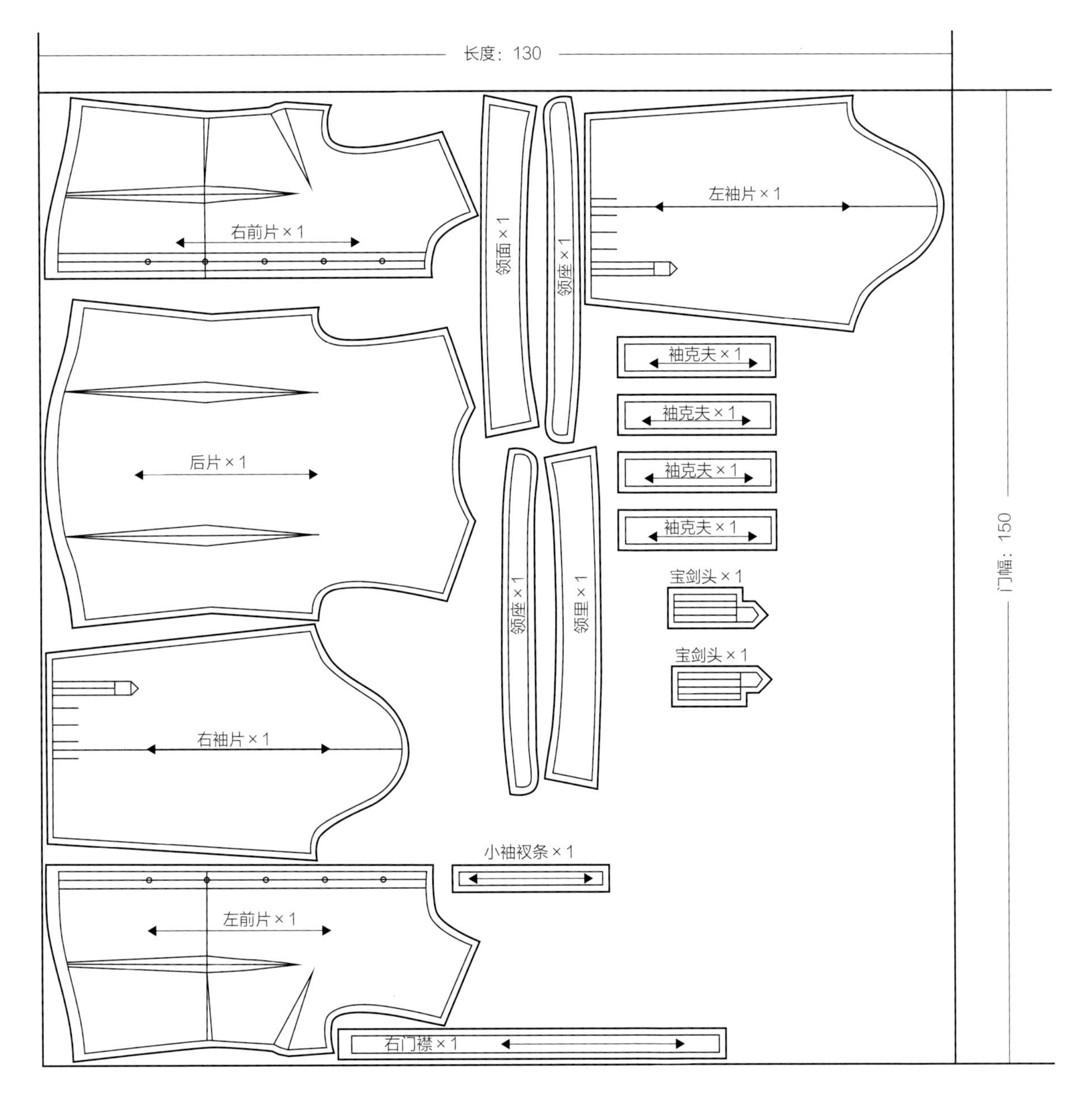

图5-110 翻领衬衫排料图

（三）翻领衬衫缝制前准备

1.材料

翻领衬衫的制作材料主要包括面料和辅料，如图5-111所示。

（1）面料

翻领衬衫面料可选用棉、麻或者丝绸等面料，本款采用全棉面料，门幅长150cm，用料为130cm。

（2）辅料

无纺布黏合衬适量；纽扣8颗，直径1cm；缝纫线1卷。

2.裁剪

在进行裁剪前，需要对面料进行整烫预缩。根据排料图，首先用划粉按照翻领衬衫工业样板外轮廓进行描边，然后沿着划粉的描边线用裁缝剪将裁片剪下，注意裁剪时裁片边缘要光滑，不能出现毛边或锯齿形。翻领衬衫裁片有前衣片2片，后衣片1片，右门襟1片，翻领2片，领座2片，袖片2片，袖克夫4片，宝剑头2片，小袖衩1片，如图5-112所示。

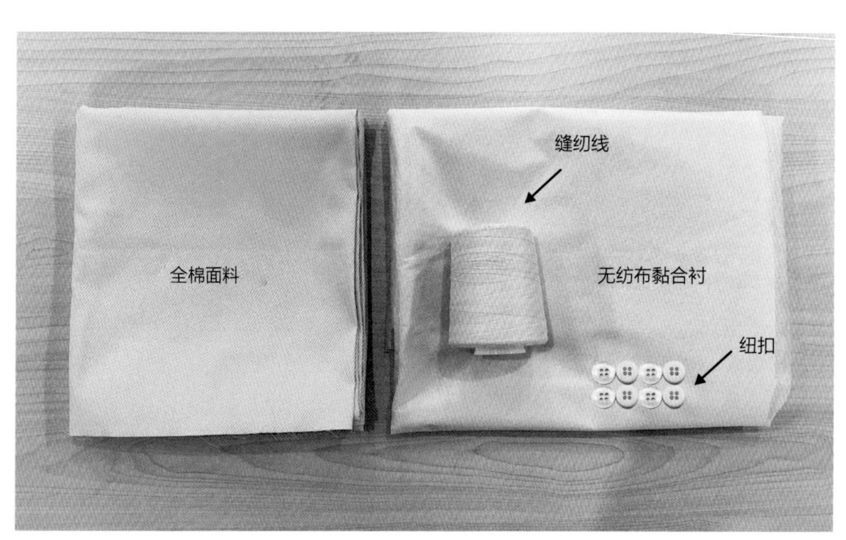

图5-111　翻领衬衫制作材料

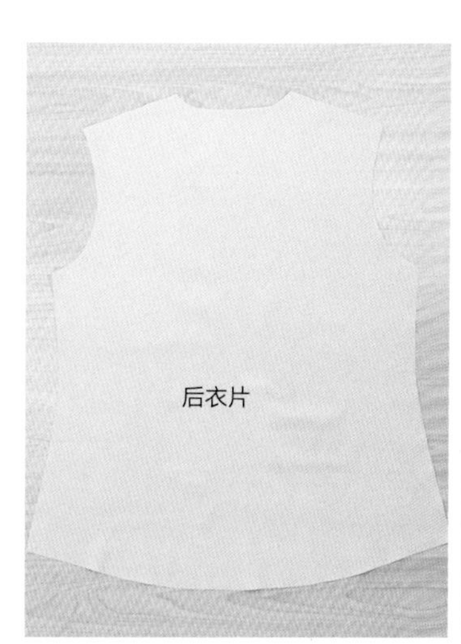

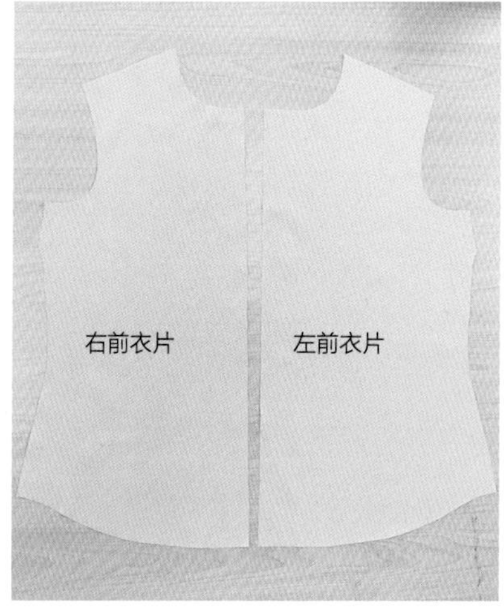

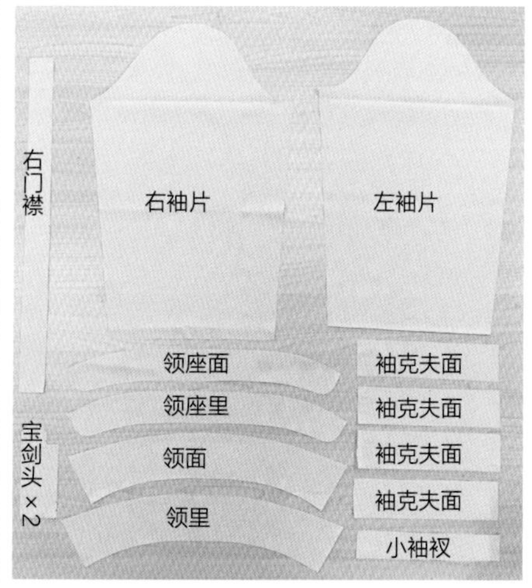

图5-112　翻领衬衫裁片

3.做记号

在前衣片袖窿对位点、里襟、腰部、底摆折边、后衣片褶裥、袖窿对位点、后腰、底摆折边、袖口褶裥、袖衩位置，过肩领部中心位置和对位点，翻领和领座对位点，袖片袖窿弧线中心位置和对位点，袖克夫对位点用划粉做记号或打线丁，如图5-113所示。

（四）翻领衬衫缝制工艺步骤

1.前衣片绱门襟

（1）前衣片收胸省、腰省

具体缝制工艺参考第四章第一节中“锥形省的缝制工艺”与“橄榄形省的缝制工艺”，如图5-114所示。

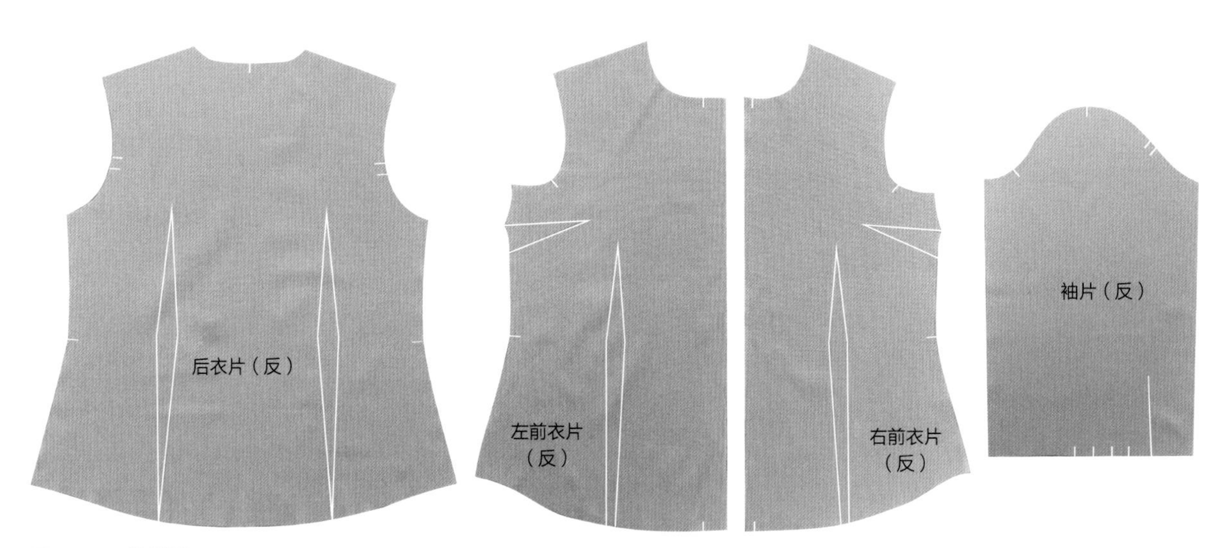

图5-113 做记号

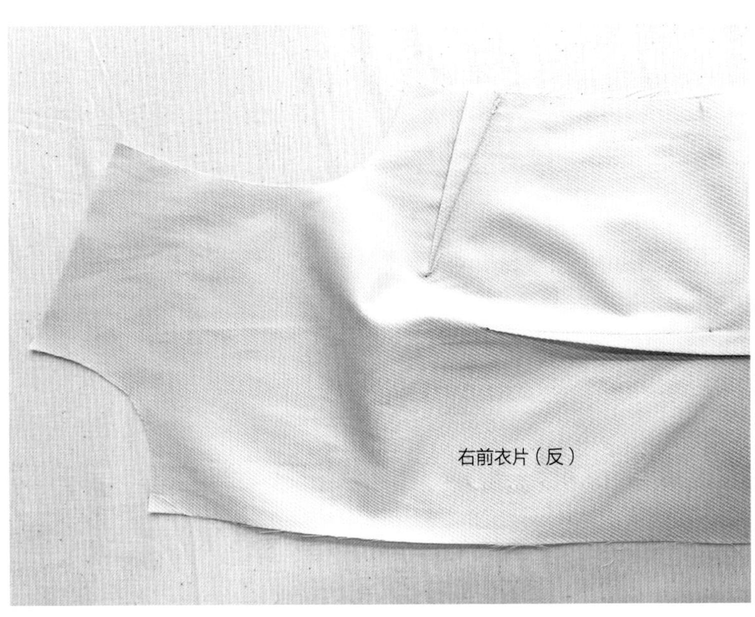

图5-114 收胸省、腰省

（2）扣烫右前片门襟

门襟反面烫衬，根据扣烫板，两边各扣烫1cm折边，如图5-115所示。

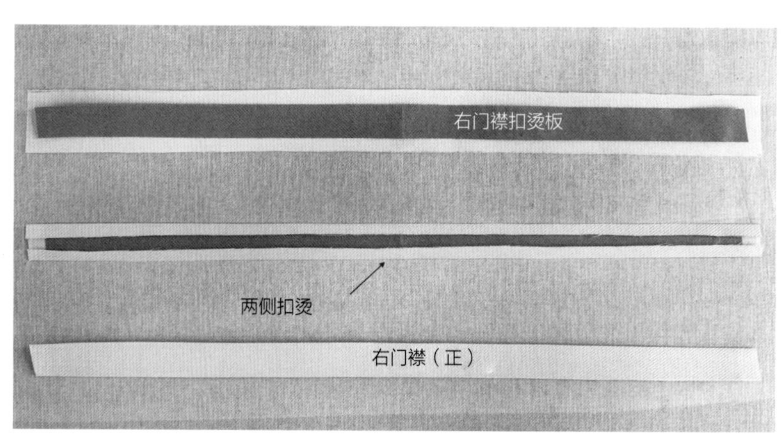

图5-115　扣烫门襟

（3）绱门襟

首先将右前衣片反面向上，门襟反面朝上放在衣片上，上下对齐后，缉缝1cm固定，然后修剪缝份为0.6cm，打开门襟，缝份倒向衣片，在衣片上压缉0.1cm，如图5-116所示。

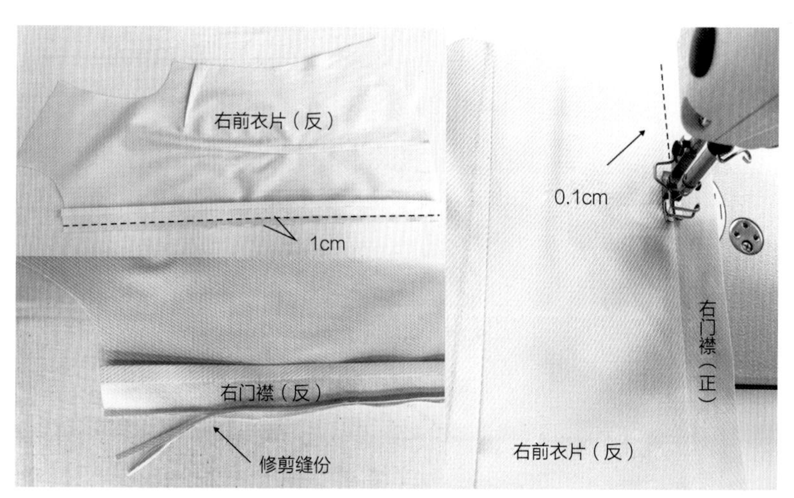

图5-116　固定门襟与右前衣片

翻转门襟至正面并熨烫平整，正面不露止口，在门襟止口处缉缝0.1cm的明线，如图5-117所示。

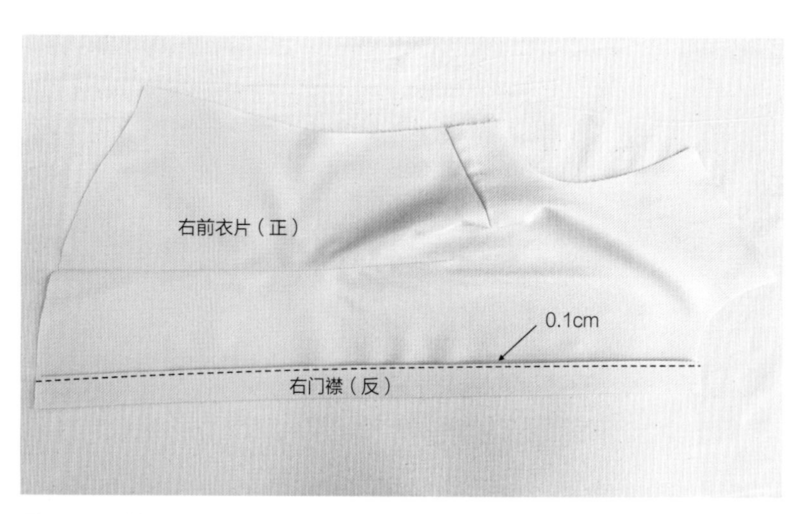

图5-117　绱门襟

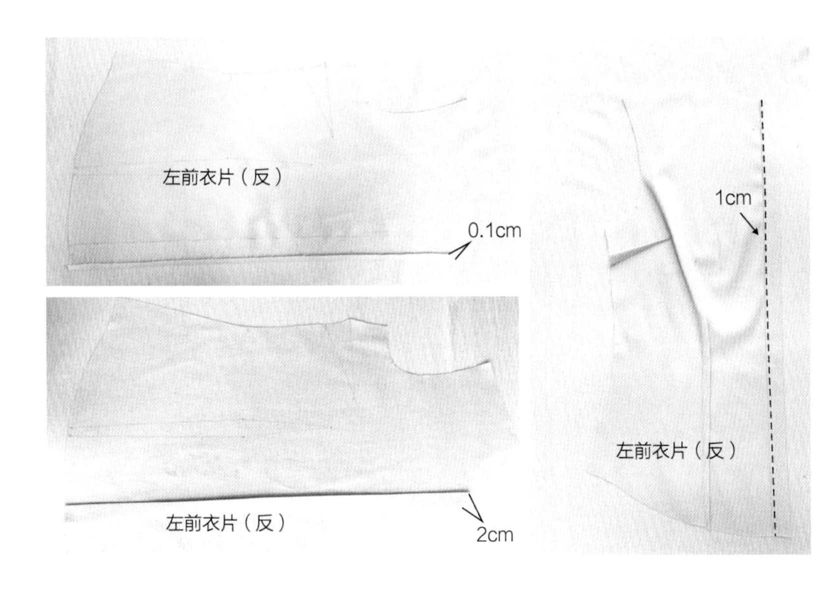

图5-118 缝制里襟

2.左前衣片缝制里襟

首先左前衣片反面向上，在里襟处扣烫1cm折边，然后按照标记位置折烫里襟贴边2cm，缉缝0.1cm，并收胸省、腰省，如图5-118所示。

3.后衣片收省

后衣片具体缝制工艺步骤参考第四章第一节中“橄榄形省的缝制工艺”，腰省倒向后中并熨烫，如图5-119所示。

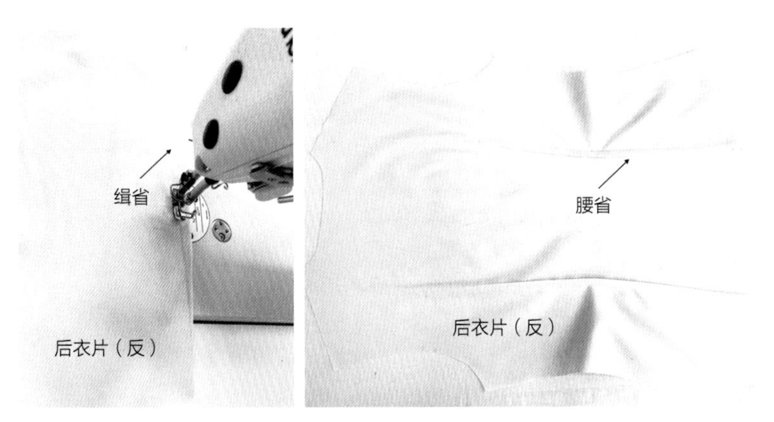

图5-119 后衣片收省

4.缝合前后片侧缝与肩缝

（1）缝合侧缝

将前、后衣片正面相对，对齐前、后片侧缝线，缉缝1cm缝份，并锁边，如图5-120所示。

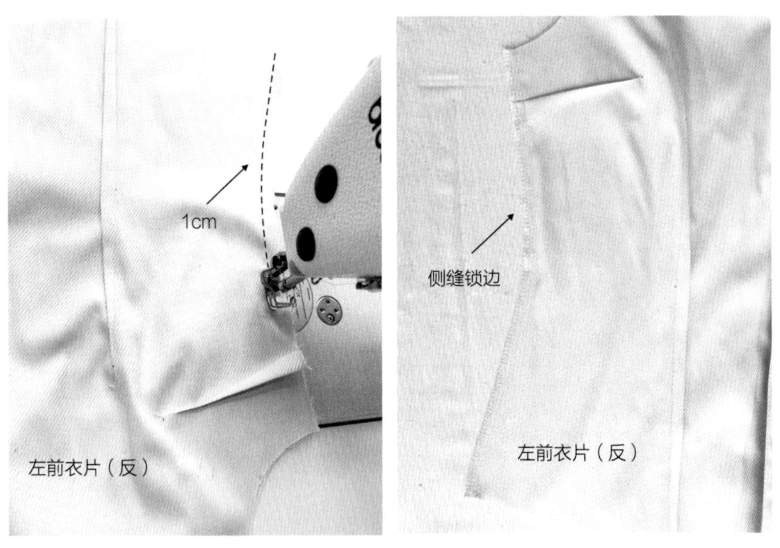

图5-120 缝合侧缝

（2）缝合肩缝

将前、后衣片正面相对，对齐前、后肩缝线，缉缝1cm缝份，并锁边，缝份倒向后衣片，如图5-121所示。

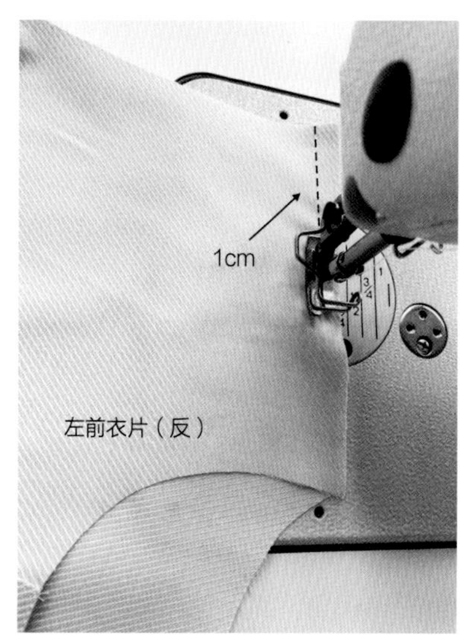

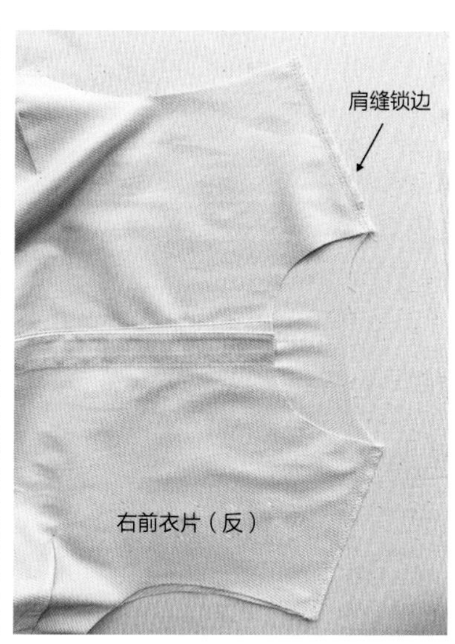

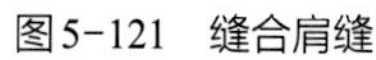
图5-121　缝合肩缝

5. 绱翻领

绱翻领具体缝制工艺步骤参考第四章第五节中“翻领缝制工艺”，完成图如图5-122所示。

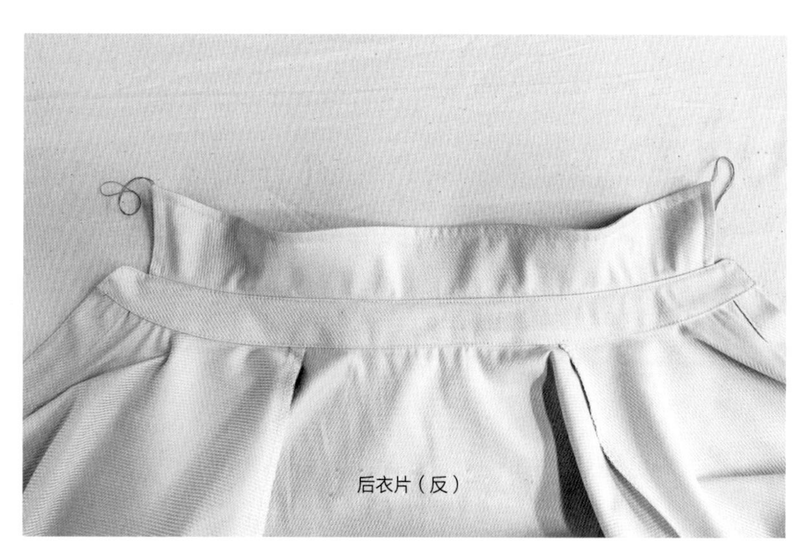

图5-122　绱翻领

6. 做袖衩

（1）做袖衩

做袖衩具体缝制工艺步骤参考第四章第三节中“宝剑头袖衩缝制工艺”，如图5-123所示。

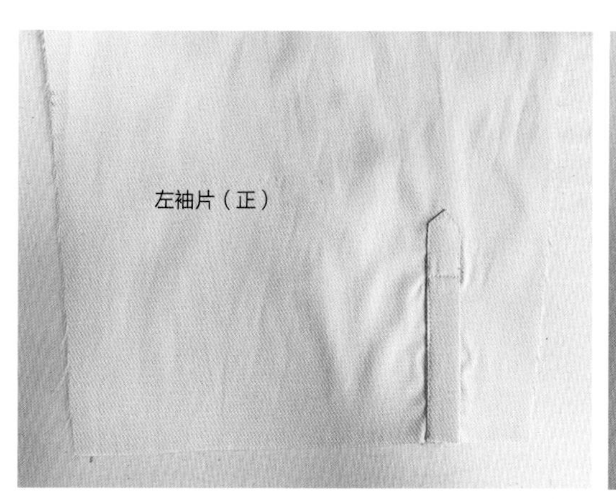

图5-123　做袖衩

（2）袖口收褶裥

褶裥倒向袖侧缝，缉缝0.5cm缝份，如图5-124所示。

7.绱袖

（1）缝合袖侧缝

将袖子侧缝对齐，缉缝1cm缝份，并锁边熨烫，缝份倒向袖衩，如图5-125所示。

（2）做袖克夫

首先将袖克夫面的反面向上烫衬，袖克夫面按照扣烫板向内扣烫1cm缝份，然后机缝袖克夫面、里，缝份1cm，起止位置缝倒回针，最后修剪缝份，折角处缝份留0.5cm，将袖克夫翻到正面，整理成型后，烫出里外匀，如图5-126所示。

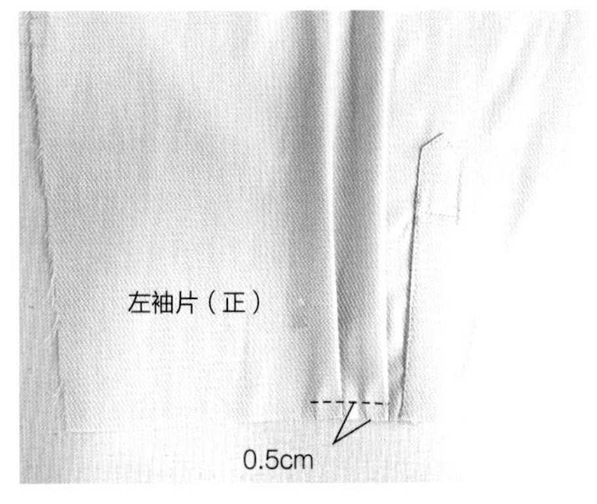

图5-124 袖口收褶裥

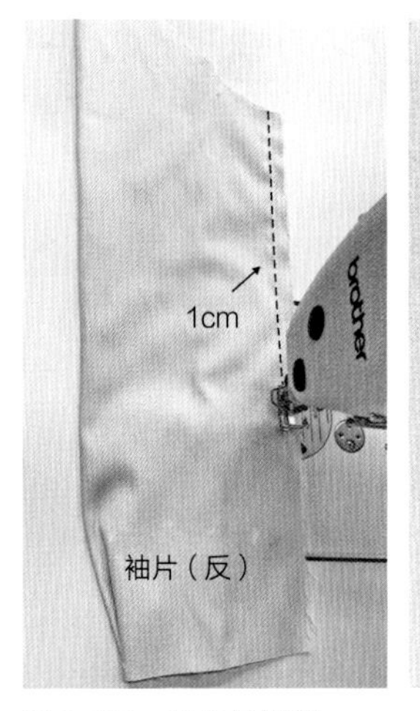

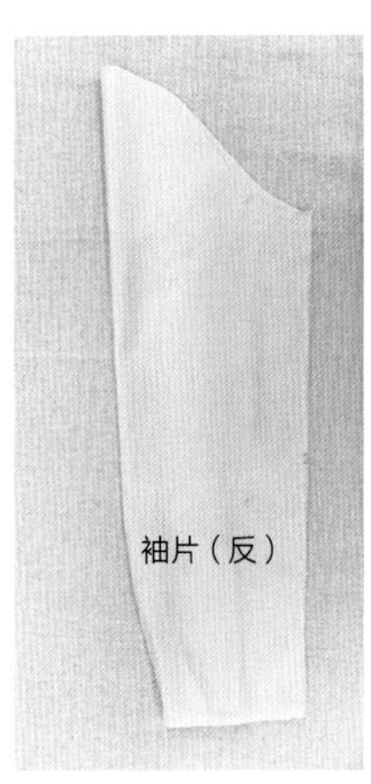

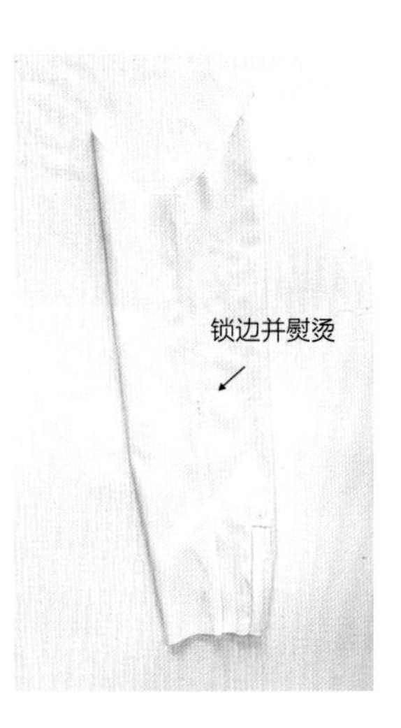

图5-125 缝合袖侧缝

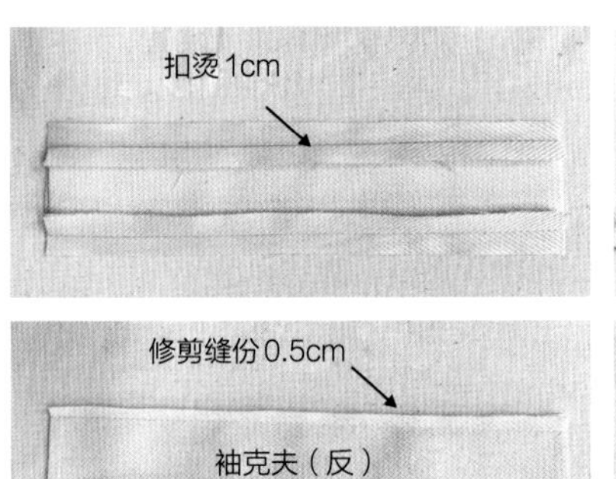

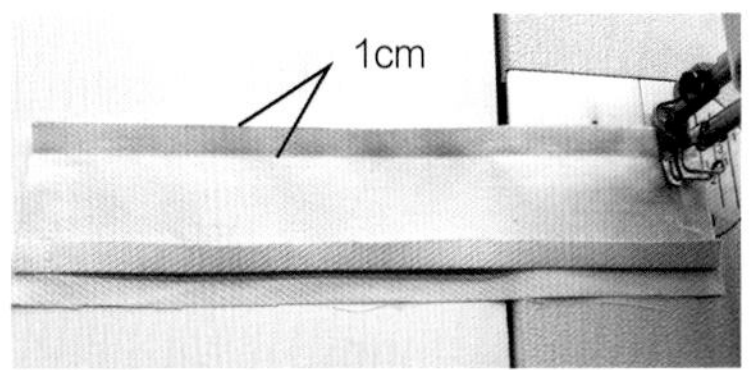

图5-126 做袖克夫

（3）绱袖克夫

首先将袖克夫里与袖口两端对齐，缉缝1cm缝份，起止位置缝倒回针，然后将袖克夫面盖住袖克夫里和袖口缝份，沿边缉缝0.1cm明线，如图5-127所示。

（4）绱袖子

首先将袖中点与衣片的肩点对准、袖底点与衣片的袖窿底点对齐，再对齐衣片的袖窿线和袖片的袖山线，缝合袖山线与袖窿线，缉缝1cm缝份，然后将衣片放在上层，用锁边机锁缝袖窿缝合线，如图5-128所示。

8.底摆卷边

首先检查衣片门襟、里襟长度是否一致，将底摆折光，第一次折0.5cm，第二次折1cm，然后沿折边缉缝0.1cm明线固定，如图5-129所示。

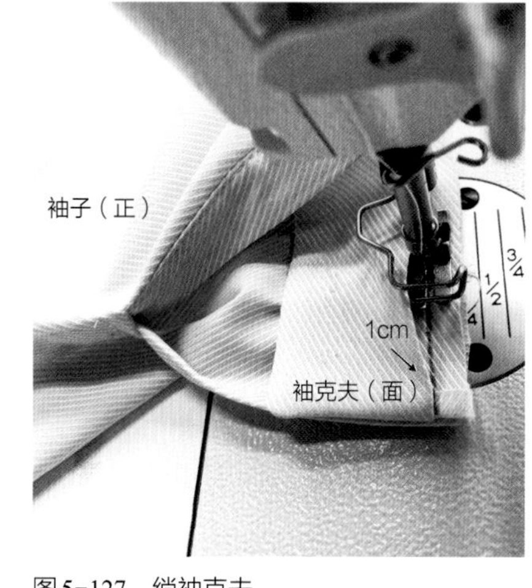

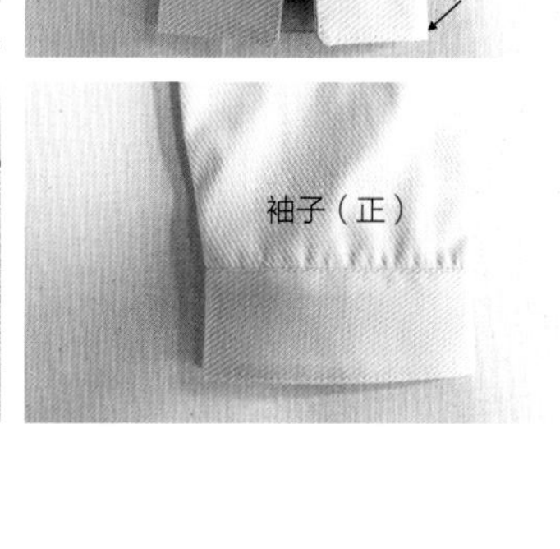

图5-127　绱袖克夫

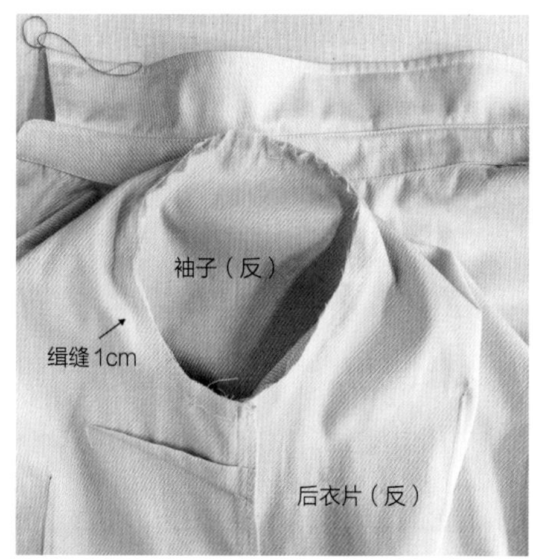

图5-128　绱袖子

衬衫缝制工艺
（图5-114至图5-129对应视频）

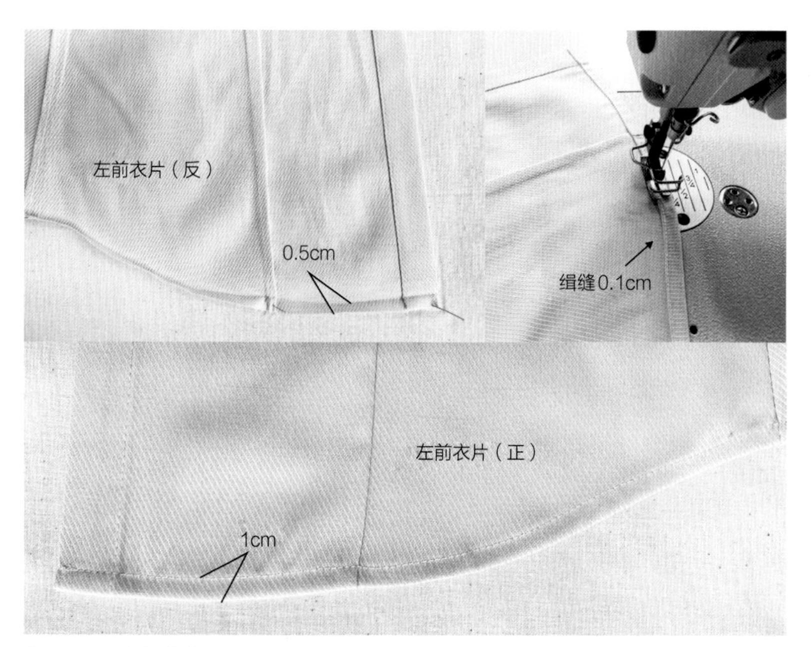

图5-129　底摆卷边

9. 锁眼钉扣

（1）袖克夫锁眼、钉扣

在袖克夫上锁一个扣眼，并在相应位置钉一粒纽扣，如图5-130所示。

（2）门襟、里襟锁眼、钉扣

在门襟上锁6个扣眼，并在相应位置钉6粒纽扣，如图5-131所示。

10. 翻领衬衫整烫工艺

整烫前，先将衬衫的线头、划粉印记、污渍等清理干净。翻领衬衫整烫工艺流程：烫衣领→烫袖子→烫衣身→烫底摆→烫肩缝→烫侧缝。在熨烫时，熨斗需直上直下进行熨烫，避免衬衫变形，衣领、袖衩、底摆部位需烫实、烫平，衣身表面无褶皱，正面熨烫时需加盖烫布，防止变色和产生“极光”。翻领衬衫成品展示如图5-132所示。

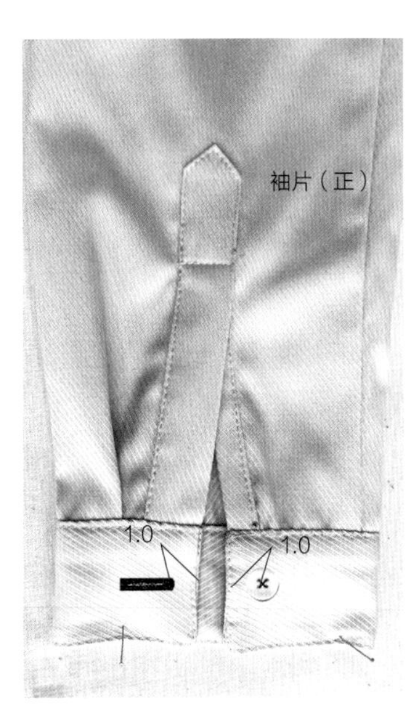

图5-130　袖克夫锁眼、钉扣

图5-131　门襟、里襟锁眼、钉扣

图5-132　翻领衬衫成品展示

本章小结

本章主要学习整件服装缝制工艺：裙子的缝制工艺、裤子的缝制工艺、衬衫的缝制工艺。这三类服装都属于日常款，其缝制工艺包含大部分服装部件的缝制。学习本章内容，了解每个款式的部件缝制和缝制流程，通过举一反三，可以学会其他款式服装的制作。

思考题

1. 简述直筒裙的缝制工艺流程。

2. 简述女西裤的缝制工艺流程。

3. 简述翻领衬衫的缝制工艺流程。

作业

1. 设计一款女裙并进行缝制。

2. 设计一款女裤并进行缝制。

3. 设计一款女衬衫并进行缝制。

参考文献

[1] 中屋典子，三吉满智子.服装造型学：理论篇[M].刘美华，金鲜英，金玉顺，译.北京：中国纺织出版社，2007.

[2] 水野佳子.缝纫基础的基础：从零开始的缝纫技巧[M].金玲，韩慧英，译.北京：化学工业出版社，2014.

[3] 克里斯·杰弗莉.服装缝制图解大全[M].潘波，译.北京：中国纺织出版社，1999.

[4] 康妮·阿玛登·克兰福德.图解服装缝制手册.刘恒，译.北京：中国纺织出版社，2004.

[5] 李正，徐催春.服装学概论[M].2版.北京：中国纺织出版社，2014.

[6] 童敏.服装工艺：缝制入门与制作实例[M].北京：中国纺织出版社，2015.

[7] 许涛，陈汉东.服装制作工艺：实训手册[M].2版.北京：中国纺织出版社，2013.

[8] 朱秀丽，鲍卫君，屠晔.服装制作工艺基础篇[M].3版.北京：中国纺织出版社，2016.

[9] 鲍卫君.服装制作工艺成衣篇[M].3版.北京：中国纺织出版社，2016.

[10] 胡茗.服装缝制工艺[M].北京：中国纺织出版社，2015.

[11] 李文玲.服装缝制工艺[M].北京：中国纺织出版社，2017.

[12] 朱小珊.服装工艺基础[M].北京：高等教育出版社，2007.

[13] 郑淑玲.服装制作基础事典[M].郑州：河南科学技术出版社，2013.

[14] 郑淑玲.服装制作基础事典2[M].郑州：河南科学技术出版社，2016.

[15] 陈霞.服装生产工艺与流程[M].3版.北京：中国纺织出版社，2019.

[16] 张文斌.成衣工艺学[M].4版.北京：中国纺织出版社，2019.

[17] 闫学玲，吕经纬，于瑶.服装工艺[M].北京：中国轻工业出版社，2011.

[18] 李正，李梦园，李婧，于竣舒.服装结构设计[M].上海：东华大学出版社，2015.

[19] 李正，唐甜甜，杨妍，徐倩兰.服装工业制板[M].3版.上海：东华大学出版社，2018.

[20] 海伦·约瑟夫–阿姆斯特朗，裘海索.美国时装样板设计与制作教程（上）[M].北京：中国纺织出版社，2016.

[21] 刘瑞璞.服装纸样设计原理与应用：女装篇[M].北京：中国纺织出版社，2008.

[22] 熊能.世界经典服装设计与纸样[M].南昌：江西美术出版社，2009.

[23] 燕平.服饰图案设计[M].上海：东华大学出版社，2014.

[24] 马丽媛.装饰图案设计基础[M].北京：人民邮电出版社，2016.
[25] 克莱夫·哈利特，阿曼达·约翰斯顿.高级服装设计与面料（修订版）[M].衣卫京，钱欣，译.上海：东华大学出版社，2016.
[26] 杨晓旗，范福军.新编服装材料学[M].北京：中国纺织出版社，2012.
[27] 邢声远，郭凤芝.服装面料与辅料手册[M].北京：化学工业出版社，2007.
[28] 白燕，吴湘济.服装面辅料及选用[M].北京：化学工业出版社，2016.
[29] 最新国家服装质量监督检验检测工作技术标准实施手册[S].中华图书出版社，2005.
[30] 中华人民共和国国家标准服装术语GB/T 15557-2008[S].北京：中国标准出版社，2008.
[31] 刘元风.服装艺术设计[M].北京：中国纺织出版社，2006.
[32] 许星.服饰配件艺术[M].3版.北京：中国纺织出版社，2010.
[33] 王受之.世界时装史[M].北京：中国青年出版社，2002.
[34] 闫学玲，王姝画，王式竹.服装缝制工艺基础[M].北京：中国轻工业出版社，2008.
[35] 周春华.服装制作[M].北京：中国劳动社会保障出版社，2005.
[36] 安妮特·费舍尔.国际服装缝制工艺详解[M].巴哲华，译.上海：东华大学出版社，2016.
[37] 姜淑女，金京花.女装缝制工艺基础[M].张顺爱，译.上海：东华大学出版社，2015.
[38] 朱莉·科尔，莎伦·卡扎切尔.服装制作工艺：服装专业技能全书[M].王俊，译.上海：东华大学出版社，2017
[39] 周邦桢.服装工业化生产[M].北京：中国纺织出版社，2002.
[40] 张明德.服装工业化生产[M].北京：高等教育出版社，2002.
[41] 中国标准出版社，服装工业常用标准汇编·上（第八版）[M].北京：中国标准出版社，2014.
[42] 王胜伟，程钰，孙路苹.服装缝制工艺基础[M].北京：化学工业出版社，2021.
[43] 张鸣艳，陈颖，李正.服装与配饰制作工艺[M].北京：化学工业出版社，2019.